역사지리학자가 들려주는
인천의 길 이야기

역사의 길 12

역사지리학자가 들려주는
인천의 길 이야기

초판 1쇄 발행   2025년 10월 31일

지은이   김종혁
기 획   인천문화재단 정책연구실(인천문화유산센터)
펴낸이   윤관백
펴낸곳   선인
등 록   제5-77호(1998.11.4)
주 소   서울시 양천구 남부순환로 48길 1(신월동 163-1) 1층
전 화   02)718-6252/6257 | 팩 스   02)718-6253
E-mail   suninbook@naver.com

정 가   18,000원
ISBN   979-11-6068-993-8 04910
        979-11-6068-992-1 (세트)

· 출처와 자료 제공에 대한 별도의 명시가 없는 지도와 사진은 필자가 직접 작도, 촬영한 것이다.
· 조선시대 지도의 출처는 규장각 원문검색서비스(https://kyudb.snu.ac.kr)이다.
· 철도 관련 통계 자료는 김성현 선생이 제공해 주었다.
· 일부 지도 제작에 필요한 자료는 김현종, 박선영, 양정현, 최유식 선생이 제공해 주었다.
· 일부 지도와 사진 자료는 권혁재, 정치영 선생이 제공해 주었다.
· 현대 인터넷 지도는 카카오맵(구 버전)을 활용하였다.

역사의 길 12

역사지리학자가 들려주는
인천의 길 이야기

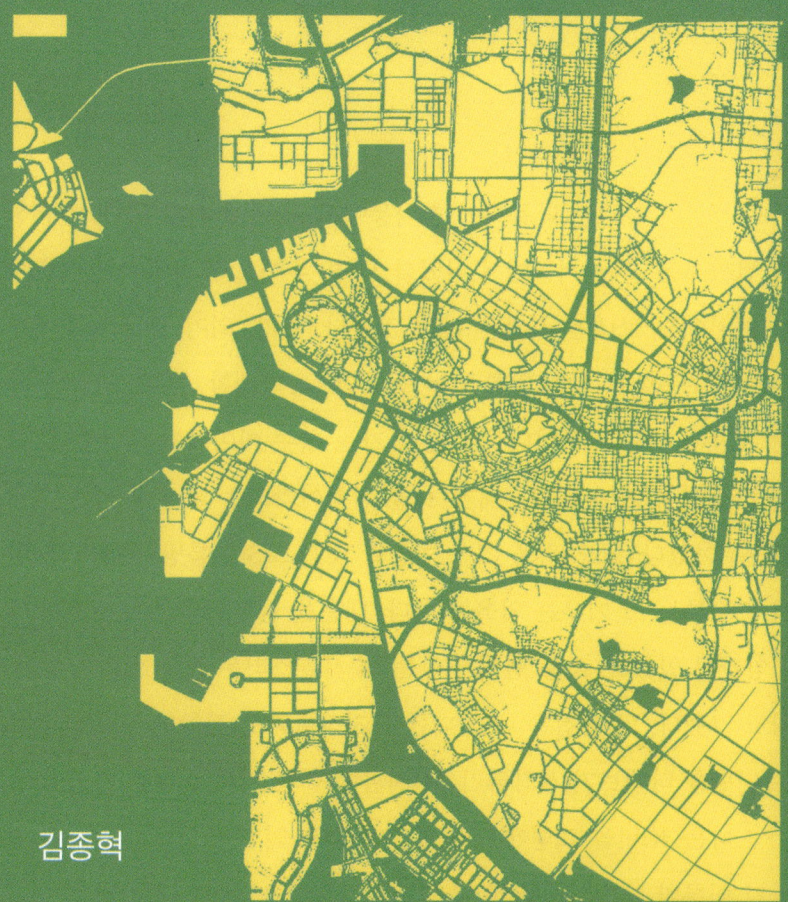

김종혁

INCHEON

선인

책을 내면서

　　결혼과 동시에 학익동에서 30년째 살고 있다. 결혼하기 전까지는 줄곧 서울에서 살았다. 결혼 후에도 직장이 서울이다보니 인천에서 보내는 시간은 많지 않았다. 친가, 외가 모두 서울이기 때문에 초등학교 시절 방학식 날 받았던 『방학생활』 안에, 방학만 되면 지방에 사는 외할머니집에 놀러 가는 철수 이야기가 의아했다. 난 왜 시골에 친척이 없지? 내게 시골 친척이라고는 오산에 사는 첫째 고모뿐이었다. 고모 집을 처음 방문한 것은 고3 여름방학 때였다. 당시 고모부는 소 키우는 일을 하셨다. 대문을 들어서면 바로 오른쪽에 외양간이 있었다. 소똥 냄새가 나는 꽤 시골스러운 집이었고, 집밖 풍경도 그랬다. 고모 집은 내가 대학을 지리학과로 진학한 후 본격적으로 지방을 다녀보기 시작하기 전, 시골에 대한 거의 유일한 기억이다.

　　나는 30년을 그렇게 서울에서 살았다. 인천에 살기 시작하기 전까지 이른바 '지방'은 내게 별 특별할 것 없는, 이에 대해 별로 생각해 본 적도 없는, 사실 아무 것도 아니었다. 그러던 중, 인천 생활 2년차 무렵이었을까, 그동안 느껴보지 못한 어떤 감정 하나가 불현듯 내게 왔다. 그것은, 정확한 표현일지 잘 모르겠지만, '소속감' 같은 것이었다. 이른바 지역 소속감 같은 뭐 그런 것이었다. 이 소속감은, '아, 내가 인천에 살고 있구나! 내가 인천 시민이구나'하는 전에 없던 자각自覺이었고, '그렇다면 인천 시민으로 내가 뭔가를 해야하지 않을까? 인천 시민으로, 남구 구민으로서 지역에 관심을 갖고 참여도 해야하지 않을까?' 하는 생각까지 나아갔다. 지금도 좋아하는 내 고향 서울이지만, 서울에 살 때 나는 이런 생각을 단 한번도 해 본 적이 없다. 등촌동에 살던 대학 시절 어느 날, 강서구민의 날에 우장산에서 구민체육대회를 한다고 걸어 놓은 플래카드를 우연히 보고는, '저런 데는 도대체 누가 가는 거지?'하고 남 얘기인 양 거들떠보지도 않았던 기억이 있다.

인천 거주 3년째인 1998년부터 나는 인천시립박물관에서 주말에 관람객에게 유물을 해설하는 자원봉사 활동을 시작한다. 내게는 이것이 아마 최초의 지역 참여 활동이 아닐까 싶다. 1997년 가을 한국민족예술인총연합이 개설한 문화유산답사 강좌에서 수강생으로 만난 두 분과 함께 3명으로 시작한 지역 활동은, 당시 학예사로 재직 중인 김상열, 배성수 두 선생님의 유물 교육과 적극적인 지원이 없었다면 불가능한 일이었다. 지금도 감사한 마음을 갖고 있다.

때마침 박물관에서도 인천 시민을 대상으로 박물관대학 강좌를 개설하고, 나도 이를 수강하여 1기 수료생이 되었다. 이를 계기로 위 세 분과 박물관대학 1·2기 수료생 몇 분이 의기 투합, 좀더 체계적인 활동을 위해 2000년에 '인천시립박물관 자원봉사단'을 창립하였다 https://cafe.daum.net/imuseum. '자봉단'으로 불리는 이 단체는 지금 천 명이 넘는 회원이 박물관 안팎에서 매우 활발한 봉사 활동을 펼치고 있다.

그러나 나는 당시 가슴에 늘 얹혀 있는 박사논문 숙제 때문에 다음을 기약하며 활동을 곧 접는다. 죄스럽게도 약속을 지키지 못하고 지금은 밖에서 조용히 지켜보고만 있다. 이 분들께는 항상 미안하고, 아쉽고, 고마운 마음이 겹쳐진다. 돌이켜보면 그리운 한 시절이었다. 요즘도 가끔 박물관을 찾으면, 예전 유물 해설하며 돌았던 동선을 마음 속으로 혼자 복원해 본다. 당시 물심양면 도움을 주신 두 학예사 선생님, 흠뻑 즐거운 마음으로 활동하셨던 자봉단 선생님들이 생각난다.

인천 시민으로 내가 참여할 수 있는 일은 역시 인천의 역사지리歷史地理, Historical Geography 글을 쓰는 것이 최선이었다. 숙제가 끝나자 기회가 조금씩 찾아왔다. 인천을 쓴 첫 번째 글이 2004년에 『인천의 섬』공저으로 출간되었고, 이후 『역사와 문화지리로 보는 인천』2011, 공저, 『근대제국과 만난 인천』2013, 공저, 『도시마을 생활사: 용현동·학익동』2017, 공저, "계양의 지리환경과 공간변화"2018, "부평의 역사지리"2021 등의 글을 썼으며, 인하대와 인천대, 그리고 인천역사자료관과 인천시립박물관에서 주관하는 학술회의에서 논문 발표나 강연, 토론 활동을 통해 인천 시민으로 살았다. 위와 같은 활동은 인하대학교의 임학성 선생님이 물꼬를 터주셨고, 위 기관의 여러 선생님 또한 여러 방면에서 도움을 주셨다.

2024년 인천문화재단으로부터 이 책의 출판 제안을 받고 집필을 결정하기까지는 그리 오랜 시간이 걸리지 않았다. 교통로는 그동안 계속 연구해 온 테마이니 내용을 구성하고 집필하는데 큰 어려움이 없을 것이라 예상하기도 했거니와 이 예상은 보기 좋게 빗나갔다, 주전공 분야의 인천 글을 단행본으로 내고 싶은 마음이 컸기 때문이다. 재단과의 인연은 2023년 임진·예성포럼에서 발표한 것이 전부인데, 이것이 계기가 되었는지 모르겠다.

　　나 역시 학문 생애의 최종 단계에서는 나의 학문적 성과와 학술적 가치를 단행본으로 정리하고 싶은 마음이 있다. 그 중 하나가 '한국 교통로의 역사지리'이다. 나의 역사지리학 입문 과정에는 두 분의 선학이 계시다. 한 분은 나보다 250여 년 앞서 활동한 여암旅庵 신경준申景濬, 1712~1781이고, 다른 한 분은 『영남대로: 한국고도로의 역사지리적 연구』를 쓰신, 몇 해 전 작고하신 내 지도교수 최영준 선생님이다. 이 분이 한국 역사지리학의 토대를 다졌다는 데에 이견을 제시할 사람은 아마 없을 듯하다. 후학에게 한국 역사지리학의 여러 주제를 던져주신 분이기도 하다. 나는 박사과정 때, 신경준의 『도로고』와 최영준의 『영남대로』를 읽고 박사논문의 주제를 한국의 교통로로 정했다. 최 선생님은 인천 출신으로 인천·강화 글을 많이 쓰셨다. 인천 개항장 논문과 강화도 간척 글은 여전히 인용 지수가 높다. 이 책이 선생님의 가르침에 작은 보답이 될 수 있기를 바라면서 영전에 바친다.

　　교통사와 역사교통지리는 다른 개념이다. 나는 교통사보다는 교통로에 더 관심이 있다. 좀더 구체적으로 말하면, 전근대로부터 현재에 이르기까지 한국의 교통로가 시간의 흐름에 따라 어떻게 변화해 왔는지에 관심이 있다. 이 변화 안에는 교통로의 위치와 분포, 형태와 기능, 이용과 운영 등이 지역적으로 혹은 공간적으로 어떠했는지가 포함되어 있다. 다시 말해, 제도사적 관점에서의 교통사가 아니라 실제 지역 속의 교통로와 그 변천에 관심이 있다는 얘기이다. 이것이 교통사와 역사교통지리의 차이이다.

신경준이 죽고 20여 년이 지나 김정호가 태어난다. 그가 펴낸 지리지와 지도를 보면, 김정호 역시 신경준에게 큰 감화를 받았음에 틀림없다. 10대로 체제를 표방한 김정호의 『대동지지』 「정리고」1864는 100여 년 전 6대로 체제 안에서 이미 7~10대로 체제를 수립해 놓은 신경준의 『도로고』1770를 재정리한 정도에 불과하다. 오늘날 역사지리학자가 구체적 교통로 연구 시점을 18세기까지 끌어 올릴 수 있는 것은 누가 뭐래도 신경준 덕분이다. 신경준이 없었다면 나의 박사논문 「18세기 한강 유역의 교통로와 장시」도 결코 나오지 못했을 것이다.

이 책 또한 신경준으로부터 시작한다. 18세기 후반부터 오늘날까지가 이 책이 설정한 시간범위이고 인천과 주변 지역이 공간범위이다. 다루는 주제는 이 시공간 속에서의 교통로와 주변 얘기들이다. 시간·공간·주제는 인문학의 기본 골격이자 존재 근거가 된다. 그런데 여기서 어려운 것이 공간, 즉 인천의 범위이다. 이것이 어려운 이유는 시대에 따라 그 범위와 내부 행정 조직구역이 다르기 때문이다. 따라서 본격적인 교통로를 얘기하기 전에, 중요한 선결해야할 과제의 하나로 시간의 흐름에 따라 달라지는 행정구역을 먼저 복원해야 한다. 이 책에서는 주요 시점이 되는 조선후기, 일제시기, 현대의 행정구역을 복원하였고, 이를 1장에 담았다.

2장부터 6장까지가 본격적인 교통로 이야기다. 인천 내의 도로망과 주변 지역과의 연결로, 특히 경인로가 중심을 이룬다. 2장은 조선후기 『도로고』1770 시점과 『대동지지』1864 시점에서 경인로의 노선 변화를 기술하며, 3장과 4장에서는 인천 개항 이후 일제시기의 이른바 신작로로 정비된 경인로, 그리고 인천부와 부천군 내의 주요 도로망을 기술한다. 5장은 철도 이야기이다. 인천의 대표적인 철도 노선인 경인선과 수인선 얘기가 주를 이룰 것이며, 6장은 인천 내 주요 취락의 확산과 교통로 사이의 상관 관계에 초점을 맞춰 교통로가 갖는 의미를 고찰한다.

이 책이 나오기까지 신세진 분이 많다. 인천문화재단에 홍인희, 정학수 선생님께 가장 먼저 고맙다는 말씀을 드리고 싶다. 집필 과정에서 원고를 읽어 주고, 코멘트해 주고, 사진과 지도 등의 자료를 주저 없이 제공해 주고, 따끔한 충고와 조언을 아끼지 않은 동료 김성현, 박선영, 김현종, 양정현, 최유식 선생에게 진심으로 감사한 마음을 전한다. 특히 무한 제자 사랑의 마음으로 필자에게 평생 '지리학'을 가르쳐 주시는, 더불어 귀한 사진까지 제공해 주신 권혁재 선생님께는 더욱 특별한 감사의 말씀을 올린다. 또한 끝까지 책임지고 책을 예쁘게 다듬어주신 출판사와 인쇄소의 여러 선생님들, 그리고 마지막으로 원고 쓴답시고 가정에 더 소홀했던 남편과 아빠를 잘 이해해 준 아내와 아들, 딸에게 고맙다. 나는 이제 이 책을 발판 삼아 한국 역사교통지리 책을 쓸 수 있기를 희망한다.

2025. 3.
남경재에서 김종혁 쓰다

책을 내면서 / 4

0. Prologue
길의 기원과 발전························15

1. 공간범위
인천의 영역 변동························25
- 1) 고려시대 인천의 영역   26
- 2) 조선후기 인천의 영역과 1914년 인천부·부천군의 탄생   28
- 3) 일제시기 인천부의 확장과 현재 인천광역시 영역의 형성   43

2. 조선 도로망
조선시대 인천의 교통로························55
- 1) 『도로고』에 기록된 인천로와 부평로   57
- 2) 『대동지지』「정리고」에 기록된 인천로와 부평로   60
- 3) 인천로의 복원   66
- 4) 부평로의 복원   78

3. 개항기 도로망
개항기 인천의 위상과 인천로의 변화························83
- 1) 개항기 인천의 위상 변화   83
- 2) 개항기 인천로의 변화   86

4. 일제시기 도로망
일제시기 신작로의 정비 ································· 97
1) 1910년대의 인천로 97
2) 인천부 내의 지역 도로와 취락의 분포 106

5. 철도망
인천, 조선의 철도시대를 개창하다 ················ 121
1) 인천에서 시작하는 한국철도사 121
2) 1899년 9월 18일 출발역과 종착역의 진실 125
3) 축현역의 이설과 우각동역의 폐역,
   그리고 선로의 변경과 운행 거리의 변동 137
4) 운행 거리 비고 155
5) 못다 한 역 이야기, 경성역과 남대문역 183
6) 경인철도의 문화사 189
7) 수인선의 부설 207

6. 인구와 취락
교통로와 인구 및 취락의 발달 ······················· 233
1) 조선후기 인천의 인구 특성 233
2) 1909년 인천의 인구 특성 240
3) 일제시기 인천·부평의 인구 244
4) 인천·부평의 인구증가율(1925~1935) 251

7. Epilogue
길의 역사지리 ································· 261

참고문헌 / 275

0
Prologue

Prologue
길의 기원과 발전

길이 처음 생겨난 데에는 여러 설이 있다. 이 가운데 널리 알려진 것이 '동물이동설'이다. 특정 동물은 먹이와 물을 찾아 계절적·주기적으로 이동하는데, 이 과정이 반복되면서 자연스럽게 길이 만들어졌다는 주장이다. 북아메리카 대륙 중앙대평원에 서식하는 들소buffalo의 이동이 대표적이다. 한편 이들의 움직임은 인간의 움직임을 유발하고, 이로써 또 다른 길이 생겨나기도 한다. 들소 고기와 가죽을 얻기 위해 주변 인디언 부족이 주거지로부터 들소의 이동로까지 접근하는 길이 만들어진 것이다.

들소떼가 이동하는 루트는 대체로 하천, 호수, 샘을 연결하는 것이기 때문에 이 길은 18~19세기 동부 사람들의 서부 개척로로 이어졌다. 물과 취락, 취락과 길이 불가분의 관계임을 잘 보여준다. 또 이 길은 이후에 미국의 급행우편로Pony Express와 동서횡단철도Union Pacific Railways, 그리고 동서횡단 고속도로의 모태가 되었다 최영준, 2002, 13쪽. 한국에도 동물과 관련된 길 이야기가 있다. 『신증동국여지승람』1530을 보자.

관갑천串岬遷: 용연의 동쪽 벼랑으로 토천이라고도 한다. (벼랑)돌을 깎아 잔도을 만들었는데, 구불구불하게 난 길이 거의 6~7리이다. 속세에서 전해 내려오는 말로, 고려 태조가 남쪽으로 정벌할 때, 이곳에 이르렀다가 길을 잃었는데, 토끼 한 마리가 벼랑을 따라 달아나면서 마침내 길을 열어주어 지나갈 수가 있었기에 토천이라 부른다. 『신증동국여지승람』 문경현聞慶縣, 산천山川 조, 관갑천串甲遷

串岬遷. 卽龍淵之東崖, 一名兎遷. 鑿石爲棧道, 縈紆屈曲, 幾六七里. 俗傳高麗太祖南征, 至此不得路, 有兎緣崖而走, 遂開路以行, 因稱兎遷.

그림 P-1. 문경 관갑천 잔도(2008)　　그림 P-2. 문경 관갑천 데크(2016)

그림 1은 데크를 설치하기 직전 잔도의 모습이다. 데크를 설치한 덕분에 찾는 사람이 늘면서 어려운 관갑천보다는 토끼비리길로 유명해졌다. 그러나 데크가 본래의 길을 가리고 있어 관갑천이 죽었다. 설치 안 하느니만 못하다.

천遷이란 '험한 길' 또는 '벼랑길'을 뜻하고, 잔도란 이동이 어려운 좁은 구간에서 벼랑을 깎아 노폭을 확보하거나 안전한 이동을 위해 난간이나 데크와 같은 구조물을 덧댄 길을 일컫는다. 어쨌든 위 기사는 가파른 절벽에 난 좁은 길遷을 묘사하는데, 사람이 모르는 길을 동물이 알려줬다는 한 토막 일화이다. 고려 태조 때의 일이니 토천은 천 년 전, 또는 훨씬 그 전부터 길이었을 것이다. 길을 인간만 만드는 것이 아니라면, 길은 역사적 유물이 아니라 지질시대의 유적인 셈이다.

길이란 자연적이든 인위적이든 필요에 의해 형성되기 때문에 본래의 기능이 소멸하거나 대체할 만한 새로운 길이 출현하지 않는 한 좀처럼 사라지지 않는다. 이러한 상황은 지금도 다르지 않다. 우리가 현재 이용하는 대부분의 길은 형태가 바뀌었을지언정 아주 오랜 기간을 두고 계속 길이었다. 이 점에서 '길의 역사성'이 존재한다. 이처럼 길은 유구한 시간을 담지한 역사적 유물이되 박물관 안에 박제되어 있지 않은, 여전히 그 기능을 발휘하면서 살아 움직이는 유물이고, 층층이 역사가 기술되어 있는 사료이다. 그렇다면 우리는 길을 통해서도 역사를 읽을 수 있다.

길과 관련하여 우리가 별 생각 없이 받아들이는 속설이 하나 있다. 일제시기에 건설했다는 '신작로'이다. 그러나 이것은 실제 도로를 건설했다기보다 기존의 도로를 정비한 정도로 이해하는 것이 맞다. 그럼에도 신작로를 전에 없던 길을 일제 때 새로 뚫은 것처럼 알고 있는 사람이 많다. '新作路'를 직역하면 '새로 만든 길'이라 더욱 그러한데, 실제 당시 새로 건설된 도로는 전국적인 범위에서 보면 매우 미미하다. 결국, 일제시기의 신작로는 기존 도로를 대상으로 노폭을 일정하게 맞추거나, 노면을 좀 더 평평하게 하고, 크게 돌아가는 길을 직선화하는 정도이니 '건설'이 아니라 '정비'가 맞다.

그럼에도 신작로 이미지가 강한 것은 이러한 정비 사업이 전국적으로 있었다는 점 때문일 것이고, 주민들이 여기에 동원된 안 좋은 기억 때문일 것이다. 이보다는 이때부터 도로에 등급을 매기거나 노선명을 부여하는 등의 근대적 관리 체계가 시작됐다는 것이 더 중요한 사실이다. 어쨌든 일제시기의 신작로는 새로 만든 길이 아니라 기존의 길을 정비한 길이다. 이는 후술하지만, 경인로 노선 변화에서도 잘 드러난다.

더군다나 신작로라는 말은 조선시대 사료에서도 찾을 수 있으니, 일제시기에 건설된 도로만을 지칭하는 고유명사도 역사적 용어도 아니다. 정조正祖, 1752~1800, 재위: 1776~1800가 수원에 갈 때 이용한 루트 '수원로'는 화성 신도시 건설과 건릉 능행을 위해 '신작로'로 정비한 길이었고,* 1970년대 새마을 운동으로 넓어진 마을 길도 신작로라 불렀다. 이들 또한 당시 '새로 만든 길'이 아니라 '새롭게 정비한 길'이다. 지금도 전국 어디서나, 특히 신도시 부근에서는 신작로라는 말을 간간이 들을 수 있다.

한국에서 전에 없던 전혀 새로운 길이 만들어지기 시작한 것은 산업사회 이후이다. 조선시대의 길은 일제시기에도 거의 대부분 그대로 쓰였고, 일제시기의 길은 해방 후 1950년대에도 사실 큰 변화가 없었다. 노선뿐 아니라 노폭이나 노면 상태, 굴곡, 기울기 모두 그렇다. 새로운 길을 뚫는 것은 토목 기술의 발전을 전제한다. 한국은 1970년대부터 중공업 육성 정책을 펴면서 고속도로를 만들기 시작했고, 고가도로를 세우고, 교량을 놓고, 터널을 뚫어 '전에 없던 새로운' 길을 내기 시작한다. 그나마 이러한 길을 애써 힘들게 돈 들여가

---

* 『備邊司謄錄』 178책. 정조 15년 정월 21일. "鄭東觀 所啓 臣伏奉治道邑廉察之命 自果川縣露梁津至水原府新作路 周復潛行…."

며 본격적으로 만들기 시작한 것은 경제력이 크게 신장한 1990년대부터이다. 아주 긴요하거나 대안이 없는 경우가 아니라면, 새로 길을 내기보다는 기존의 길을 활용하지 않을 이유가 없기 때문이다. 이러한 도로 건설의 전략은 삼국시대~조선시대에 이르는 전근대는 물론 일제시기와 해방 후 현재까지도 통용된다.

    길의 건설은 국가 권력과도 밀접한 관계를 보인다. 역사적으로 권력 지향적 위정자들은 내부적으로는 통치 효율을 위해 도로를 건설하였고, 외부적으로는 정복과 침탈을 위해 도로를 건설하였다. 현재까지도 남아 사용되고 있는 고대 로마의 길은 당시 조세 수송로와 행정 통신·군사 이동로 등으로 쓰였던 길이다. 그들이 원한 것 중의 하나는 더 많은 양을 더 빨리 운반할 수 있는 물자 수송로였고, 그 해답은 당연히 더 많은 용적량을 감당할 수 있는 크고 튼튼한 수레를 만드는 것이었다. 이에 수많은 시행착오를 거쳐 제출된 최종안이 수레바퀴에 철테를 두르는 것이었고, 철테를 두른 바퀴는 흙길에서는 더 잘 빠질 것이기 때문에 속력을 낼 수 없으므로 노면 또한 단단해야 했다. 로마의 박석도로薄石道路는 이렇게 탄생하였고, 이것이 지금도 유럽 곳곳에 남아 있는 이유이다.

    길이란 이처럼 필요에 의해 만들어지는 것이다. 새로 길을 하나 낸다는 것이 간단한 일이 아니니 필요가 없으면 건설도 없다. 지역 간 물자 이동량이 많지 않은 전근대 농업사회 조선은 새로운 길을 만들 필요성을 별로 느끼지 못했다. 개항기에 외국인이 쓴 조선 방문기를 보면, 그들은 거의 예외 없이 조선의 도로 사정을 미개한 것으로 혹평한다. 19세기 말 유럽의 길과 조선의 길을 직관적으로 맞대보면,

그렇게 보일 수밖에 없었을 것이다. 그러나 이는 내면을 제대로 들여다보지 못한 기록이니 안목이 높다 할 수는 없겠다.

유럽의 길은 중세 때 상대적으로 퇴보했다가 근대 국가가 출현하면서 비약적으로 발전한다. 대표적으로 프랑스 파리에 있는 에투알 개선문凱旋門, Triumphal Arch과 샹젤리제 거리로 대표되는 12갈래길은 프랑스제국의 위대한 역사와 권위를 대놓고 드러낸다. 국가 권력의 발전과 궤를 같이해온 근대의 길이 자본주의 시장경제 체제가 도래하고, 상품유통의 규모가 커지면서 본격적으로 계획, 설계, 건설, 운영되기 시작한 것이다.

인천의 길 역시 이와 비슷한 궤적을 밟는다. 19세기 후반 서양 자본주의의 전령 이양선異樣船은 인천과 강화 앞바다에서 가장 빈번하게 출몰한다. 처음에 강하게 저항하였으나 조선은 결국 개항을 받아들이는 운명을 맞이하고, 부산과 원산에 이어 1883년에 인천은 세 번째 개항장이 되었다. 이로써 한적한 포구 마을이었던 제물포와 인천은 세계 자본주의 시장 체제 안에 편입되고, 이후 더 강하게 외세의 영향을 받으며 조금씩 근대 도시로 변모한다. 이렇게 시작된 조선의 근대화는 전방위적 변화를 몰고 왔고, 전근대의 길도 예외 없이 근대의 길로 전화하기 시작한다.

이 책은 전근대로부터 근대 이행기를 거쳐 현대에 이르기까지 인천의 길을 추적한다. 전술하듯 길에는 물길과 바닷길은 물론 하늘길까지 포함되지만, 이 책에서는 일상생활과 밀접한 도로와 철로를 중심으로 이야기한다. 이 책에서 기술하는 공간 범위는 기본적으로 현재의 인천광역시이고, 시간 범위는 문헌 속에서 길의 윤곽이 잡히는 조선후기부터 현재까지로 한다. 다만 조선후기와 일제시기에 인천의 영역은 현재와 다르기 때문에 현재의 인천 영역 중에 과거 인천이 아닌 지역, 그리고 반대로 과거 인천이었지만 지금은 인천이 아닌 지역도 포함한다. 공간 범위의 대강을 얘기하면, 조선시대에는 인천도호부와 부평도호부, 일제시기에는 인천부와 부천군이다. 이와 관련해서는 1장에서 좀 더 상세하게 기술한다.

과거로부터 현재까지 인천의 길을 역사지리적으로 추적하는 것은 인천의 지역사, 인천의 지역학 또는 인천학 연구의 기저가 되는 주제 중의 하나이다. 무엇보다 길이 취락과 밀접한 관계를 맺고 있기 때문이다. 길이 나고 취락이 생겨나는지, 아니면 취락이 먼저 생기고 난 후에 길이 나는지의 문제는 닭이 먼저냐 달걀이 먼저냐의 순환논리처럼 뭐가 먼저랄 것 없이 앞서거니 뒤서거니 하는 관계이다. 인천의 지역 발달사는 여러 측면에서 조명할 수 있지만, 거의 절대적인 결론의 하나는 지역의 발달 혹은 지역의 역사는 어느 지역이든 취락의 확산으로 나타나고, 취락의 확산은 곧 교통로의 확산과 직결되어 있다. 여기서 말하는 취락은 단순히 마을village의 범주에 머무는 것이 아니라 시가지urban district 또는 도시city 전체까지도 의미한다. 이 책을 쓰는 궁극의 목적은 인천을 좀 더 잘 알아보자는 데에 있고, 애초의 계기 또는 취지는, 비슷한 얘기지만, 인천 시민은 물론 인천에 관심 있는 타 지역 사람들에게 인천을 좀 더 잘 알 수 있도록 도움을 주는 데에 있다.

1
공간범위

공간범위
인천의 영역 변동

　　인천은 한국에서 인구가 세 번째로 많은 대도시다. 17개 광역지자체 가운데 경기도와 함께 지속적으로 인구가 증가하고 있다. 2024년에는 300만 명을 돌파, 서울과 함께 명실상부 국제도시의 반열에 올랐다. 인천국제공항2001은 국제도시 인천의 이미지를 더욱 부각시켜 주었다. 개항기에 외국인이 조선에 첫발을 내딛은 곳, 인천은 이 전통을 여전히 간직한다.

　　인천의 면적은 1,067km²이다. 2023년 대구가 군위군614km²을 편입하기 전까지 광역시 중에서 가장 넓었다. 면적 605km²의 서울보다 약 1.8배 크다. 강화411km²와 옹진173km²을 제외하면 인천의 면적은 483km²로 서울의 80% 수준이다. 인천이 직할시가 된 1981년의 면적은 201km²에 불과했지만, 1989년에 김포군 계양면, 옹진군 영종면·용유면을, 그리고 1995년에 강화·옹진군 전역과 김포군 검단면을 편입, 광역시가 되면서 면적이 955km²로 크게 늘었다. 지역 편입이 아니더라도 인천은 20세기 초 이후 지속적으로 영역이 확대되는데, 해안 매립 때문이다. 21세기 이후 영역 확대를 견인한 대표적인 매립은 송도와 인천 신항 개발이다. 6개 법정동 가운데 하나인 연수구 송도동은 구 면적55km²의 7할36.6km², 구 인구35.2만의 절반17.2만을 차지한다그림 1-1.

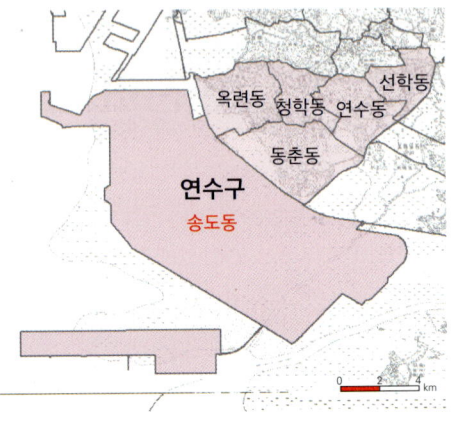

그림 1-1. 연수구와 송도동

1) 고려시대 인천의 영역

고려 인종재위, 1122~1146 때 정해진 인천의 옛 이름 인주仁州는 잠시 경원부1391~1392로 불린 때를 제외하고 조선 초까지 유지되었다. 인주는 1413년에 '무릇 군현의 이름 가운데 주자가 붙은 것을 모두 산자, 천자로 고칠凡郡縣號帶州字者, 皆改以山字川字' 때 이름을 바꿔 인천이 되었다.* 1413년 이후 현재까지 인천은 읍격邑格이 도호부, 군, 부, 시, 직할시, 광역시 등으로 변화해 왔지만 '인천'을 버린 적은 없다.**

---

* 이 군현 이름 개정 관련 내용은 『태종실록』 태종 13년 10월 15일자(음력) 기사에 실려 있는데, 이로부터 인천은 10월 15일을 '인천 시민의 날'로 지정·기념하고 있다. 인천을 포함하여 조선시대의 군현 330여 읍 가운데 이름이 산이나 천으로 끝나는 곳은 각기 39읍과 41읍으로 80읍에 달했다. 한때 인천(仁川)을 '어진 내'로 부르자는 의견이 있었다. 이 '내'가 승기천이라고 주장하기도 했다. 그러나 인천의 '천'은 실물 하천과 관계없다. 그야말로 행정편의적으로 붙은 것이다. 이러한 사례는 포천, 춘천, 제천, 영천 등 전국적으로 나타난다.

** 해방 후 두 달이 채 안 된 시점인 1945년 10월 10일, 미 군정은 인천부 이름을 제물포시로 바꾸었다가 1주일 후인 27일에 다시 인천부로 되돌려 놓는다. 혼란기에 한국 사정을 잘 모르는 이들에 의해 아주 짧은 기간 동안 벌어진 일종의 해프닝으로, 무시할 만하다.

그림 1-2. 고려시대 인주의 영역(추정)
자료제공: 양정현

　인천은 현재 8개 구, 2개 군을 관할한다. 인천의 영역은 1914년에 크게 축소되었다가 이후 계속 확장되기 때문에 전근대와 차이가 크다. 『고려사』 「지리지」에 보면 주현州縣 인주는 당성군唐城郡과 재양현載陽縣을 속현屬縣으로 두었다. 중앙에서 지방관을 파견하는 곳이 주현이고, 파견하지 않는 곳을 속현이라하는데, 속현은 나름 자치권이 있으나 일단 행정적으로 주현의 관할이다. 속현은 적으면 수 개에서 많으면 십수 개에 달했으므로 인주는 속현이 적은 편에 속한다. 당성군의 중심지는 화성시 서신면 상안리 당성唐城 일대, 재양현의 중심지는 화성시 비봉면 자안리 일대로 비정比定된다. 고려시대 인주의 관할 범위가 오늘날 화성시에까지 미쳤음을 알 수 있다. 고려의 속현은 조선시대에 주현으로 승격하거나 주현의 면面으로 편입되어 사라지는데, 당성군과 재양현은 1413년에 남양도호부로 통합된다. 오늘날 화성시 서부지역을 구성하는 비봉면, 남양읍, 마도면, 송산면, 서신면 일대이다.

현재 인천의 영역은 조선시대를 기준하면, 인천, 부평, 김포, 강화, 교동을 포함한다. 이밖에 경기만의 도서 대부·영흥·덕적도* 등은 조선시대에 남양도호부, 대청도와 소청도는 황해도 옹진현, 그리고 백령도는 황해도 장연현長淵縣 소속이었다. 영종·용유·삼목·무의도 등은 조선시대에도 인천에 속했다그림 1-9 참조. 일제시기를 기준하면, 인천부와 부천군 그리고 당시 김포군 검단면이 오늘날 인천의 영역과 같다.

2) 조선후기 인천의 영역과 1914년 인천부·부천군의 탄생

조선은 15세기 중반에 1단계 도道와 2단계 부·목·군·현府·牧·郡·縣으로 지방행정구역 편제를 개편한다. 1차 행정구역 8도 아래 2차 행정구역이 약 330개가 있었고, 이 체제는 1914년까지 별 변동이 없이 유지된다. 도호부는 조선 초기에 44개로 시작했다가, 임란 이후 75개 수준으로 늘어난다. 전체 군현 수는 변동이 없는 가운데, 읍격 중에서는 도호부만 증가하는데, 이를 채워준 것이 군과 현이다. 조선시대 4개의 기본 법전인 『경국대전』, 『속대전』, 『대전통편』, 『대전회통』 등에 따르면, 목 이상의 상위 읍격은 전 시기 내내 30~34개로 약 10% 내외이고, 군·현은 257개에서 32개가 감소하여 225개로 줄어

---

* 덕적도는 1486년(성종 17)에 남양에서 인천으로 소속을 옮긴다.

드는 78→68% 반면 도호부는 44개에서 75개로 31개가 증가한다 13→23%.

표 1-1. 조선 4대 법전 속의 읍격 변화

읍격(관직명)	품계	경국대전(1485)	속대전(1744)	대전통편(1785)	대전회통(1865)
부(-尹)	종2품	4	6	6	8
대도호부(-使)	정3품	4	4	4	4
목(-使)	정3품	20	21	21	20
도호부(-使)	종3품	44	75	75	75
군(-守)	종4품	82	74	74	77
현(-令)	종5품	34	26	26	26
현(-監)	종6품	141	124	124	122
계		329	330	330	332

* 본 표에서 한성과 개성은 제외.

    조선 후기에 8도에는 오늘날 도청에 해당하는 감영監營을 두고 지방관으로 관찰사觀察使, 종2품를 파견하였는데, 전라도 전주, 평안도 평양, 함경도 함흥은 관찰사가 부윤을 겸하였다. 한성부는 오늘날 서울특별시처럼 군현급이 아니라 도급이었고, 개성1438, 강화1627, 수원1793, 광주1795가 순차적으로 유수부留守府가 된다. 대도호부는 4개가 계속 유지되는데, 강릉과 안동이 고려시대부터, 영흥이 1426년부터, 영변과 안변이 15세기에만, 그리고 1601년부터는 창원이 대도호부가 된다. '-주州'로 끝나는 목은 20~21읍 범위를 벗어나지 않았다.* 조선시대 내내 정3품 이상의 당상관이 파견되는 부·대도호부·목은 개체 수에 변동이 거의 없다.

*   경기도(4)의 파주·양주·광주(→유수부, 1795)·여주, 강원도(1)의 원주, 충청도(4)의 충주·청주·공주·홍주(홍성), 전라도(4)의 나주·광주·능주(화순)·제주, 경상도(3)의 상주·진주·성주, 황해도(2)의 황주·해주, 평안도(3)의 의주(→부, 1593)·안주·정주, 함경도(1)의 길주 등의 읍격이 목이었다.

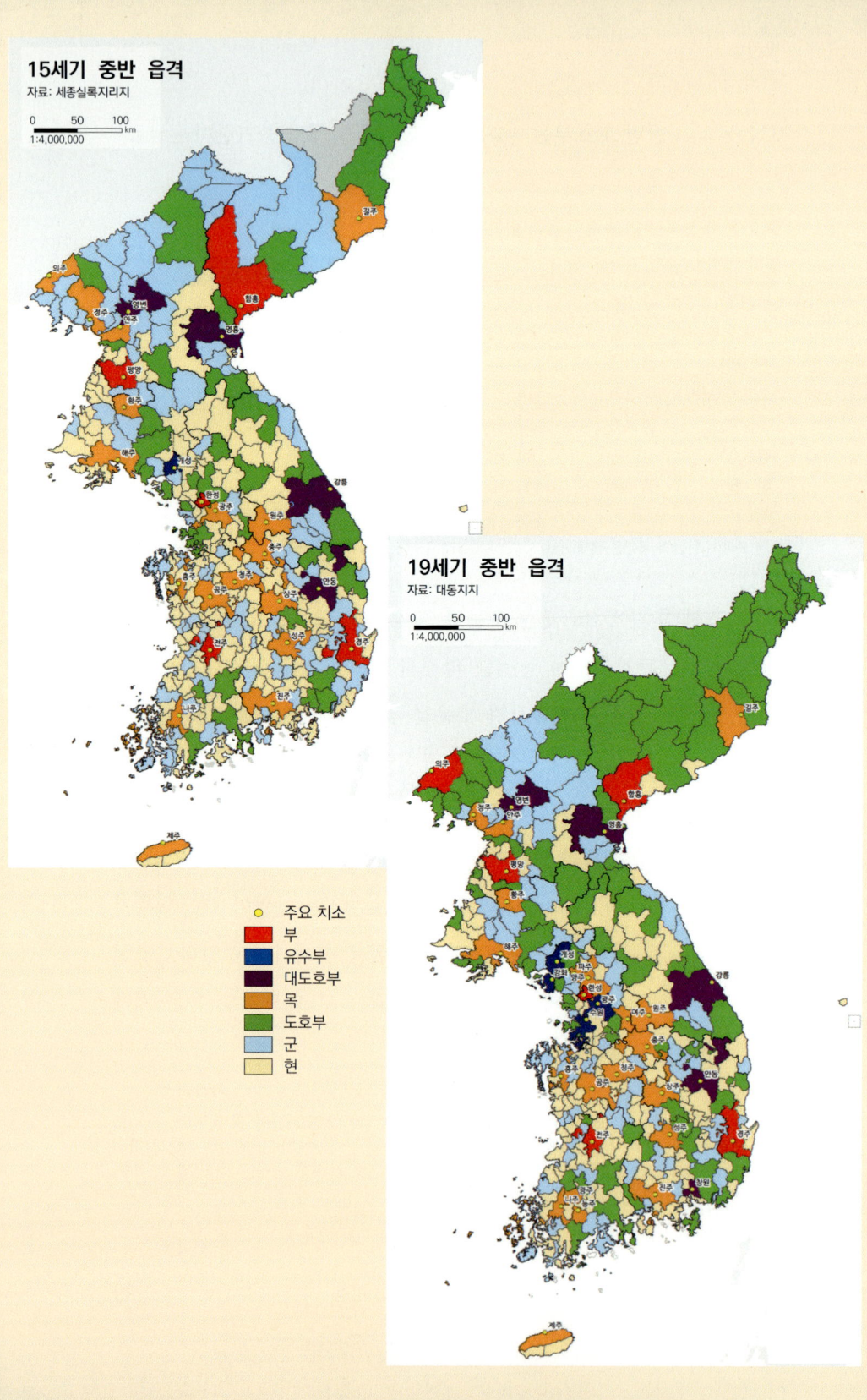

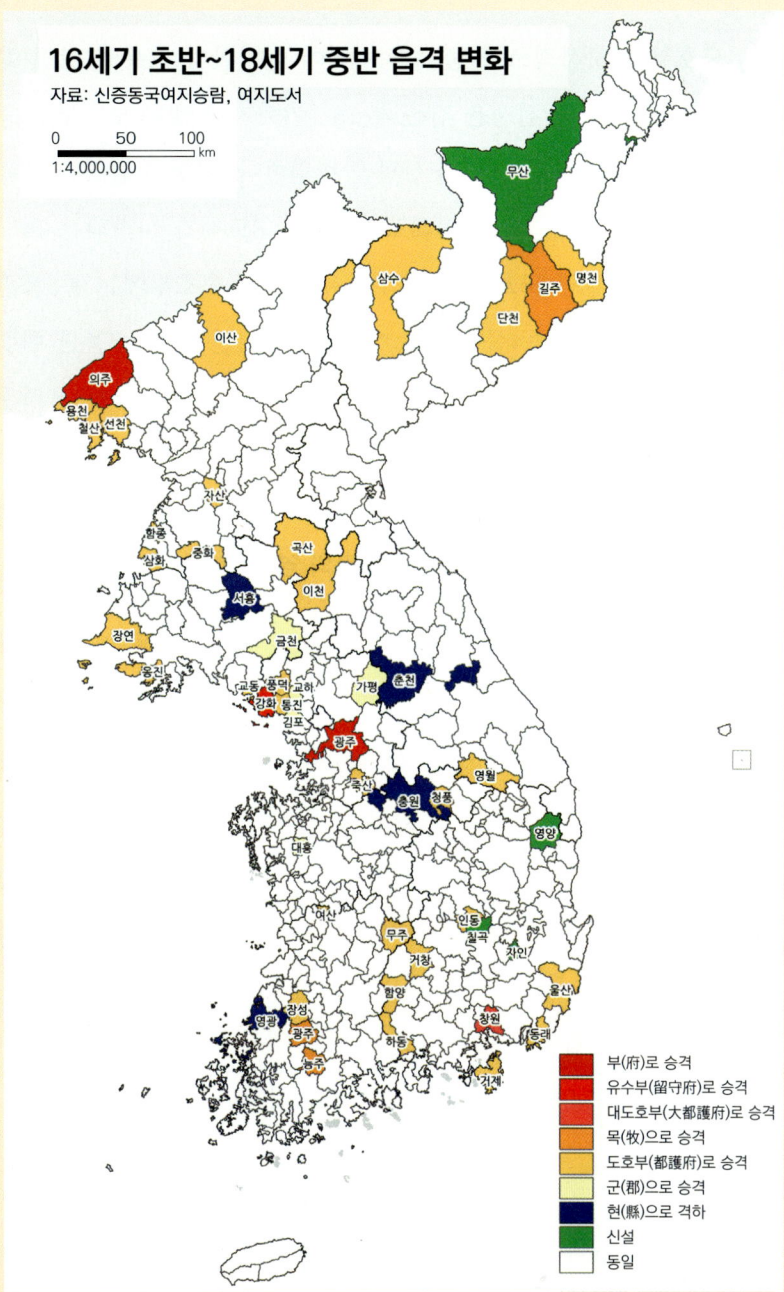

그림 1-3. 조선시대 읍격의 변화(『여지도서』 기준)
출처: http://waks.aks.ac.kr/rsh/?rshID=AKS-2017-KFR-1230001 (검색일: 2024.6.30.)

도호부는 군사적으로 중요한 지역에 설치한다는 운영 방침 아래 왜란과 호란 양대 전쟁을 겪은 후 18세기까지 진행된 도호부의 증가는 국토 방위 강화라는 시대 상황을 반영한다. 인천의 읍격은 처음에 군이었다가 1459년세조 5 이래로,* 부평은 8도제가 시작되는 1413년태종 13 이래로 줄곧 도호부의 읍격을 유지한다. 도호부에는 종3품관 도호부사가, 군에는 종4품관 군수가 파견되고, 현에는 종5품관 현령 또는 종6품관 현감이 파견된다. 부·목·군·현으로 차등을 둔 읍격은 1895년에 실시된 23부제 때 일괄 군郡으로 통일된다.

(1) 조선시대 인천도호부의 영역

18세기 중반에 나온 『여지도서』1760년경에 따르면, 당시 인천도호부는 부내면府內面, 다소면多所面, 남촌면南村面, 신현면新峴面, 원우이면遠又爾面, 주안면朱雁面, 조동면鳥洞面, 전반면田返面, 황등천면黃等川面, 이포면梨浦面 등 10개 면을 관할한다. 이 영역이 언제 확정되었고, 얼마나 지속된 것인지 정확히 알기 어렵다. 다만, 이 영역은 15세기 초 고려의 5도 양계 체제를 조선의 8도 330읍 체제로 재편할 때 확정되고, 이 체제가 무너지는 1914년까지 유지된 것으로 추정한다. 다른 군현에서도 통합이나 분할 등으로 인한 영역 변동 사례를 거의 살펴볼 수 없으므로 인천도 충분히 그러했을 것이다.

---

* 인천은 반역한 중이 태어난 곳이라 하여 1688년에 현으로 강등되는데, 9년 후인 1697년에 다시 도호부가 된다. 읍격의 강등은 지역에 부과하는 일종의 패널티로 10년 이내에 이전의 읍격으로 복귀한다.

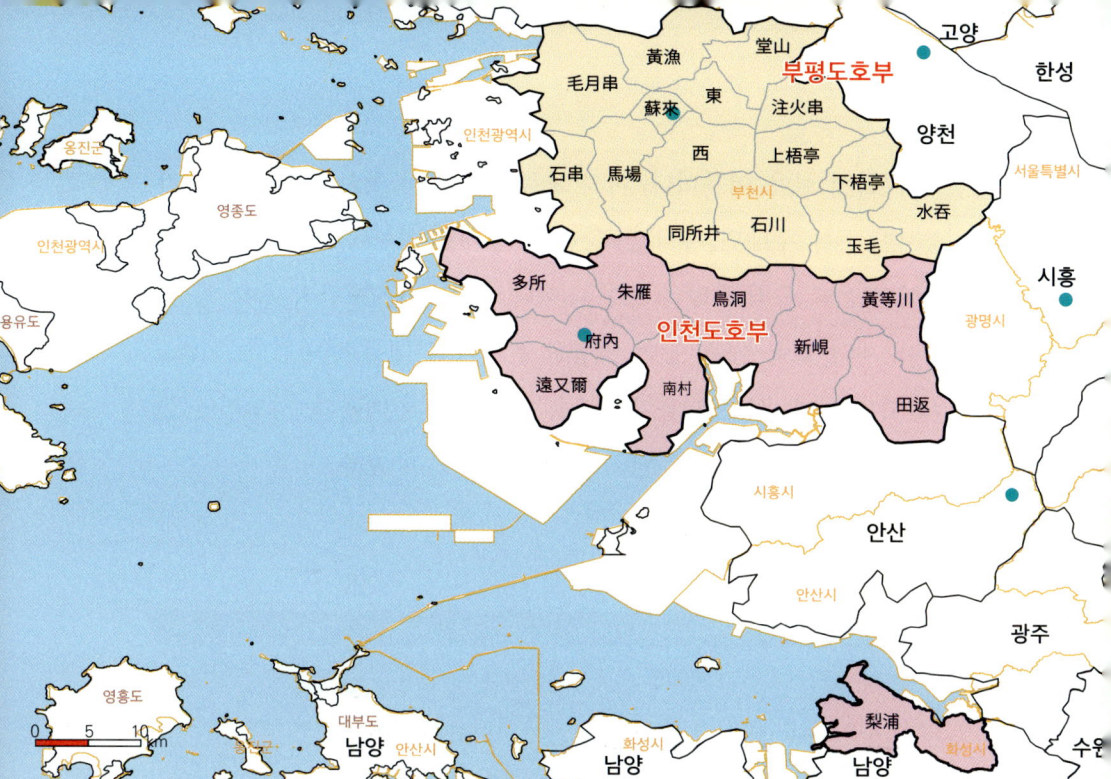

그림 1-4. 조선시대 인천도호부와 부평도호부의 영역

고려시대 인천의 영역 또한 조선시대와 별 차이가 없었던 것으로 예상해 볼 수도 있다. 인천은 주현이었기 때문에 큰 변동 없이 그대로 조선으로 넘어왔을 가능성이 높기 때문이다. 그렇다면 인천의 영역은 1914년까지 최소한 500~1,000년 동안 큰 변동 없이 유지되어 왔다고 말할 수 있다. 현재 인천에 살고 있는 인천 시민 중에는 이 기간 조상 대대로 인천 안에서 인천 사람으로 살고 있는, 그야말로 정통 인천 토박이가 있을 수 있다.

면은 아무래도 군보다 변동이 잦다. 인천에서 서로 다른 '부내면'이 두 번 나타나는 것, 그리고 월경지越境地를 갖고 있었다는 것이 특이 사례에 속할 것이다. 부내면이라는 이름은 인천의 읍격이 도호 '부'라서 붙은 이름이다. 마치 보통명사 같은 것이어서, 읍치邑治가 소재한 곳에 주내면, 부내면, 군내면, 현내면 또는 읍내면과 같은 이름이 붙는데 읍격에 맞춘 조어造語이다. 읍치란 군현 단위 주요 행정·군사·제의·교육 기관 등이 밀집한 관청가 일대를 의미한다. 치소治所라고도 한다. 인천의 읍치는 오늘날 문학동 일대이다. 시청이라 할 수 있는 동헌東軒이 문학초등학교 안에 복원되어 있다.

표 1-2. 조선시대 인천도호부의 면 변동

1760년경	1789	1864	1909	1912	1914	현재
부내府內	-	-	舊邑	-	부천군 문학文鶴	미추홀구 학익, 관교, 문학동 / 연수구 선학동
원우이遠又爾	-	-	西	-		연수구 옥련, 청학, 연수, 동춘동
다소多所	-	-	府內	-	인천부	동구 송림, 금곡, 창영, 화평, 화수, 만석동 / 중구 일원
			다소	-	부천군 다주多朱	미추홀구 도화, 숭의용현, 주안동
주안朱岸	-	朱雁	-	-		남동구 간석, 구월동 / 부평구 십정동
남촌南村	-	-	-	-	부천군 남동南洞	남동구 수산, 남촌, 도림, 논현동
조동鳥洞	-	-	-	-		남동구 장수, 만수, 운연, 서창동
신현新峴	新古介	신현	-	-	부천군 소래蘇萊	시흥시 신천동 등
전반田返	-	-	-	-		시흥시 매화동 등
황등천黃等川	-	-	-	-		시흥시 계수동 등 / 부천시 옥길동, 광명시 옥길동
이포梨浦	-	-	×	×	수원군 비봉면	화성시 비봉면 삼화, 유포리 일대

자료: 1760년경; 『여지도서』, 1789; 『호구총수』, 1864; 『대동지지』, 1909; 『민적통계표』, 1912; 『구한국지방행정구역 명칭일람』, 1914; 『신구대조 조선전도부군면리동명칭일람』, 1917.

그림 1-5. 인천도호부 청사(미추홀구 문학동 문학초등학교, 2025)

　　인천 읍치의 영역은 문학초등학교 교정은 물론 그 밖도 포함한다. 이 안에 동헌, 내아, 객사를 비롯하여 부속 관청 건물들이 배치되어 있었고, 동헌 동쪽에 인천 향교가 조선시대부터 지금까지 같은 자리를 지키고 있다. 18~19세기에 제작된 군현도에 인천 읍치는 문학산 아래에 학산서원, 객사, 향교, 아사 등으로 구성되어 있다. 이들 지도를 보면, 당시 읍치의 영역은 남쪽의 문학산217m과 북쪽의 아후산현승학산, 123m 사이로 생각된다. 『호구총수』1789에는 부내면 안에 동촌리, 승기리, 향교리, 산성리, 남산리, 관청리, 동산리 등의 이름이 적혀 있으니, 당시 인천의 읍치 공간이 문학·학익·관교동 일대에 조성되어 있었음을 유추할 수 있다. 읍치는 전근대 도로의 출발점이자 관내 거리와 방향의 기준점이 되기 때문에 동헌이나 객사의 원 위치를 비정하는 일은 매우 중요하다.

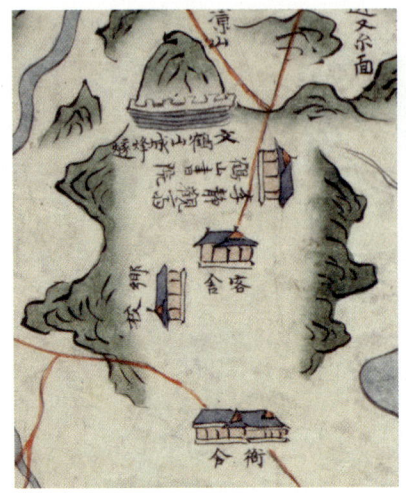
그림 1-6. 『해동지도』(18세기 중반)

그림 1-7. 「1872년 지방지도」

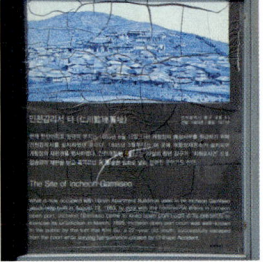
그림 1-8. 인천감리서 터(중구 내동, 2025)

    두 번째 부내면은 1906년에 시작된다. 1883년 개항과 함께 제물포에 인천감리서仁川監理署가 설치된다. 감리서는 개항장의 통상 업무를 담당하기 위해 신설된 기관이다. 이로써 20세기 초에 실질적인 읍치가 문학동에서 제물포로 이전했다고 볼 수 있다. 이에 문학동을 품고 있는 부내면은 구읍면이 되고, 제물포 일대에 새로 부내면이 설치된다. 이 사실은 경인로의 출발점이 문학동에서 제물포로 이전했음을 시사한다.

　10개 면 가운데 하나인 이포면은 인천의 월경지越境地이다. 월경지란 타 군의 영역 안에 들어가 있는 본 군 소속의 땅을 일컫는다. 역사학계도 여전히 월경지가 언제 어떤 과정을 거쳐 생겨났는지 명확하게 설명하지 못한다. 다만 이포면은 고려시대에 인주의 속현인 재양현 소속이므로 인천과 무관하지 않다. 막연한 추측이지만, 이포면이 인주의 어느 막강한 귀족의 세거지이거나 이 안에 농장 또는 염전과 같은 경제적 재원이 소재했을 수 있다.

　해안에 위치한 월경지의 설치는 전오염煎熬鹽 생산과 관련 있다고들 자주 말한다. 그런데 인천은 바다를 끼고 있음에도 내륙이 아닌 해안에 월경지를 갖고 있다. 이 점은 과거 인천의 위상이 낮지 않았음을 보여주는 것으로 이해할 수도 있다. 그러나 월경지를 보유한 군현이 적지 않았으므로 인천이 월경지를 갖고 있다는 사실에 너무 큰 의미를 부여할 필요는 없을 듯하다. 월경지는 1906년에 월경지 정리법으로 일괄 해체된다. 이때 이포면도 속지주의 원칙에 따라 수원군에 속하게 된다. 오늘날 화성시 남양읍 신외·장전·문호·선화리와 비봉면 유포·삼화리 일대의 해안지역이다 한국지명총람 18, 화성군 남양면·비봉면.

　이밖에 인천에서 보이는 면 변동은 전국적인 차원에서는 일상적인 수준이다. 신현新峴면이 신고개新古介면이 된 것은 '현'을 '고개'로 풀어 쓴 결과이고, 주안면은 '안岸'이 동음이의어인 '안雁'으로 바뀌었다. 한편 원우이면이 서면으로 이름을 바꾸는데, 정확하진 않지만 1906년에 같이 벌어진 일인 듯하다. 1912년까지 10개의 면을 관할하던 인천군은 1914년에 큰 변화를 맞이한다. 이 해에 구읍면과 서면이 문학면으로, 다소면과 주안면이 다주면으로, 남촌면과 조동면이 남동면으로, 신현·전반·황등천면이 소래면으로 통합되어 부천군의 일부가 되었고, 1906년 새로 생겨난 부내면은 인천부로 승격하였다. 뒤에서 자세히 설명하지만, 1914년의 군·면 통폐합은 인천뿐 아니라 전국에서 벌어진 일이었다.

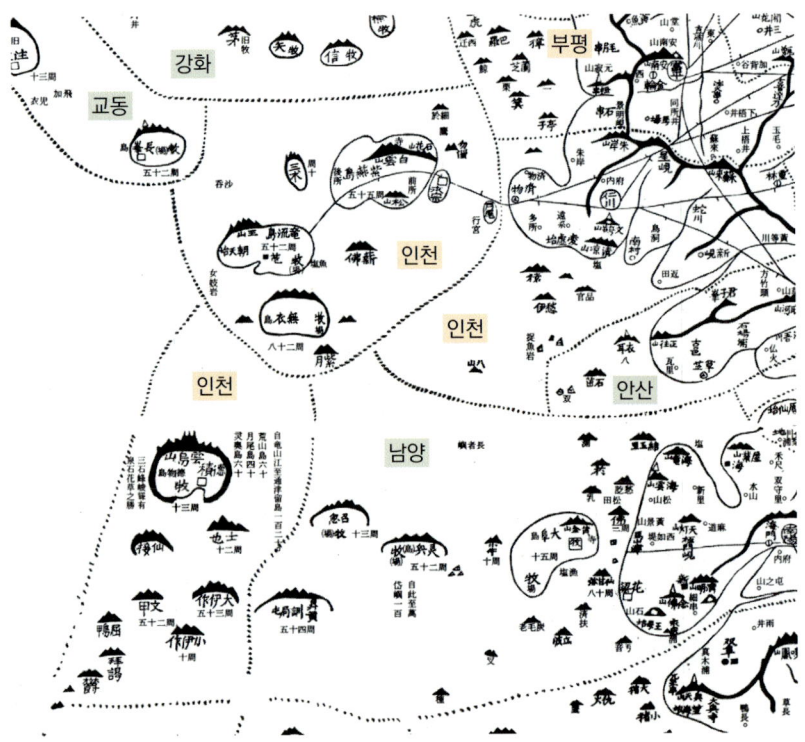

그림 1-9. 조선후기 인천 소속의 섬
출처: 「대동여지도」, 1861; 이우형, 광우당, 1990.

한편 인천은 경기만에 분포한 섬을 가장 많이 보유한 군현이었다. 지금은 간척으로 사라진 원도, 추이도, 품관도, 산산도, 족어암 등은 물론, 영종진이 설치된 영종도와 주변의 삼목·용유·무의도 등, 그리고 덕적진이 설치된 덕적도와 주변의 대이작·문갑·굴업도 등이 모두 인천도호부에 속한다. 반면, 현재 인천에 속한 신도·시도·모도는 조선시대에 강화유수부 소속이고, 장봉도와 주문도 주변의 섬은 교동도호부, 그리고 대부도·영흥도 주변의 섬은 남양도호부 소속이다. 지금 경기만 내 대부분 섬이 인천 소속인 것은 오랜 역사에 기반한 것이라 할 수 있으며, 이들 섬을 연결하는 해로는 근대 이후 현재까지 경기만 바닷길의 근간이 되고 있다.

(2) 조선시대 부평도호부의 영역

조선시대에 부평의 읍격 또한 도호부이다. 『여지도서』 단계에 15개 면을 관할하는데, 1914년 통폐합되기 전까지 조금씩 이름이 달라질 뿐 면 수는 그대로 유지한다. 다만 『대동지지』 단계에 부내면이 없어지고 소래면이 새로 생겨난다. 소래면은 김정호가 그린 「동여도」에 부평 소속으로 표시되어 있지만, 18세기에 그려진 군현도인 「해동지도」나 「조선팔도지도」, 그리고 「1872년 지방지도」에는 모두 소래면이 없다.* 소래면을 부평 소속으로 기록한 자료는 『대동지지』가 유일한 듯한데, 『대동지지』에 부내면의 부재와 소래면의 등장은 김정호의 오류일지 모른다.

---

* 고지도 열람은 규장각 원문서비스를 이용할 수 있다(https://kyudb.snu.ac.kr/main.do?mid=GZD).

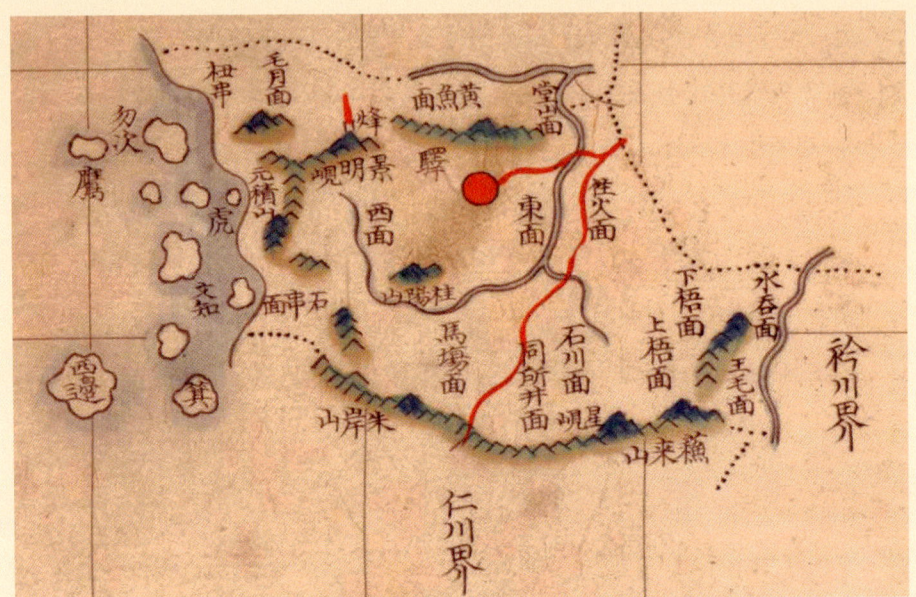

그림 1-10. 「팔도군현지도」의 부평도호부(18세기 중반)

그림 1-11. 「대동여지도」의 부평도호부(1861)
출처: 「대동여지도」, 1861; 이우형, 광우당, 1990.

표 1-3. 조선시대 부평도호부의 면 변동

1760년경	1789	1864	1909	1912	1914	현재
부내府內	邑內	×(?)	郡內	-	부천군 부내富內	계양구 계산동 등
동소정同所井	東所井	同所井	-	-		부평구 부평, 부개, 일신, 구산동
서西	-	-	-	-		계양구 작전, 서운동 / 부평구 갈산, 삼산동 등
마장馬場	-	-	-	-		계양구 효성동 / 부평구 청천, 산곡동 등
동東	-	-	-	-	부천군 계양桂陽	계양구 방축, 임학, 박촌, 병방, 용종동 등
당산堂山	-	-	-	-		계양구 상야, 귤현, 동양동 등
황어黃魚	-	-	-	-		계양구 둑실, 갈현, 다남, 이화동 등
하오정下梧亭	-	下梧井	下吾丁	-	부천군 오정吾丁	부천시 고강, 원종, 작, 여월, 천의동 등
상오정上梧亭	-	上梧井	上吾丁	-		부천시 오정, 삼정, 내, 도당동 등
주화곶注火串	-	-	-	-		부천시 대장동 / 강서구 오곡, 오쇠동
석천石川	-	-	-	-	부천군 계남桂南	부천시 상, 중, 심곡, 송내, 심곡본동
수탄水呑	-	-	-	-		서울시 구로구 궁, 온수, 오류, 개봉, 고척, 천왕동
옥모玉毛	玉山	玉毛	玉山	-		부천시 원미, 역곡, 소사, 소사본, 괴안, 범박, 항동
석곶石串	-	-	-	-	부천군 서곶西串	서구 가좌, 석남, 신현, 가정동
모월곶毛月串	-	-	-	-		서구 백석, 시천, 검암, 공촌, 심곡, 경서, 연희동
	소래蘇萊					

자료: 1760년경; 『여지도서』; 1789; 『호구총수』, 1864; 『대동지지』, 1909; 『민적통계표』, 1912; 『구한국지방행정구역 명칭일람』, 1914: 『신구대조 조선전도부군면리동명칭일람』, 1917.

    부평도호부의 15개 면은 1914년에 5개 면으로 통합되면서 기존 인천도호부 영역에서 통합된 4개 면과 함께 부천군으로 재편된다. 부천군은 부평의 '부'와 인천의 '천'을 따서 만든 이름이다. 옛 부평도호부 영역의 대부분은 현재 인천 계양·부평·서구, 그리고 부천시 땅이 되었고, 일부 지역은 서울시 구로구로 편입되었다. 1914년의 부내면은 '府내면'이 아니라 '富내면'이다. 조선시대의 부내府內·동소정·서·마장 등 4개 면이 1914년에 '富내면'을 이루는데, 이 때의 '富'는 부평의 부를 딴 것이고, 이때 부평은 부평도호부의 읍치였던 계양동 일대가 아니라 동소정면에 속했던 오늘날 부평역 일대를 일컫는다. 이 지명의 변화는 1899년 경인철도가 개통되고, 일찍이 통감부 시절 새로 정비된 경인로가 경인철도 연선 지역을 이어주면서 지역 중심지가 계양동에서 부평역 일대로 이전하였음을 시사한다. 이와 관련된 좀 더 상세한 이야기는 뒤에서 다시 한다.

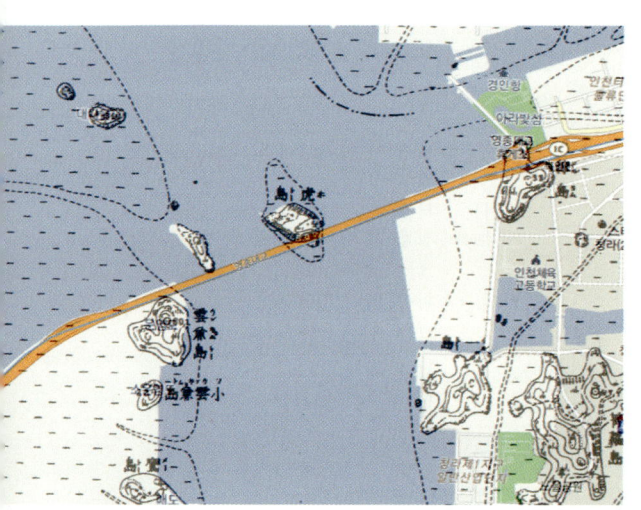

지금은 대부분 간척지 안에 들어와 있지만, 부평도호부의 서쪽 바다 연안에는 파라도청라도, 율도, 장도, 난지도, 정자도 등의 섬이 개펄에 촘촘히 박혀 있었다. 영종대교 휴게소 일대의 구릉지가 장도이고, 호도범섬와 운염도는 대교 아래에서 섬으로 남아

그림 1-12. 옛 부평도호부 소속의 장도, 호도, 운염도
바탕지도는 카카오맵(https://map.kakao.com)으로 최신 카카오맵의 실제 서비스 이미지와 다를 수 있음.

교각을 받치고 있다. 그나마 규모가 있는 파라도, 율도 등은 섬의 정상부頂上部가 현재 작은 구릉지로 남아 있고, 이보다 작은 섬들은 평탄화되어 흔적을 찾아보기 어렵다. 율도근린공원이나 문점교 등의 지명이 과거 섬의 위치를 알려줄 뿐이다.

도서를 제외한 내륙부만의 면적을 GIS를 통해 산출하면, 조선시대에 부평은 약 177km², 인천은 약 139km²으로 부평도호부의 땅이 조금 더 넓었다. 인천광역시의 전체 1,066km² 가운데 강화군이 411km², 옹진군이 173km²이고, 중구의 영종·무의도 등의 섬이 126km²를 차지해, 섬의 면적710km²이 내륙 면적356km²의 2배에 달한다.

3) 일제시기 인천부의 확장과 현재 인천광역시 영역의 형성

일제는 병합과 함께 준비 작업에 착수하여 1914년에 대대적인 행정구역 개편을 단행한다. 이 개편의 핵심은 행정편의를 위해 기존의 군과 면을 통·폐합하고, 새로운 형태의 행정 단위 '부府'를 만든 것으로 요약할 수 있다. 이로써 조선의 군은 330개에서 220개로, 면은 4,400개에서 2,500개로 줄어든다. '부'라는 읍격은 조선시대에도 있었지만, 1914년에 생겨난 부는 오늘날 시city의 모태가 되는 점에서 조선시대의 부와는 성격이 판이하게 다르다. 한국 지방행정제도사에서 시·군의 관계가 이때 시작되었다고 할 수 있다.

1914년에 신설된 부는 12개로 시작한다. 경성·인천이상 경기, 군산·목포이상 전라, 마산·부산·대구이상 경상, 원산·청진이상 함경, 신의주·평양·진남포이상 평안도이다. 이들은 역사·지리적으로 일찍이 개항을 경험한 항구도시이거나 내륙 수로 또는 철도망으로 연결되는 곳에 위치하고 있으며, 인구 구성면에서 일본인이 많고, 이들의 비율과 밀도 또한 높다는 공통점을 지닌다. 결국 부의 설치는 무엇보다 일본인의 생

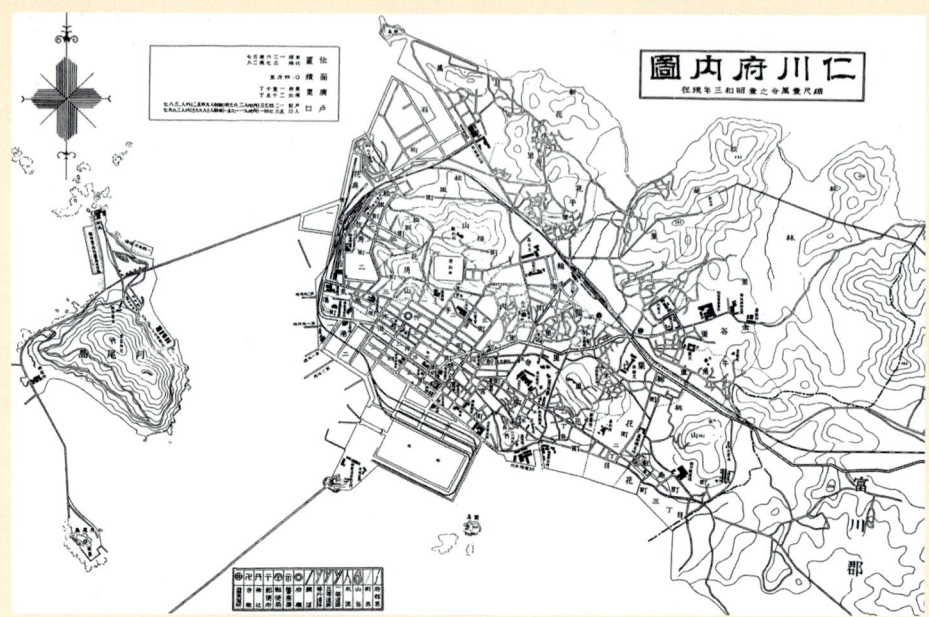

그림 1-13. 1914년 인천부의 영역(「인천부내도」, 1928)

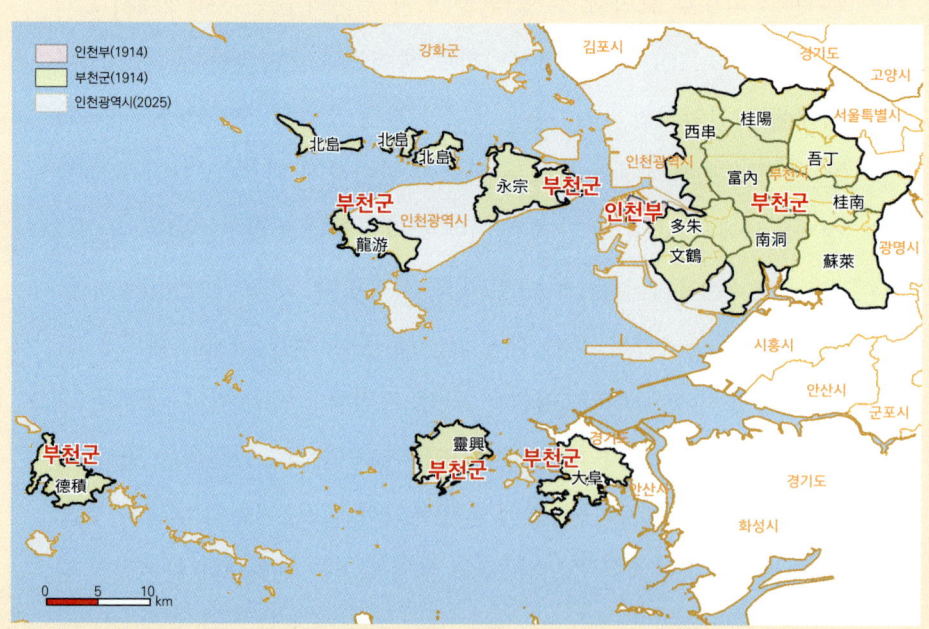

그림 1-14. 1914년 인천부·부천군의 영역과 현재의 인천

활 조건과 거주 환경, 그리고 경제 활동의 편의를 위한 결과이다. 부는 해방 직전까지 10개가 더 늘어나 22개가 되고,* 이들은 모두 1946년에 일괄 시가 된다. 인천도 1914년의 격동을 피하지 못하고 온몸으로 받아들인다. 오늘날 도서를 제외한 중구 및 동구 송림동, 금곡동, 창연동, 송현동, 화평동, 화수동, 만석동 일대가 인천부로 독립하였고, 나머지 인천 지역은 부평군과 통합, 부천군으로 다시 태어났다.

그림 1-15. 1936년 인천부의 확장

---

* 추가된 10개 부는 개성·함흥(1930), 대전·광주·전주(1935), 나진(1936), 해주(1938), 진주(1939), 성진(1941), 흥남(1944)이다.

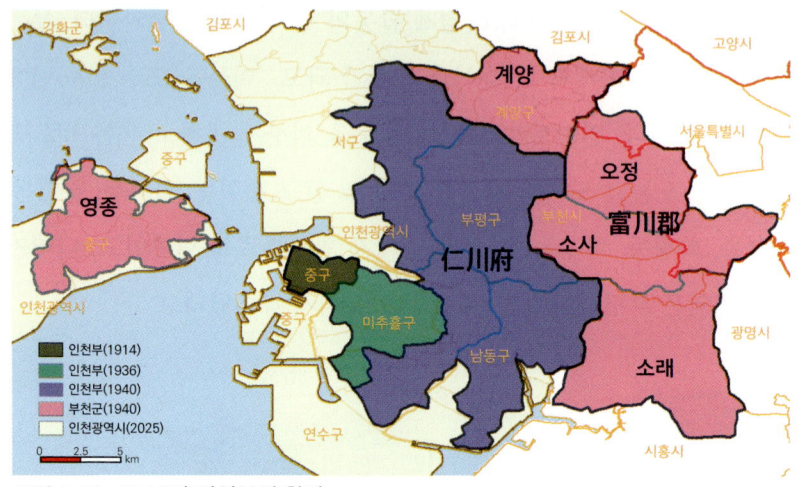

그림 1-16. 1940년 인천부의 확장

　　1914년 개편 직후 부천군은 15개의 면과 160개의 동리洞里를 관할한다. 15면 가운데 6개 면은 도서島嶼로 구성된 면이고, 9개 면이 내륙에 있었다. 9개 면 가운데 계남면이 1931년에 소사면으로 이름을 바꾸고, 1941년에는 부천군의 유일한 읍이 된다. 소사읍은 1962년에 일부 지역이 당시 서울시 영등포구현 구로구 고척·개봉·오류·궁·온수·항·천왕동로 편입되고, 1973년에는 부천시가 된다. 이 해에 부천군 계양면과 오정면은 김포군이 되는데, 오정면은 1975년에 부천시로, 계양면은 1989년에 인천시 북구나중에 계양구로 재편입된다.

　　일제시기 부천군 영역 변동에서 주목할 두 사건은 1936년과 1940년에 시행된 인천부의 확장, 곧 부천군의 축소이다. 1936년 10월 1일 부천군 다주면 도화리 일원, 장의리 일원, 용정리 일원, 사충리 일원, 간석리 일부과 문학면 일부 옥련리 일원, 학익리 일원, 관교리 일부, 승기리 일부가 인천부가 되고, 1940년 4월 1일에는 문학면, 남동면, 부내면, 서곶면을 인천부로 대거 편입하면서 2.6배 이상 넓어졌다. 계양·검단면 일대를 제외하면, 오늘날 인천광역시의 내륙부 영역은 이때 형성된 것이다.

일제시기에 부 아래에는 동·정·정목·통 洞·町·丁目·通 을 두었다. 이에 1936년과 1940년에 인천에 편입된 리 里는 일본식 지명으로 개명한다. 명치정 明治町, 지금의 부개동, 대정정 大正町, 계산동, 소화정 昭和町, 부평동 등은 일본의 연호를 딴 지명이고, 문학정, 연수정, 논현정 등은 기본 지명에 리 대신 정을 붙인 형식이다.

현 중구청 자리에는 1883년 개항과 함께 설치된 일본 영사관 1884.10.31. 준공이 건립되어 있었다. 이 영사관은 같은 자리에서 1906년에 인천이사청이 되었으며, 이사청은 1910년 합병과 함께 인천부청이 되어 일제시기 내내 인천의 행정을 총괄하였다.* 해방 후 부청은 1949년에 시청이 되었고, 1985년에 시청이 구월동으로 옮겨 가면서 중구청이 되어 오늘에 이른다.

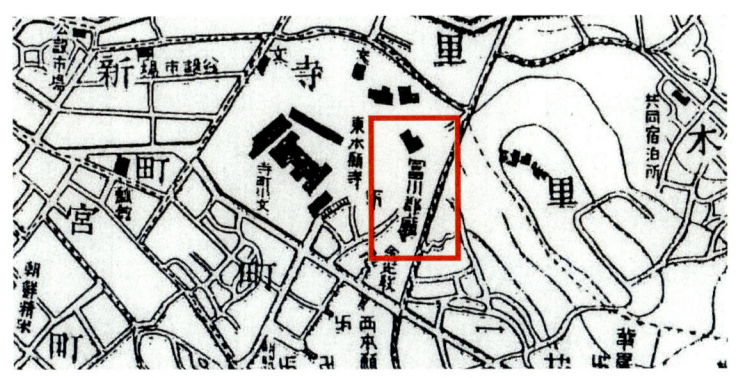

그림 1-17. 일제시기 부천군청의 위치(중구 답동 2-3)
자료: 인천부내도(1928, 1:10,000).

* 1910년 합병과 함께 기존의 인천군은 인천부가 되는데, 이때의 부는 인천군 전체를 인천부로 개명한 것으로 1914년에 새로 설치된 부와는 성격이 크게 다르다.

한편 1914년에 새로 생긴 부천군청은 처음에 옛 인천도호부 청사를 그대로 사용하다가 1923년 4월 사정寺町 2번지현 답동 2-3, 답동성당 경내에 청사를 신축·이전한다. 군청은 1962년에 소사읍사무소당시 심곡리 671번지로 옮겨가고, 1973년 시로 승격하면서 시청이 된다. 시청은 1979년에 원미동 71번지현 원미구청로, 1997년에 중동 1156번지로 옮겨 간 후 현재에 이른다.* 부천군은 1973년에 소사읍을 중심으로 부천시로 승격하고, 나머지 오정·계양면은 김포군으로, 소래면은 시흥군으로, 영종면 등 도서 지역은 옹진군으로 분할, 편입되면서 부천군은 역사에서 사라진다. 이후 김포군 오정면은 부천시로 편입되고1975.10.1., 김포군 계양면은 인천직할시 북구로, 그리고 옹진군 영종·용유면은 중구로 편입되어이상 1989.1.1. 다시 인천 땅이 된다.

인천광역시의 역사는 1995년 1월 1일에 시작한다. 두 달 후 3월 1일에는 옹진군과 강화군이 인천광역시로, 김포군 검단면이 서구로 편입되고, 북구는 계양구와 부평구로, 남구에서는 연수구가 분할된다. 2018년 남구는 미추홀구로 이름을 바꾸었고, 2026년에는 중구 내륙 지역과 동구를 제물포구로, 중구 도서 지역을 영종구로 개편·개명하고, 서구 일부 지역을 분할하여 검단구를 신설할 예정이다. 중구는 2019년부터 영종도권 주민 편의를 위해 운남동에 중구청 제2청사를 운영하고 있다. 2022년 12월 31일 기준, 중구의 인구는 도서 지역의 영종도권이 11만 916명이고, 내륙의 동인천권이 4만 6,134명29.4%이다.

이 책에서 다루는 지역 범위를 간단히 정리하면, 첫 번째 기준

---

* 디지털부천문화대전(https://bucheon.grandculture.net/bucheon) (검색일: 2024.6.5.), 표제어: 부천군.

은 현재의 행정구역, 즉 인천광역시의 관할 구역이다. 그런데 현재의 인천은 과거의 인천과 무관할 수 없으므로 과거 연혁을 정리하고 이를 공간화하는 것이 매우 긴요하다. 현재 인천의 영역은 기본적으로 조선시대 인천도호부와 부평도호부에 근간을 두고 있으며, 일제시기에는 이들이 인천부와 부천군으로 분할된다. 해방 후 인천은 외부 지역을 편입하면서 영역을 넓혀가는 기조를 유지하지만, 일부 지역은 서울이나 시흥시 등으로 편입되었다.

조선시대의 인천·부평도호부와 일제시기의 인천부·부천군이 이 책의 핵심 공간범위라 할 수 있지만, 시기와 주제에 따라 인천 밖의 영역도 포함한다. 조선시대 인천의 도로망을 기술함에 당시 인천의 영역에 기준할 수밖에 없으므로 오늘날 서울시 구로구 일부, 시흥시 일부, 화성시 일부 지역이 기술 범위 안에 있다. 이러한 관계를 고려하면 부천시도 기술 범위에 들 것이며, 조선시대 또는 일제시기의 김포군 일부도 범위 안으로 들어온다.

지금까지 현재의 인천광역시 영역이 과거에는 어디에 소속되었으며, 반대로 과거의 인천 및 부평도호부가 오늘날 어디인지 시·공간적 변동에 대해 기술하였다. 이 책의 주제는 분명 교통로이지만 행정구역 변동 내용이 다소 장황하다. 하지만 교통로가 시대별로 다른 행정구역에 소속되기 때문에, 그리고 교통로 관련 자료가 시대별로 서로 다른 행정구역 안에서 정리되고 있기 때문에 행정구역의 변동을 먼저 정리하지 않으면 시·공간상의 혼란을 감내하기 어렵다. 지금까지 연구 지역의 역사지리적 변천 과정을 다시 한번 다음 표와 지도로 정리한다.

표 1-4. 현재 인천광역시 구·군별 이전 시기 관할

현재	일제(1914년 기준)		조선후기(18세기)
중구	인천부		인천도호부
동구			
미추홀구	부천군	다주면, 문학면	
연수구		문학면	
남동구		다주면, 남동면	
부평구		부내면	부평도호부
계양구		부내면, 계양면	
서구		서곶면	
	김포군	검단면	김포군
강화군	강화군		강화유수부
옹진군	· 영종·용유·대부·영흥·덕적도 등→부천군 · 강화·석모도, 신·시·모도, 교동·송가·주문·장봉도 등→강화군 · 자월·승봉·영흥도 등→안산도호부 · 백령·대청·소청도 등→장연군(황해도) · 영흥·덕적·대이작 등→부천군		· 영종·용유·무의도, 덕적·대이작·굴업·울도 등→인천도호부 · 신·시·모도 등→강화부 · 교동·송가·주문·장봉도 등→교동도호부 · 자월·승봉·영흥도 등→안산도호부 · 백령·대청·소청도 등→장연현

표 1-5. 조선시대 및 일제시기의 인천 및 부평의 현재 관할

시대	군현	현재_인천광역시 관할	현재_타지 관할
조선시대 (18세기)	인천도호부	중구, 동구, 미추홀구, 연수구, 남동구	시흥시, 부천시, 광명시
	부평도호부	서구, 계양구, 부평구	부천시, 서울 구로구, 강서구
일제시기 1914년 기준	인천부	중구, 동구	
	부천군	중구, 미추홀구, 연수구, 남동구, 서구, 계양구, 부평구	부천시, 서울 구로구, 시흥시, 광명시(일부)

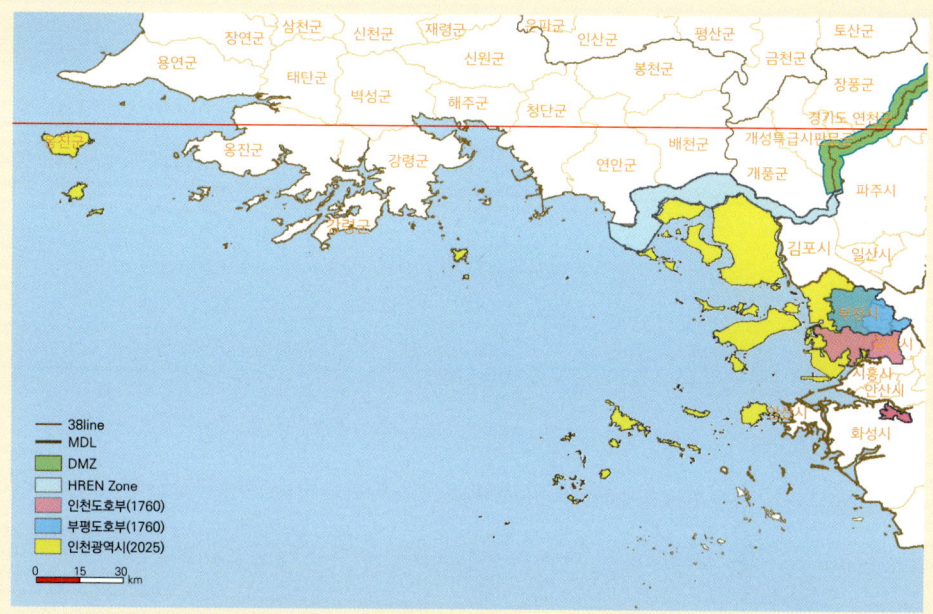

그림 1-18. 연구지역(조선시대(1760)+현재)

그림 1-19. 연구지역(일제시기(1914)+현재)

2
:
조선 도로망

조선 도로망
조선시대 인천의 교통로

　　조선시대 인천의 중심지는 도호부 청사가 있던 현 문학동 일대이고, 개항기부터 일제시기를 거쳐 최소한 1980년대까지는 일본영사관·인천감리서·인천이사청 그리고 인천부청과 인천시청이 소재했던 중구 관동 일대이다. 한편 부평도호부에서는 읍치邑治였던 부평구 계산동 일대가 중심지였지만, 일제시기에는 중심지가 남쪽의 부평역 일대로 이동한다. 여기에는 경인철도와 새로 정비된 신작로의 영향이 크다. 두 교통로 연선 지역에서, 특히 철도선 부설 이후 부평역과 소사역 일대가 신흥 중심지로 부상한 것이다. 부평구 부평동은 부평역에 기반하여 인천 최고의 상업 중심지로 부상하였으며, 소사역1973년 부천역으로 개명을 품은 소사동의 성장은 결국 부천시의 분리, 독립을 이끌어냈다.

　　앞에서 언급했지만, 교통로와 취락의 관계에서 항상 대두되는 질문의 하나는 취락이 형성된 후에 길이 나는지, 아니면 길이 먼저 나고 취락이 들어서는지이다. 길의 기원의 측면에서는 아마 길이 먼저 났을 수 있지만, 시간이 흘러 현대 사회가 되면 양자의 관계는 서로 맞물려 각각의 사례가 공존한다. 길이 먼저 나기도 하고, 취락이 먼저 들어서기도 한다는 얘기다. 예컨대 1990년대 중동 신도시는 택지 개발이 결정되면서 기존 구릉지나 경지에 새로운 길이 나지만, 경인고속도로와 경인전철이 없다면 과연 이 개발이 가능했을까라는 질문도 충분히 성립한다. 1970년대 경인고속도로가 뚫리고 난 후 주변에 취락과 산업단지가 조성되었으며, 청라지구 역시 경인·외곽순환 고속도로 등이 없다면 개발 자체를 생각하지 못했을 것이다. 이러한 사례는 전국에서 일상적으로 나타나는 현상이며, 땅길뿐 아니라 하늘길이나 바닷길도 마찬가지이다.

 이러한 교통로와 취락의 관계는 조선시대에도 다르지 않았다. 교통로를 이해함에 무엇이 먼저인지는 사실 별로 중요하지 않다. 더 중요한 것은, 교통로를 취락과 취락의 연결로로 이해할 필요가 있다는 사실이다. 이것이 이 책에서 표방한 교통로 이해의 기본 기조이다. 따라서 조선시대의 교통로를 이해하기 위해 당대 취락의 역사와 분포를 먼저 확인하는 것은 중요하다. 특히 취락의 규모나 중심지 기능은 도로망 형성 메커니즘의 주요 인자가 되므로 주요 취락을 먼저 상정하는 것이 교통로 이해의 첫걸음이 될 수 있다. 그렇다면 조선시대 각 지역의 최고차 취락으로 군현의 읍치를 떠올리는 것은 어렵지 않다. 결국 조선의 간선 도로망 형성 메커니즘은 읍치와 읍치를 연결하는 과정으로 접근할 수 있다.

 조선시대에 인천 최고차 취락은 당연히 인천도호부 청사가 있는 부내면 읍치 지역이고, 이곳으로 연결된 모든 도로 가운데 가장 중요한 도로는 다시 인접 군현의 읍치를 직렬로 연결하는 길이다. 그렇다면 인천에서 가장 중요한 길은, 혹은 등급이 가장 높은 최고차 도로는 바로 인천과 수도 한성을 잇는 길이다. 인천과 서울을 잇는 이 길을 이 책에서는 '인천로'라 부르고자 한다. 사실 이 인천로의 좀 더 익숙한 이름은 경인로이지만, 이에 대해서는 이 이름을 쓰기 시작한 일제시기 편에서 좀 더 상술하고자 한다.

1) 『도로고』에 기록된 인천로와 부평로

한국 도로 발달사의 관점에서 전국의 도로망 체계를 처음으로 기술한 문헌은 여암旅庵 신경준申景濬, 1712~1781이 1770년에 펴낸 『도로고道路考』이다. 이 책은 조선의 간선 도로망을 6개의 대로로 정리한다. 제1로 의주로부터 경흥로, 평해로, 동래로, 제주로 그리고 제6로인 강화로이다. 각 대로의 출발점은 모두 한성이고, 종점이 되는 각 군현 이름이 노선명=대로명=본선명이 된다.* 우리가 요즘도 서울로 향하는 여정을 '상행'이라 부르는 것은 아마 이런 맥락에서 형성되었을 가능성이 있다. 조선은 그만큼 수도 한성의 권위를 적극적으로 표방한 사회였다. 부산에서 서울까지 북쪽 방향으로 가는 길도, 의주에서 서울까지 남쪽 방향으로 가는 길도 모두 상행길이 되니 이 용어는 절대 방위와 상관이 없다. 철도 노선 체계에서 상·하행의 의미는 이와 또 다른데, 이는 철도편에서 자세히 얘기한다.

---

* 노선명은 6개 대로의 본선의 종점 군현명을 따서 붙였고, 지선에는 노선명을 부여하지 않았다.

표 2-1. 『도로고』(1770)에 수록된 6대로의 노선 길이와 지선 수

대로	노선 길이(里, %)						지선 수(개, %)					
	본선	1차	2차	3차	4차	합	본선	1차	2차	3차	4차	합
의주로	1,085	2,935	1,240	675	190	6,125	1	15	9	4	1	30
경흥로	2,504	775	320	70	-	3,669	1	5	3	1	-	10
평해로	865	860	255	-	-	2,155	1	4	4	-	-	9
동래로	937	1,910	1,810	175	-	4,657	1	12	16	3	-	32
충주로	315	140	-	-	-	455	1	2	-	-	-	3
제주로	1,390	2,658	20,55	367	-	6,470	1	22	23	7	-	53
벌사근천로	61	30	-	-	-	91	1	1	-	-	-	2
강화로	120	105	40	-	-	265	1	2	1	-	-	4
계	7,277	9,413	5,720	1,287	190	23,887	8	63	56	15	1	143
의주로	14.9	31.2	21.7	52.4	100.0	25.6	-	23.8	16.1	26.7	100.0	21.0
경흥로	34.4	8.2	5.6	5.4	-	15.4	-	7.9	5.4	6.7	-	7.0
평해로	11.9	9.1	4.5	-	-	9.0	-	6.3	7.1	-	-	6.3
동래로	12.9	20.3	31.6	13,6	-	19.5	-	19.0	28.6	20.0	-	22.4
충주로	4.3	1.5	-	-	-	1.9	-	3.2	-	-	-	2.1
제주로	19.1	28.2	35.9	28.5	-	27.1	-	34.9	41.1	46.7	-	37.1
벌사근천로	0.8	0.3	-	-	-	0.4	-	1.6	-	-	-	1.4
강화로	1.6	1.1	0.7	-	-	1.1	-	3.2	1.8	-	-	2.8
계	100.0	100.0	100.0	100.0	100.0	100.0	-	100.0	100.0	100.0	100.0	100.0

* 벌사근천로는 『대동지지』 단계의 수원로, 충주별로는 봉화로로 승격한다.
** 제주로의 일부 지선은 『대동지지』 단계에 충청수영로와 통영로로 승격한다.

      6개의 대로는 본선과 4차까지의 지선으로 구성된다. 지선이 가장 많은 노선은 제주로이고, 지선을 포함한 전체 도로 길이가 가장 긴 노선 역시 제주로이다. 본선의 길이만 보면, 산세가 험한 강원도와 함경도를 종단하는 경흥로가 압도적으로 길다. 차수별 지선 수는 1차지선이 가장 많고, 거리 역시 가장 길다. 『도로고』는 기점에서 종점까지의 주요 지점을 경유지로 선택하고, 각 경유지와 경유지 간 거리의 리수里數를 기록하는 방식으로 각 노선을 기술한다.

경유지로 자주 등장하는 것은 ~점店, ~역驛, ~현峴, ~원院, ~령嶺, ~창倉 등의 취락이나 시설 그리고 자연지명 등이지만, 압도적으로 많은 것은 각 군현의 중심지, 즉 읍치이다. 『도로고』에는 당시 336개의 읍치가 빠짐없이 경유지로 등장하는데, 전체 경유지의 31.0%에 달한다.*이러한 상황은 19세기 후반 자료인 『대동지지』의 「정리고」에서도 마찬가지이다. 여암이 『도로고』를 편찬하면서 도로망 체계를 구상함에, 그는 아마 다음과 같은 원칙을 세우지 않았을까 추론해 본다.

1. 한성을 모든 노선의 기점으로 삼는다.
2. 각 극지에 6개의 종점을 선정한다 → 의주서북, 경흥동북, 평해동, 동래남동, 해남남, 강화서
3. 기점과 종점 사이에 있는 모든 군현의 읍치를 망라하여 본선으로 우선 연결하고, 남은 읍치는 지선으로 연결한다.

이와 같은 노선 기술의 얼개를 짰다면, 다음 작업은 간단해진다. 이제 읍치와 읍치 사이의 주요 지점을 경유지로 채택하고, 경유지 간 거리를 조사하여 기재만 하면 끝난다. 결국 『도로고』의 6개 도로망은 읍치를 도로 선으로 어떻게 배치할 것인가에 대한 결론이고, 읍치 외 인지도가 높은 주요 취락이나 시설물을 선정한 과정의 결과가 경유지로 수록된 것이다. 인천로와 부평로 역시 143개의 노선 중 어느 하나에 배치되는데, 인천과 부평의 읍치가 한성의 서쪽에 해당

---

* 『도로고』에 등장하는 전체 경유지 수는 1,083개이다. 이 가운데 점이 105개(9.7%), 역이 102개(9.4%), 현이 69개(6.4%), 원이 53개(4.9%), 령이 48개(4.4%), 창이 43개(4.0%)이다. 이들이 읍치를 제외한 상위 6개 유형이고, 읍치를 포함하여 이들이 차지하는 비율은 69.8%이다. 이외의 것은 모두 30개 미만이다.

하므로 이 일대에 펼쳐져 있는 강화 대로의 지선으로 편입된다. 이제 『도로고』에 등재된 제6로 강화로 본선과 그 지선인 인천로 및 부평로의 경로를 보자.

■ 『도로고』의 강화로 노선
○ 본선: 한성京-양화도楊花渡, 10리-철곶천鐵串川, 15리, 分岐-양천陽川, 15리-굴포교掘浦橋, 15리-김포金浦, 15리-백석현白石峴, 20리-통진通津, 20리-갑곶진甲串津, 10리, 分岐-강화江華, 10리
- 1차 지선(1), 부평로: 철곶천-고음달내古音達乃, 15리, 分岐-부평富平, 20리
- 2차 지선, 인천로: 고음달내-성현星峴, 25리-인천仁川, 15리
- 1차 지선(2), 교동로: 갑곶진-교동喬桐, 70리

『도로고』에는 제6로로 강화로가 등장하고, 철곶천에서 부평로가 분기하며, 고음달내에서 인천로가 분기한다. 각 경유지의 위치와 경로 비정比定은 『대동지지』의 인천로와 비교하면서 상세히 후술하고자 한다.

2) 『대동지지』「정리고」에 기록된 인천로와 부평로

조선의 지리학자이자 지도 제작자로 유명한 고산자孤山子 김정호金正浩, 1800?~1866?는 「대동여지도」1861로 유명하다. 그러나 그의 업적은 여기서 끝나지 않는다. 「대동여지도」가 나오기 한참 전

인 1834년에 필사본 지도책atlas 「청구도」를 제작한 경험이 있으며, 1856~1861년 사이에는 이의 수정본이라 할 수 있는 「동여도」를 펴낸다. 김정호는 「대동여지도」 목판을 새길 때 저본으로 「동여도」를 썼을 것이다. 누가 강요한 것도 아닐진대, 이미 노년기 접어든 김정호가 침침한 눈을 부셔가며 마지막 작품을 애써 목판본으로 만든 것은 일반 대중에게도 지도가 널리 이용되기를 바라는 마음을 갖고 있었기 때문일 것이다.

좌도우서左圖右書라는 말이 있다. '왼손에는 지도, 오른손에는 지리서'라는 뜻이다. 현재까지의 지리학자를 망라해도 이를 실천한 사람이 김정호 외에 누가 더 있는지 잘 모르겠다. 그는 위의 3대 지도전국도뿐 아니라 『동여도지』1834, 『여도비지』1851~1856, 『대동지지』1862~1866 등의 지리지를 집필한다. 각각은 「청구도」, 「동여도」 그리고 「대동여지도」와 짝을 이루는 일종의 해설서이다. 이것이 「대동여지도」를 볼 때 『대동지지』를 같이 봐야하는 이유이다.

표 2-2. 김정호 3대 지리지와 지도

제작/편찬 시기	지리지	지도	비고
1834	동여도지	청구도	청구도 제작을 위한 지리지 / 2책
1851~1856	여도비지		20권, 동여도지 수정본, 동여도 제작 준비본
1856~1861		동여도	필사본, 방안지도(80리 × 120리), 23첩
1861		대동여지도	목판본, 편집도, 3.8m × 6.7m, 22첩
1862~1866	대동지지		숲 32권, 권25~26 산수고·변방고 결락, 권28 정리고, 대동여지도의 해설서 격, 8도 지리지(권1-24) 번역 완료(2023)

「청구도」, 「동여도」, 「대동여지도」 등의 세 지도는 조선시대에

만들어진 전국도 가운데 축척이 가장 큰 것들이다. 「대동여지도」는 축척이 1:220,000에 달하는 대축척 목판본 지도이다. 목판본은 판각을 해야 하기 때문에 지명을 포함한 모든 점point·선line·면polygon 정보가 목판 위에서 차지하는 스페이스가 필사본보다 크다. 목판본 지도가 필사본에 비해 정보량이 적고, 약자略字가 많은 이유이다.* 산줄기와 물줄기, 그리고 도로망은 대표적인 라인 정보인데, 이 가운데 도로망은 『대동지지』 28권 정리고程里考에서 10대로 체제로 기술되어 있다.

표 2-3. 조선시대 대로의 분화

	1770 (A)	19세기 전반(B)	19세기 중반(C)	19세기 후반(D)	주요 경유지 (D 기준)
제1로	의주	의주	의주	의주	개성-평양-의주
제2로	경흥	경흥	경흥	경흥	누원-철령-원산-경흥
제3로	평해	평해	평해	평해	원주-대관령-강릉-평해
제4로	동래	부산	부산	동래	용인-충주-조령-대구-동래
제5로	제주	태백산	태백산	봉화	광주-충주-죽령-영주-봉화
제6로	강화	통영	통영별로	강화	양화진-양천-김포-강화
제7로		강화	제주	수원별로	노량진-시흥-수원
제8로			충청수영	해남	과천-수원-공주-전주-해남
제9로			강화	충청수영	진위-아산-신창-신례원-수영
제10로				통영	삼례-남원-팔량치-함양-통영

  * A에서 제주로의 지선이었던 통영로가 B에서 본선으로 승격, 제주 본선은 통영로의 지선으로 강등.
 ** B 이후 태백산로(=봉화로)는 A의 충주별로가 대로로 승격한 것.
*** C 이후 통영(별로)와 충청수영로는 A의 동래로 지선에서 본선으로 승격한 것.
**** D에서 수원별로는 A의 벌사근천로가 대로로 승격한 것.
자료: A: 道路考(1770); B: 林園十六志(1830)·山里考(규3886); C: 箕封方域誌(규11426)·程里表(규7071, 6243)·海東舟車圖(규12640); D: 東輿紀略(규6240)·程里考(규7546)·大東地志(1864).
출처: 김종혁, 『조선후기 한강유역의 교통로와 장시』, 2002, 55쪽.

* 「청구도」에 수록된 전체 지명(label) 수는 1.4만 개이고, 「동여도」는 1.8만 개이다. 「대동여지도」는 이보다 적은 1.2만 개로 두 지도의 65~84% 수준이다(고려대학교 민족문화연구원, 조선시대 전자문화지도 시스템, 데이터베이스 소개[http://www.atlaskorea.org/historymap.web/IdxIntro.do?method=JM (검색일: 2024.11.13.)].

위 표에서 보듯이 『도로고』1770 단계의 6대로 체계는 19세기 전반에 7대로, 19세기 중반에 9대로, 그리고 19세기 후반 김정호가 펴낸 『대동지지』1864 단계에서 10대로로 확대된다. 추가된 4개의 대로는 봉화로, 통영로, 충청수영로, 그리고 수원로이다. 그러나 여기서 새로 추가된 4개의 대로가 100여 년 사이에 새로 건설된 것으로 이해하면 큰 오산이다. 이 네 개의 대로가 『도로고』에 이미 별로別路 또는 대로의 지선으로 기록되어 있기 때문이다. 이들은 '건설'된 것이 아니라 시간이 지나면서 대로로 '승격'한 것이다.

표 2-4. 『대동지지』 『정리고』(1861)에 수록된 10대로의 노선 길이와 지선 수

대로	노선 길이(里, %)						지선 수(개, %)					
	본선	1차	2차	3차	4차	합	본선	1차	2차	3차	4차	합
의주로	1,035	2,858	965	630	90	5,578	1	17	8	4	1	31
경흥로	2,167	1,690	340	40	-	4,237	1	8	3	1	-	13
평해로	885	786	337	-	-	2,008	1	3	4	-	-	8
동래로	940	1,790	1,530	90	-	4,350	1	10	15	1	-	27
수원로	100	25	-	-	-	125	1	1	-	-	-	2
봉화로	500	320	-	-	-	820	1	5	-	-	-	6
해남로	1510	2035	595	-	-	4,140	1	18	11	-	-	30
충청수영로	210	400	65	-	-	675	1	7	1	-	-	9
통영로	490	655	590	40	-	1,775	1	5	4	1	-	11
강화로	160	83	20	-	-	263	1	1	1	-	-	3
계	7,997	10,642	4,442	800	90	23,971	10	75	47	7	1	140
의주로	12.9	26.9	21.7	78.8	100.0	23.3		22.7	17.0	57.1	100.0	22.1
경흥로	27.1	15.9	7.7	5.0	-	17.7		10.7	6.4	14.3	-	9.3
평해로	11.1	7.4	7.6	-	-	8.4		4.0	8.5	-	-	5.7
동래로	11.8	16.8	34.4	11.3	-	18.1		13.3	31.9	14.3	-	19.3
수원로	1.3	0.2	-	-	-	0.5		1.3	-	-	-	1.4
봉화로	6.3	3.0	-	-	-	3.4		6.7	-	-	-	4.3

대로	노선 길이(里, %)					지선 수(개, %)					
	본선	1차	2차	3차	4차	합	본선	1차	2차	3차	4차	합
해남로	18.9	19.1	13.4	-	-	17.3		24.0	23.4	-	-	21.4
충청수영로	2.6	3.8	1.5	-	-	2.8		9.3	2.1	-	-	6.4
통영로	6.1	6.2	13.3	5.0	-	7.4		6.7	8.5	14.3	-	7.9
강화로	2.0	0.8	0.5	-	-	1.1		1.3	2.1	-	-	2.1
계	100.0	100.0	100.0	100.0	100.0	100.0		100.0	100.0	100.0	100.0	100.0

『도로고』단계와 비교하여『대동지지』단계에서 달라진 가장 큰 차이는 간선도로망의 체계가 6대로에서 10대로로 확대되었다는 것이다. 그럼에도 전체 노선의 길이와 지선 수에는 별 차이가 없다. 새로 추가된 대로가 결국 기존의 도로망에서 재편된 것임을 다시 한 번 알려준다. 다만, 경유지 수에서는 차이가 꽤 있다. 『도로고』에 수록된 경유지는 1,083개이고, 『대동지지』는 1,402개로 약 1.3배 증가한다. 이제 강화로>부평로의 지선이었던 인천로에도 변화가 생기는지 살펴보자. 『대동지지』에 기록된 강화로 본선과 지선 인천로 및 부평로의 경로는 다음과 같다.

■『대동지지』의 강화로 노선

○ 강화로본선: 한성京 - 양화도楊花渡, 15리 - 철곶포鐵串浦, 2리, 分岐 - 양천陽川, 13리 - 개화우開花隅, 10리 - 굴포교掘浦橋, 3리 - 천등현天燈峴, 7리 - 김포金浦, 10리 - 양릉포교良陵浦橋, 15리 - 백석현白石峴, 5리 - 통진通津, 20리 - 갑곶진甲串津, 10리 - 강화江華, 10리 - 인화석진寅火石津, 25리 - 월진越津 5리, 水路 - 교동喬桐, 10리

- 1차 지선, 인천로: 철곶포 - 고음달내현古音達乃峴, 18리, 分岐 - 성현星峴, 25리 - 인천仁川, 10리 - 제물진濟物津, 20리 - 영종포진永宗浦鎭, 10리

- 2차 지선, 부평로: 고음달내현 - 부평富平, 20리

한눈에 보이는 변화는 노선 체계이다. 첫째, 『도로고』에서 1차 지선으로 등재된 교동로가 『대동지지』에서는 강화로 본선으로 편입, 종점이 연장되었다. 『대동지지』에서 인천로의 종점이 인천 읍치를 지나 제물진과 영종포진까지 연장된 것도 달라졌다. 둘째, 『도로고』에서 인천로는 부평로의 지선이었는데, 『대동지지』에서는 위계가 맞바뀌어 부평로가 인천로의 지선이 되었다. 그러나 두 도로의 경로에는 변화가 없다. 한편 조선시대에 도로명은 경로의 종점명으로 채택하는 것이 일반적이지만, 김정호는 종점이 교동으로 바뀌었음에도 교동로가 아닌 기존의 강화로西至江華六大路를 그대로 쓴다. 당시 강화는 읍격이 유수부留守府로, 경관직京官職 종2품관이 파견되는 최고차 군현이라는 점에 대표성을 부여했을 수 있으며, 이전의 문헌에서 모두 강화로를 사용하고 있으므로 관행을 따른 것일 수도 있다. 이 책에서 '인천로'로 명명한 것은 『도로고』에서처럼 종점명=노선명 관행을 따른 것이다. 『대동지지』에서 영종포진은 인천도호부 관할 내의 군사시설이므로 군현명인 인천에 대표성을 부여하였다.*

---

* 제물진-영종포진 경로는 인천 읍치에서 분기한 지선의 하나로 이해할 수도 있다.

3) 인천로의 복원

『대동지지』「정리고」에 수록된 제6로 강화로의 지선인 인천로와 부평로의 경로을 복원해 보자. 경로를 복원하는 방식은 우선, 각 노선의 경유지의 현 위치를 비정하는 것이고, 두 번째는 비정된 각 경유지 사이를 도로선으로 연결하는 것이다. 결국 포인트경유지와 라인도로이라는 두 가지 지오타입geotype을 동시에 구현해야 하며, 이때 사용된 도구가 GIS 소프트웨어이다. 경유지의 위치 비정에는 지리지, 지명 사전류, 지도 등이 기본 자료로 동원되었으며, 인터넷을 통해서도 필요한 정보를 탐색·수집하였다. 지명 사전류로는『한국지명총람』한글학회, 1986이 요긴하였고, 지도 중에는『해동지도』18세기 중엽와 『1872 군현지도』등의 조선후기 군현도, 1890년대, 1910년대, 1950년대 1:50,000 지형도 등을 활용하였다.

모든 경유지는 지명 또는 시설기관명의 범주 안에 있고, 지도 위에서는 대부분 점상點狀, point type으로 존재한다. 포인트 유형은 이 점에서 위치 비정의 결과가 단순하다. 즉, 그 결과는 찾거나 못 찾거나 둘 중 하나에 속한다. 그런데 도로 선은 상황이 좀 다르다. 두 경유지 사이에 길이 하나만 있는 것이 아니기 때문이다. 경로 복원을 위해서는『구한말 한반도 지형도』1895년경와 1910년대에 제작된 1:50,000 지형도가 거의 절대적이다. 조선시대에 가장 가까운 가장 정확한 지도이기 때문이다. 조선후기 군현도에도 도로망이 표시되어 있지만, 실제 노선을 비정할 정도의 대축척 지도는 아니기에 보조 자료로 사용할 수밖에 없다. 두 경유지 사이에 복수의 길이 존재할 때

그림 2-1. 「동여도」(1850년대)에 그려진 인천로와 철곶포

는, 지도 상에서 도로 등급이 높은 것, 그리고 두 지점을 가능한 직선으로 연결하는 도로를 채택하였다. 그럼, 이제 경유지를 하나씩 살펴보자. 아무래도 경유지가 좀 더 촘촘하게 소개되어 있는 『대동지지』가 복원에 유리하다. 이후 『도로고』와의 차이를 살펴보자.

강화로의 1차 지선 인천로는 강화로 본선 철곶포에서 분기한 후 경유지 4개를 지나 영종포진까지 이어진다. 철곶이라는 지명은 뜻이나 유래는 물론, 정확한 위치 또한 잘 알 수 없다. 다만 김정호가 그린 「동여도」에 표시되어 있어 그나마 위치 추론에 도움을 준다. 우선 포浦라 하면 먼저 포구를 연상하지만, 마포麻浦를 '삼개'로 부르는 것처럼 포의 뜻은 개 또는 개흙, 갯벌을 의미한다. 이들은 대체로 해안이나 하천 최하류부에 잘 형성되는데, 바닷가에서는 조수의 오르내림에 따라 배를 대기가 용이하여 포구로 기능하는 곳이 많고, 강가에서는 과거 상업적 포구 또는 강을 건너는 나루로 기능한 곳이 많다. 마포 또한 두 가지 기능을 겸비한 대표적인 포구이다.

「동여도」에서 철곶포 지명 위로는 한강을 향해 뾰족하게 뻗어 올라간 지세를 볼 수 있다. 필자의 생각으로는 아마도 이곳을 '철곶' 또는 '쇠고지' 쯤으로 불렀을 것 같다. 곶이란 육지가 강, 바다, 호수 등 수부水部를 향해 돌출된 곳을 일컫는 우리말이다. 장산곶, 호미곶 등이 대표적이지만, 철곶처럼 규모가 작은 곳에도 곶이라는 지명이 잘 붙는다. 곶과 관련된 지명으로는 전국적으로 분포해 있는 고잔동이 대표적이다. 조수의 영향이 미치지 않는, '곶 안쪽에 있는 마을'이라는 뜻이다. 곶안동이 연음·한자화 되어 고잔동古棧洞이 되었다. 인천 연수구의 고잔동이 이와 같다.

그림 2-2. 조선시대 인천로와 부평로 노선(『대동지지』「정리고」, 1864)

철곶포는 서울 영등포구 양화동과 양천구 목동 사이, 안양천 하구 부근에 있던 나루 또는 포구로 추정된다. 이 책에서 나루란 상업 기능 없이 도하 기능만을 수행하는 일종의 교통시설, 또는 강을 건너던 도하 지점에 붙은 지명을 뜻한다. 도하 지점에 위치한 포는 아주 작은 오솔길일지라도 어김없이 육로로 연결되어 있다. 나루는 보통 하천 양안에 모두 존재하기 마련인데, 이름을 달리 부르기도 하고 하나의 이름을 같이 쓰기도 한다. 철곶포의 좀 더 정확한 위치는 양화교 남쪽 아래로 비정되는데, 현재 서울 메트로 9호선 신목동역이 안양천 서안의 철곶포로 추정된다.

철곶포 건너 양천현으로 이어지는 길이 강화로 본선이고, 남서쪽으로 뻗은 분기로가 강화로의 1차 지선 인천로이다. 신목동역 앞길, 목동중앙로에서 인천로가 시작된다. 이 길을 따라 내려오다가 신목중학교 앞에서 인천로는 목동중앙본로로 접어든다. 도로 경관이 좁은 마을 길 형태로 바뀌는데, 여기서부터는 아파트 단지 개발과 함께 사실상 옛 인천로가 소멸하였다. 옛길이 다시 도로로 연결되는 지점은 은행정로와 신정중앙로가 만나는 교차로이다. 이후 신정중앙로-중앙로 55길-신월 I.C-지양로를 따라가다가 고음달내현古音達乃峴을 만난다.

고음달내는 우리말 곰달래를 한자로 적은 것이다. 이 고개는 안양천 유역과 굴포천 유역을 나누는 분수령이자 조선시대에 양천현과 부평도호부를 나누는 경계이기도 하다. 지금은 서울시 신월동과 부천시 고강동 사이의 언덕길로 남아 있다. 경인고속도로를 이용해 서울에서 인천으로 오다 보면 신월 I.C를 지나 작은 고개를 넘는데, 이

그림 2-3. 철곶포-고음달내현 구간(『대동지지』)

바탕지도는 카카오맵(https://map.kakao.com)으로 최신 카카오맵의 실제 서비스 이미지와 다를 수 있음.

역시 곰달래 고개의 일부로 볼 수 있다. 현재 양천구 신월7동 주민센터 부근에 곰달래 마을이 있다. 고개 정상부는 신월 I.C 남쪽이고, 이곳으로는 지금 지양로가 넘는다.

1970년대 지형도에 양천구 신월7동 동사무소 부근에 곰달래 마을이 표시되어 있다. 『여지도서』에 따르면 18세기 중반에 곰달래 마을은 점막店幕을 형성하고 있었으니 통행하는 사람들이 적지 않았음을 짐작케 한다. '고음달내'라는 지명은 주변에 아파트, 식당, 편의점, 도로명, 도서관, 지구대, 문화복지센터 등의 이름으로 남아 있지만, 정작 고개 이름으로서의 곰달래는 찾아볼 수 없다. 고개가 기본적으로 높지 않고, 고속도로 건설과 택지 개발로 고개 원형이 훼손되고 고도도 낮아져 고개라는 느낌이 약해졌기 때문일 것이다.

곰달래 고개 다음 경유지 성현星峴은 한남정맥漢南正脈 위에 있다. 우리말로는 별고개 또는 벼리고개이다. 한남정맥은 수리산-소래산-성현-주안산만월산-원적산-경명산계양산-가현산-문수산성으로 이어지는 산줄기로, 한강 유역과 서해안 유역을 나누는 분수계가 된다. 일부 구간은 조선시대의 인천과 부평을 나누는 경계선이 된다. 『대동지지』에 고음달내와 성현 사이가 25리로 기록되어 있다. 조선후기 1리의 추정치에 대해서는 이론이 많지만, 대체로 4.5km가 인정되는 듯하다김현종, 2018 참조. 이로 환산하면 약 11km이다. 이 구간에서 인천로는 굴포천 연안의 저평한 충적지와 외곽의 낮은 구릉지 사이를 통과하기 때문에 시가지 개발이 없었더라도 원 노선을 확정하는 것이 쉽지 않다. 구릉지의 고도가 높지 않고 기복도 완만하여 곳곳에 여러 갈래길이 있기 때문이다.

이 여러 갈래길이 모두 인천로의 후보가 될 정도이다. 이에 1890년대 및 1910년 지형도에 의거, 주변에서 등급이 높은 큰 길을 우선 채택하고, 그 다음에는 가능한 직선에 가까운, 즉 최단 거리 노선을 택하여 노선을 비정하였다. 1890년대 지형도에 그려진 도로망을 1차 기준으로 삼고, 이를 1910년대 지형도에 그려진 도로망과 비교하여 최대한 옛 인천로 노선을 찾아보려 했지만, 그럼에도 이 구간에서의 위치 비정 신뢰도는 높지 않다. 더구나 도시 개발 과정에서 도로의 훼손이 심해 현재 도로망과 잘 매칭되지 않는 점도 신뢰도를 떨어트린다. 어쨌든 곰달래 고개에서 별고개까지의 노선은 아래와 같이 비정할 수 있다.

곰달래 고개 너머 인천로는 역곡로472번길-구릉지, 태림빌딩고강동 375-24 이후 택지 개발로 소멸-역곡로433번길-상록수공원-경인고속도로-소사로부천시립박물관 앞길-여월 정수로 삼거리-원미로-부천로208번길-길주로444번길-조마루로385번길-이후 시가지 개발로 경로 소멸-부흥로 횡단-부천대학교 운동장 종단-전화국사거리부천시 심곡동-1호선 경인전철 횡단-삼익아파트입구교차로부천시 송내동-경인로46번 국도-송내 자이아파트 단지 내 도로-무네미로448번길한국폴리텍대학 인천캠퍼스-무네미로 횡단-17사단 부대 경내 도로-성현으로 이어진다.

이 구간에서 옛 인천로를 계승하여 비교적 명확히 비정할 수 있는 곳은 소사로와 원미로이상 부천시 여월동, 그리고 무네미로448번길인천 부평구 구산동이다. 무네미로448번길이 시작되는 지점부터 현재 인천시 영역이 되는데, 조선시대에는 부평도호부 동소정면 소속이었다. 이 길은 외곽순환고속도로100번 고속국도 교각 아래에서 끊어져 더 이상

그림 2-4. 무네미로448번길(좌: 서울방향, 우: 인천방향, 부평구 구산동, 2024)
조선시대 인천로(경인로) 본선이다. 한국폴리텍II대학 정문 앞에서 양방향으로 찍은 사진이다. 오른쪽 사진 멀리 보이는 고가도로 아래에 군부대 정문이 있다. 서울 방향으로 더 가면 이 길은 경인로10번길로 이어지는데, 여기부터가 부천시이다. 경인로10번길은 부천시 소사구 송내동 사단사거리에서 46번 국도와 만난다. 이 길은 일제시기에 신작로로 정비된 길로, 지금 '경인로'로 불린다.

나아가지 못하지만, 이전에는 이 진행 방향으로 계속 길이 이어졌다. 길이 끊어진 것은 이곳에 군 부대17사단가 들어섰기 때문이다. 결국 조선시대 내내 인천로 본선으로 기능했던 길이 군 부대 경내로 편입되면서 일반 도로로서의 기능을 상실하였다. 그럼에도 이 길은 옛 인천로로서의 자부심을 갖고 지금도 부대 내 중앙로로 건재해 있다.

무네미로448번길을 인근 주민들은 막연히 '구길', '구 경인길', '경인 구길' 등으로 부른다. 이때 이 '구舊'는 일제시기에 정비된 신작로 이전, 즉 조선시대를 일컫는다. 부대 안의 중앙로를 따라 남서쪽 방향으로 더 가면 오르막길이 시작되고, 계속 올라가면 고갯마루 정상에 오른다.* 이곳이 성현, 즉 별고개다. 부대 정문 밖에서 안쪽을 바라보면 멀리 두 개의 산봉 사이에 보이는 안부鞍部가 성현이다. 조선시대에는 여기까지가 부평도호부 땅이고, 성현을 넘으면 인천도호부 땅이 시작된다. 성현은 조선시대에 이·취임하는 인천도호부사가 처음 만나는 장소이기도 하다. 새로 취임하는 부사가 이 고갯길을 넘어왔고, 이

---

* 필자가 공식적으로 이 구간을 답사하지는 못했다. 다만, 2018년에 필자의 아들이 이 부대로 신병 입소하였고, 이때 동행하여 진행 방향과 도로 외관만을 차로 이동하면서 아주 짧게 관찰할 수 있었다. 이 부분은 이 기억으로 기술한 것이다.

임하는 부사가 여기까지 나와서 신임 부사를 맞이했다고 한다.*

그림 2-5. 성현(좌: 서울방향, 우: 인천방향, 남동구 만수동, 2024)
만수동 쪽에서 성현의 일부 구간을 오를 수 있다. 왼쪽 사진의 고갯길(인천로)을 따라 인천 방향(남쪽)으로 내려오면 곧이어 오른쪽 사진의 주택가 골목길로 이어진다.

고갯길은 성현 너머 인천 방향으로 내려오는 길 일부 짧은 구간이 산길 또는 오솔길 형태로 남아 있다그림 2-5-좌. 옛길의 경관을 어렴풋이 유추할 수 있고, 잠깐이나마 옛길의 정취를 느낄 수 있다. 고개가 부대 안으로 편입된 덕에 개발의 여파를 피할 수 있었다. 보기에는 흔한 동네 뒷동산 산책로지만, 옛길의 실체를 볼 수 있는, 조선시대의 모습을 그나마 간직하고 있을 몇 안 되는 사례가 될 것이다.

별고개를 넘으면 인천 땅이 시작된다. 여기서 인천도호부 읍치까지는 10리 길이다. 이 구간 또한 낮은 구릉지에 놓인 여러 갈래길을 찾아가는 것이라 어떤 경로가 인천로 본선이라고 말하기 어렵다. 실제 『대동지지』는 경유지만 기술할 뿐, 경로를 명확히 지시하지 않는다. GIS 프로그램을 활용하여 20세기 전후 1:50,000 지형도와 현

---

* 제보(2006): 성현 아래 만수동에서 33년간 거주한 주민 정*규(1939년생) 씨는 백여 년 전 어느 인천부사가 부임 길에 고개 너머 이 마을에서 쉬었다 갔다는 얘기가 주민들 사이에서 회자되고 있으며, 일제 때는 물론 군 부대가 들어서기 전까지 인천에서 부평이나 서울로 가려는 사람들이 이 고개를 넘었다고 증언한다.

재 지도를 비교하면서 경로를 비교하면 다음과 같이 경로을 추정할 수 있다.

성현을 넘은 인천로는 신한·삼부·대동아파트를 따라 만수주공 6단지 북쪽 끝까지 이어진다. 이후에는 만수주공 2단지 상가까지 내려왔으나 옛길은 단지 내로 편입되면서 없어졌다. 위 상가에서 경인로는 백범로 건너편 남서쪽으로 뻗은 하촌로를 따라 인주대로까지 내려온다. 인주대로를 넘으면 다시 작은 구릉지 구간을 넘는데, 아시아드선수촌아파트가 이 구릉지를 깎아 조성한 것이다. 이 아파트 동쪽의 작은 구릉지에도 작은 길이 미로처럼 펼쳐져 있으며, 이 중 어떤 것이 인천로 본선이라고 확정할 수 없다.

1895년경에 측도된 1:50,000 지형도를 보면그림 2-6-1, 성현 너머의 인천로는 조동, 구월이, 성리를 지나 인천 읍치로 연결된다. 구 구월동농수산물도매시장 터에 옛 성리 마을이 있었다. 이 경로는 1910년대 지형도에도 나타난다그림 2-6-2. 좀 더 구체적으로 기술하면, 인주대로를 넘은 경인로는 오솔길 형태를 띠면서 봄날요양병원 뒤쪽-신월초등학교-호구포로 횡단-구월아시아드 선수촌 2단지아파트-인천성리초등학교-남동경찰서 남쪽을 지나 구 구월동농수산물도매시장 남벽을 따라 이어진다. 다시 연남로를 건너 인천고속터미널의 버스 진출입 전용 일방통행로로, 그리고 다시 한번 예술로를 횡단하여 중앙어린이교통공원 안으로 들어간다.

공원 안에서의 옛 인천로는 모의 교통로로 남아 있다. 이후 인명여고 및 승학초등학교 남벽을 따라 이어지고 문학월드컵경기장 북쪽을 경유한 후 문학구길을 통해 인천도호부 읍치문학초등학교에 닿는

그림 2-6. 성현 - 인천(치소) 구간의 인천로

01 1895년경

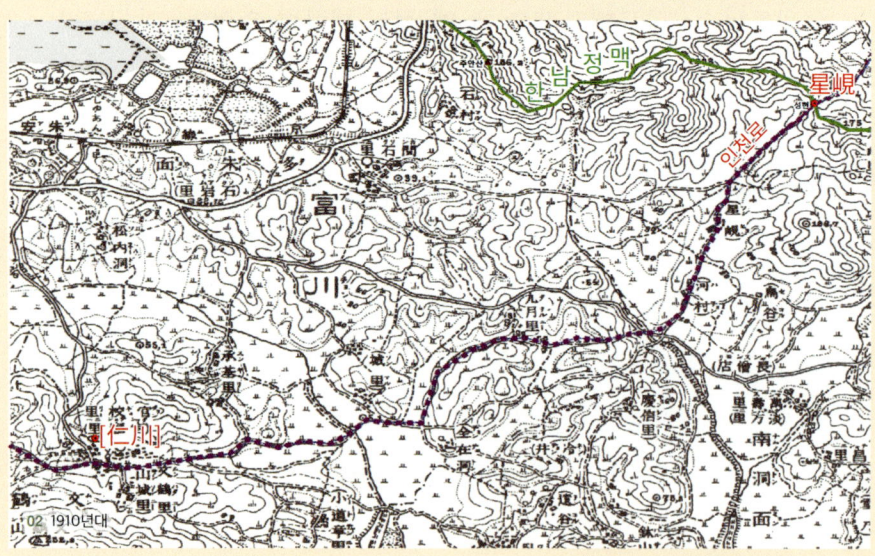
02 1910년대

03 2020년대

04 1910년대+2020년대

바탕지도는 카카오맵(https://map.kakao.com)으로 최신 카카오맵의 실제 서비스 이미지와 다를 수 있음.

다. 도호부 청사는 현재 문학초등학교 교내에 옛 관아 건물 두 채를 복원해 놓았다. 2002년 월드컵을 대비하여 문학경기장 앞으로 매소홀로가 8차선 규모로 크게 났지만, 월드컵 전까지 이 길은 읍치까지만 연결하는 막다른 길이라 길로서의 기능이 크지 않았다. 그 너머는 구릉지 사면이기 때문이다. 매소홀로는 이 구릉지에 문학지하차도를 뚫고 낸 새 길이다. 읍치에서 제물포로 이어지는 길은 그 바로 남쪽의 소성로이고, 이 길이 옛 인천로 본선이다. 주민들은 이 길을 구길 또는 문학구길로 부른다. 2010년경까지도 버스 노선 수는 매소홀로보다 문학구길_{소성로}이 더 많았다.

4) 부평로의 복원

신경준은 『도로고』에서 부평로를 강화로의 1차 지선으로 두었지만, 김정호는 『대동지지』에서 인천로의 지선, 즉 2차 지선으로 재편한다. 중간 경유지 없이 고음달내현에서 바로 부평도호부 읍치까지 연결되는 20리 길이다. 곰달래 고개를 넘으면 바로 굴포천 유역의 충적지로 접어드는 데다가 중간 경유지도 없기 때문에 부평로 역시 원 노선의 실체를 상정하는 것 자체가 쉽지 않다. 다만 1910년대 지형도에 따르면, 부평로는 원종리와 오정리를 이어주는 길이라는 점에 의미를 부여할 만하다.

그림 2-7. 부평로의 노선(상: 1910년대, 하: 2020년대)
바탕지도는 카카오맵(https://map.kakao.com)으로 최신 카카오맵의 실제 서비스 이미지와 다를 수 있음.

오늘날 도로명으로는 역곡로482번길 - 고강초등학교 - 고강사거리역곡로 횡단 - 역곡로481번길 - 오정농협 - 성지로101번길 - 오정초등학

조선 도로망: 조선시대 인천의 교통로

교앞 교차로-소사로862번길-소사로820번길-소사로819번길-상오정로184길-오정대공원-덕산초등학교-부천오정동우체국-동산초등학교-누른말공원-동부간선수로 횡단-부천대장 공공주택지구예정지 내 도로-굴포천 횡단-서운일반산업단지-서부간선수로 횡단-계산새로-계산천동로-계산시장길-부평초등학교로 조선시대 부평로의 노선을 비정할 수 있다.

3
⋮
개항기 도로망

개항기 도로망
개항기 인천의 위상과 인천로의 변화

1) 개항기 인천의 위상 변화

조선 초기에 확립된 1단계 행정구역 8도는 1895년에 23부로 바뀐다. 이때 2단계 행정구역에 해당하는 부·목·군·현이 모두 군으로 통일되지만, 개체수 330개에는 변화가 없다. 8개의 도가 23개의 부로 '헤쳐모여'한 것과 다르지 않다. 이때 경기도는 모두 6개의 부로 분할되는데, 한성부와 인천부는 기존 경기도 소속 군으로만 구성된다. 23부 개편 당시 부도府都가 된 경기도 소속 읍치는 한성, 인천, 개성 세 곳이다. 19세기 중엽까지 큰 주목을 받지 못해 온 인천이 19세기 말에 개항과 함께 경기도의 3대 도회로 부상하였다.

인천이 오늘날 서해안의 중심 도시로 자리잡게 된 계기는 1876년 강화도 조약 체결과 1883년 개항에서 찾을 수 있다. 인천의 개항은 남해안의 부산과 동해안의 원산에 이어 국내 세 번째이다. 개항은 조선이 내내 고수해 온 쇄국정책을 포기하고, 외국과의 통상무역과 외

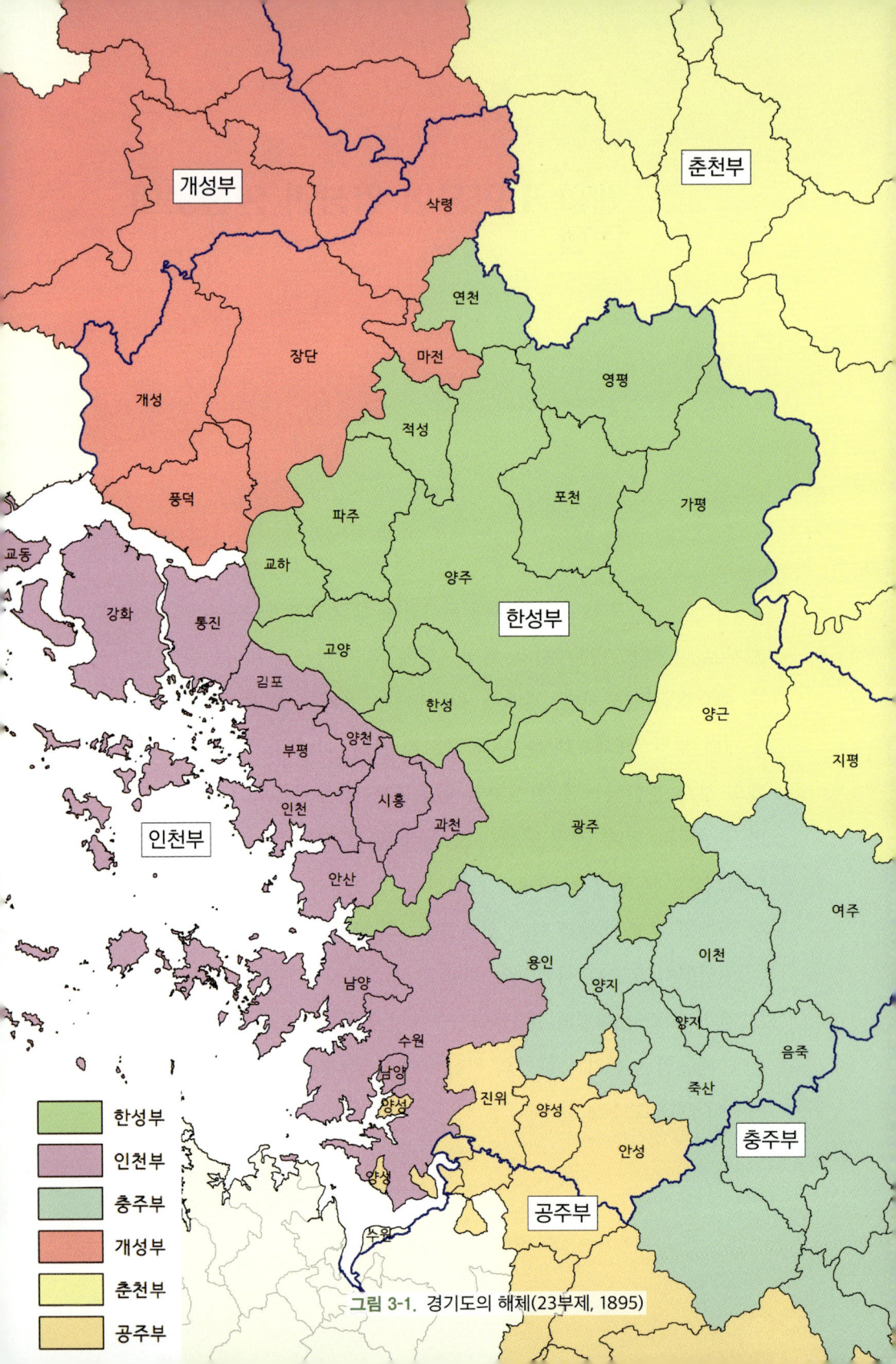

그림 3-1. 경기도의 해체(23부제, 1895)

교수교의 확대를 공식적 정책 기조로 삼았다는 것을 의미한다. 그러나 처음부터 전면적 개방은 아니어서 제한된 공간 범위 안에서 외세의 활동을 허락하였으니, 그 범위를 일컫는 말이 곧 개항장開港場이다. 인천의 경우는 오늘날 원인천原仁川이라고도 불리는 중구 일대이다.

조선은 개항장 업무를 관장하기 위해 1883년에 새로운 행정기관을 설립하는데, 이것이 곧 감리서監理署=監理衙門이다.* 인천감리서의 기관장 감리監理仁川港通商事務는 인천도호부사가 겸임하였다. 인천감리서의 설치는 인천의 중심지가 문학·관교동 일대에서 제물포 일대로 이동하는 결정적 계기가 된다. 중구 내동 신포스카이타워아파트 앞에는 감리서 터를 알려주는 표지석과 안내판이 있다그림 1-8 참조: 중구 내동 83-5. 표지석에 실린 내용을 보자.

> 개항 후 조선정부는 외국인 거주지 선정, 외국상인들의 출입, 선박의 입출항 및 국제교역 등 새로운 업무를 전문적으로 처리하기 위해 1883년 8월 19일 인천 개항장에 인천감리서를 설치하였다. 또한 1895년 3월부터는 인천감리서 내에 개항장재판소가 설치되어 개항장의 재판권을 행사하였다. 인천감리서는 갑오개혁에 따른 지방제도 개편에 따라 고종 32년1895 5월 26일에 일시 폐지되기도 하였으나, 개항장에서 처리해야 할 업무가 증가하고 그 중요성이 부각되어 1896년 8월 7일 감리서가 다시 설치되었다. 그러나 일제의

---

* 감리서는 1883년에 부산·인천·원산에 처음 설치하고, 1897~1905년 사이에 경흥·목포·삼화·군산·창원·성진·용천(이상 개항장)과 회령·평양·의주(이상 개시장)로 확대한다. 감리서는 통감부 설치 직후, 1906년에 모두 폐지된다.

국권침탈로 1906년 9월 24일 인천감리서도 폐지되기에 이르렀고, 그 담당 사무는 그 해 10월 1일부터 통감부 이사청에서 관할하게 되었다.

주변에 제물진과 월미행궁, 영종진 등의 주요 시설이 있지만, 19세기 후반까지 한적한 포구 마을이었던 제물포는 19세기 말부터 이상한 기운이 감돌기 시작한다. 그 서막을 올린 것이 개항장 내 감리서 설치이고, 이를 계기로 인천의 중심지는 문학동에서 제물포로 빠르게 옮겨간다. 아직 감지되고 있지 않았지만, 인천은 1880년대에 이미 전국구 도시로 전화하고 있었다. 표지석 설명대로 감리서는 통감부 시절에 이사청이 된다. 이사청은 구 일본영사관을 확대한 것인데 청사가 지금 중구청 자리에 있었다관동1가 9-1. 이사청은 1914년에 인천부청이 되고, 부청은 해방 후 1949년에 인천시청이 된다. 해방 후에도 계속 같은 자리를 지키던 시청이 1985년에 구월동으로 옮겨갈 때까지 제물포는 백여 년 동안 인천의 최고차 중심지로 기능하였다.

2) 개항기 인천로의 변화

개항기에 벌어진 인천 중심지의 판도 변화는 인천 지역사에 적지 않은 영향을 미친다. 19세기 말 인천의 중심지 이동은 교통 여건에도 변화를 주었고, 이에 조선의 '인천로' 또한 노선에 변화가 찾아올 수밖에 없었다. 이러한 노선의 변화는 1895년에 측도된 1:50,000 지형도에 반영되어 있다. 일본이 조선에 대해 제작한 첫 번째 지형도라는 의미에서 1차 지형도로도 불리는데, 1996년에 『구한말 한반도 지형도』라는 제목의 지도책으로 영인影印, 출판되었다.

이 지도들은 1894년부터 1906년 사이에 일본 육군에서 파견한 간첩대가 조선 정부에 허락을 받지 않고 제작한 불법 출판물이다. 이에 이들도 꼼꼼히 측량할 겨를이 없었기 때문에 목측目測과 보측步測을 통해 빠르고 은밀하게 만들어 나간다. 목측이란 지도 제작을 위해 교육을 받은 대원들이 주변의 높은 곳에 올라가, '멀리 집이 성냥갑 만하게 보이면 그곳까지 몇 미터이고, 사람 얼굴을 식별할 수 있을 정도면 몇 미터'라는 식으로 측지를 했다는 의미이다. 이 지도는 지형도로서의 정확도가 떨어지지만, 조선 말기의 지역 경관과 지명을 가장 풍부하게 담아낸 대축척지도로 활용 가치가 높다.

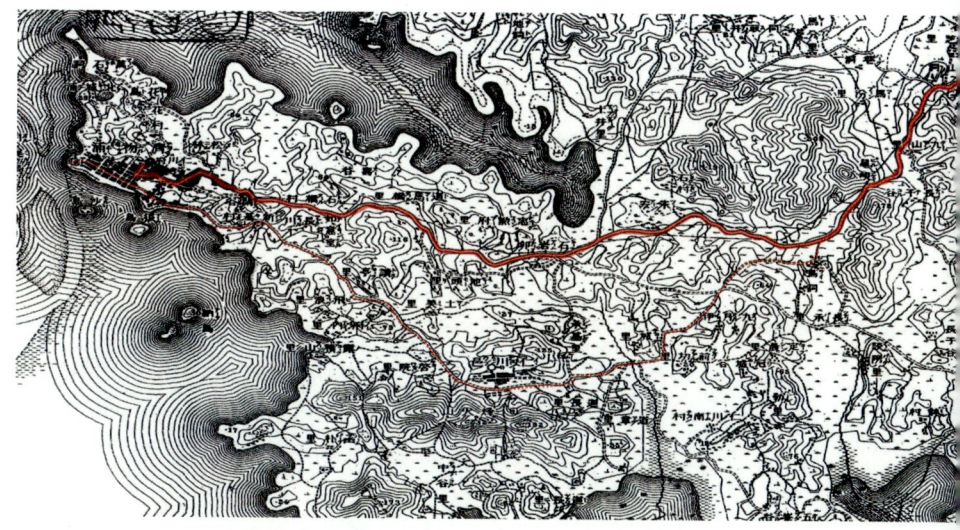

그림 3-2. 개항기 인천로의 변화(1890년대 중반)
위의 굵은 실선이 1890년대 인천로('도로'급)이고, 아래 점선이 조선시대 인천로('연로'급)이다.

이 지형도는 도로를 도로道路·연로聯路·간로間路·소로小路 등 네 등급으로 구분한다. 범례를 통해 실선 두 개가 도로, 실선 하나와 점선 하나가 연로임을 확인할 수 있는데, 문학동 인천 읍치와 한성을 잇는 조선시대의 인천로는 '연로'로, 감리서 설치 이후 새로운 인천의 중심지로 부상한 제물포와 한성을 잇는 인천로는 '도로'로 표시한다. 1880년대 중반에 이르러 인천로의 노선에 변화가 있었음을 알 수 있다. 물론 없던 길이 새로 생겨난 것은 당연히 아니다. 우선 성현-감리서 구간의 노선 변화를 보면 위의 지도와 같다.

가장 먼저 눈에 띄는 변화는 성현 너머 인천 방향으로의 지역 내 중심 도로가 인천도호부 읍치가 아니라 개항 이후 감리서와 각국 영사관, 외국 상인들이 밀집한 제물포로 바로 이어진다는 것이다. 아직 철도가 부설되기 전이지만 제물포는 이미 근대의 태동지로 기틀을 잡은 것으로 보인다. 수도 한성의 관문이라는 지리적 위치로 인해, 인천은 전국의 어느 개항장보다 빠르게 외래의 근대적 선진 문화를 받아들이고 있었고, 인천로는 이를 한성으로 전파하는, 전국에서 가장 트래픽이 많고 가장 중요한 역할을 담당한 노선이었다.

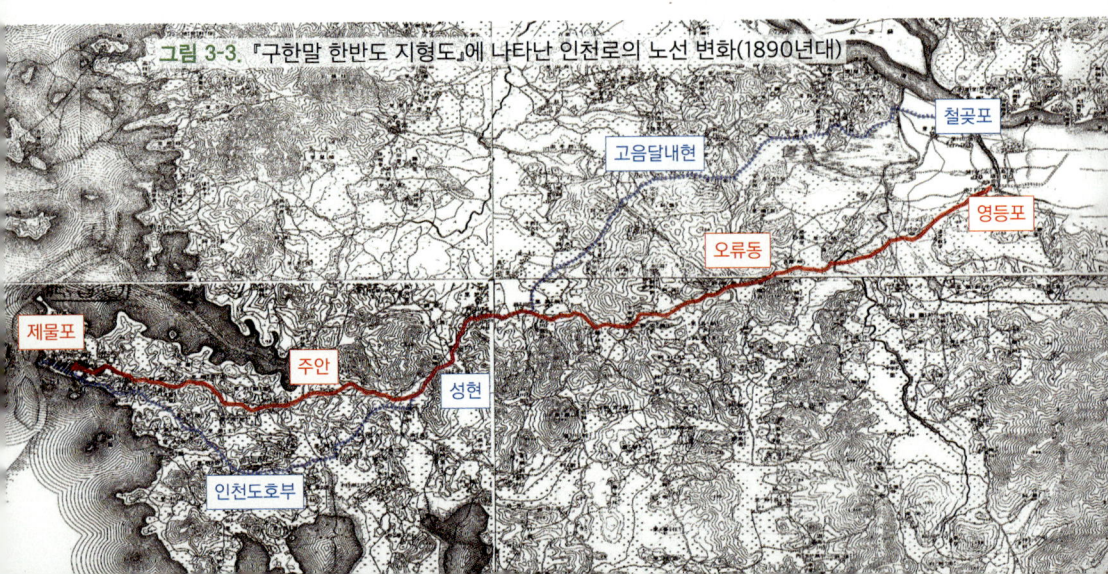

그림 3-3. 『구한말 한반도 지형도』에 나타난 인천로의 노선 변화(1890년대)

'개항 이후 새롭게 등장한 인천로'이하 '인천개항로'로 칭함는 철곶포가 아니라 영등포를 향한다. 간행리정間行里程* 안에 들어온 영등포가 개항 이후 신흥 상업 중심지로 자리를 잡았음을 짐작케 한다. 경인선 개통 이후 영등포는 날개를 단 듯 더욱 빠른 속도로 성장하였고, 강남이 본격적으로 개발되기 전 1980년대까지 청량리와 함께 서울의 양대 부도심으로 굳건하였다. 또 다른 이유 중의 하나는 영등포가 한강 북안의 마포와 대응한다는 점에서 찾을 수 있다. 마포삼개는 한강의 감조구간感潮區間 내에 위치하여 조선시대에도 한성의 관문 상업 포구로 이미 중요한 곳이었다.** 더구나 개항 이후 1888년에는 인천-마포 간 정기 증기선이 운항되는데, 이 항로는 경인철도 개통 이전 인천과 한성을 잇는 가장 중요한 루트였다. 이제 구체적인 경로를 살펴보자. 『구한말 한반도 지형도』에 의거하여 1890년대 인천개항로 노선의 경유지를 추출하면 다음과 같다.

도야미道也味 - 상방하곶上方下串 - 사촌沙村·원지교리遠芝敎里 - 기탄岐灘 - 오류동梧柳洞 - 괴안동槐安洞 - 소림동蘇林洞 - 산곡山谷 - 송

---

* 조선 내에서 일본인이 활동할 수 범위를 '간행리정'이라 한다. 1883년에 조선과 일본은 인천, 원산, 부산에 대해 「조선국 간행리정 취극약서」(朝鮮國間行里程取極約書)을 체결하는데, 제2조에 '인천의 경우 동으로 안산·시흥·과천까지, 동북으로 양천·김포까지, 북으로 강화도까지'로 명시되어 있다(국사편찬위원회 〉 한국근대사료DB 〉 근대한일외교자료). 당시 영등포는 시흥군 소속이었다.

** 밀물 때에는 바닷물[潮水]이 하천 수면을 덮어 흐르면서 역류하여 내륙 쪽으로 올라오는데, 하구에서 조수가 미치는 상한점까지의 구간을 감조구간이라 한다. 한강 하구에서의 조차는 8~9m로 이는 세계적으로도 큰 수치이다. 조차가 클수록 감조구간도 상류 쪽으로 늘어나기 마련인데, 마포까지는 언제나 조수가 올라왔고, 대조(大潮) 시에는 광나루에까지 미쳤다. 감조구간은 바닷배가 화물을 강배로 이적(移積)하지 않고 통행할 수 있다는 점에서 중요한 의미를 지닌다. 마포를 한성의 관문 포구라 한 것은 이 때문이다.

산동松山洞 - 구산리九山里 - 성현星峴 - 주안朱安 - 석암石岩 - 신기촌新基村 - 제물포濟物浦

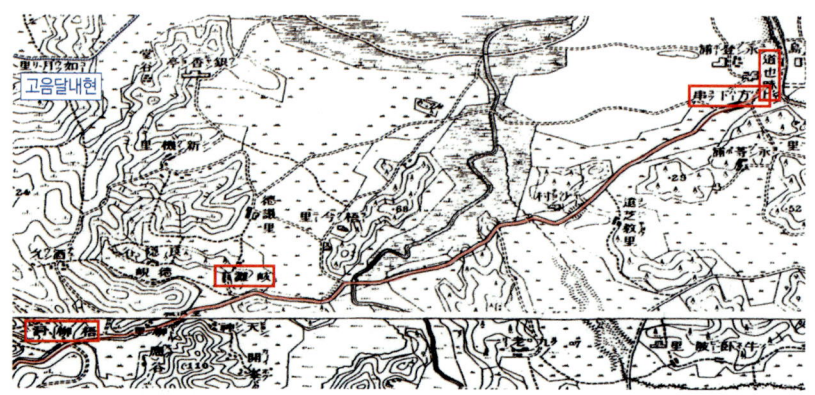

그림 3-4. 1890년대 인천로 노선(영등포 - 기탄 - 오류동 구간)

도야미는 여의도에서 샛강을 건너면 처음 만나는 마을로 현재 영등포동이다. 『구한말 한반도 지형도』에 따르면, 한성에서 도야미까지는 남대문을 나와 만리재를 넘은 다음 공덕동 - 마포 - 여의도를 경유한 것으로 보인다. 상방하곳방학호리 마을은 지금의 영등포역 일대에 해당하며, 사촌은 영등포초등학교와 방림방적 사이의 인천개항로 북쪽에 있던 마을로 지금은 문래1동에 속한다. 원지교리는 영림초등학교 부근으로 대림2동에 속한다.

기탄은 지도에 목감천과 안양천이 합류하는 지점에 표기되어 있는 것으로 보아 구로구 고척1동에 해당한다. 조선시대 군현도에도 가끔 기탄교가 등장하는데, 지도의 표시와 동일한 위치에 놓여 있다면 지금의 고척교이거나 그 부근에 있었을 것이다. 1910년대 지형도에는 기탄의 위치에 갈탄葛灘이 적혀 있는데, 『한국지명총람』에 가린

열갈탄, 광주물: 서울 개봉동이 '갈탄이 변하여 된 마을인 듯'하다고 적혀 있다. 한편 고척동에는 간열다리萬灘橋라는 지명이 나오는데 '가린열다리갈탄교가 잘못 변하여 만탄교가 되'었다 하니 만탄교=갈탄교=기탄교가 된다. 이 간열다리가 고척교로 비정되므로 기탄이 최소한 고척교 부근일 것이라는 비정은 거의 확실해 보인다.

기탄이라는 지명은 『대동지지』「정리고」의 인천로 경유지 성현의 소주小註에도 기록되어 있다. 즉 '양화도에서 기탄교까지 8리, 오리곡까지 7리, 성현까지 30리로, 행인 중 이 길을 지나는 사람들이 많다自 楊花渡至岐灘橋八里 梧里谷七里 星峴三十里 行人多由此'라 적혀 있다. 오리곡은 오류동으로 비정되므로, 조선시대에 한성에서 인천으로 갈 때, 양화도를 건넌 후 철곶포를 취하는 경로 외에도 기탄을 경유하는 경로 또한 별로처럼 이용되었음을 알 수 있다. 두 경로가 서로 멀지 않고, 우회하는 것도 아니기 때문에 기탄 경유로 역시 이용객이 많았을 것으로 생각된다.

고척동은 당시 부평도호부 수탄면 소속으로, 일찍이 『동국문헌비고』1770 단계에서부터 기탄장이 개시開市되고 있었다. 기탄장은 이후 언젠가 소멸되었다가 『경기읍지』1871 단계에 수탄면장으로 부활하는 것으로 보아 조선 말기에 기탄 경유로의 이용 역시 적지 않았음을 짐작케 한다. 괴안동은 부천시 소사구 괴안동, 소림동은 소사동, 산곡과 송산동은 송내동이상 부천시 소사구, 구산리는 인천시 부평구 구산동으로 비정된다. 영등포에서 송산동까지는 일제시기에 신작로로 정비된 오늘날 46번국도이다. 송산동부터 성현 너머 만수주공 6단지 아파트까지는 조선시대 인천로와 경로가 같다. 고갯길 구간이기 때문에 이외의 다른 루트가 있기 어렵다.

그림 3-5. 1890년대 인천로 노선(성현-주안-간석 구간)

만수주공 6단지 북단에서 인천개항로는 남서쪽으로 난 백범로 180번길과 백범로42번국도를 따라가다가 간석사거리 아래에서 석산로로 접어든다. 이후 서쪽으로 구불구불 뻗어 있던 노선은 도시화 과정에서 곧게 펴지면서 길이 달라졌다. 대체로 상인천중학교 남측과 인제고등학교 남측, 이어서 올리브백화점을 지났다. 그러면 바로 간석리이다. 간석리 중심 마을은 상인천초등학교와 삼미아파트 일대인데, 옛길은 사라졌지만 대체적인 노선은 주원사거리로 이어졌다.

여기서 인천개항로는 잠시 42번 국도를 따라 내려가다가 석바위시장을 관통한 후 석바위로로 이어진다. 이후 미추홀구보건소와 도화1동 행정복지센터를 경유한 후 42번국도를 다시 만나고, 여기서부터 배다리사거리까지 약 4km 가량 계속 42번국도로 이어진다. 이 구간이 오늘날 '경인로인천 숭의로타리-여의도 초입 서울교교차로'로 불리는 길이다. 인천개항로는 숭의삼거리에서 참외전로가 계승한다. 도원역 앞을 지나 배다리사거리에서 서쪽으로 난 약간 경사진 고갯길로 접어든다. 싸리재이다. 이 길은 지금 개항로로 불리는데, 제물포 포구까지 이어진다.

개항 이후 일제시기에 부청 주변의 본정本町·중정仲町·해안정海岸町, 현재의 관동·중앙동·해안동 일대가 일본인 위주의 중심가였다면, 싸리재를 품고 있는 경정京町, 外里, 현 경동과 축현역 앞의 용운정龍雲町, 용리, 현 용동은 조선인의 중심 번화가였다. 용동과 경동에는 극장, 한의원, 치과, 음식점과 주점이 즐비했다. 싸리재 너머 애관극장을 지난 인천개항로경인로는 경동사거리에서 내동으로 계속 이어진다. 이후 인천개항로는 1980년대까지 인천의 명동으로도 불렸던, 한때 인천 최고의 유흥·쇼핑가를 형성하며 전성기를 구가했던 신포동 쇼핑가신포문화의 거리, 신포 로데오를 지나 제물포 부두까지 이어진다.

1890년대의 인천개항로는 오늘날 46번국도 즉, 일명 '경인로'의 모태가 된다. 제물포와 영등포가 인천과 서울의 상업중심지로 부상하면서 곰달래고개를 넘던 조선의 인천로 노선은 기탄을 경유하는, 현재의 경인로에 더 가까운 인천개항로로 변모한 것이다. 1890년대에는 상품유통경제의 진전과 근대 문물의 도입으로 인천로 역시 노선의 수정 및 노폭의 확대 등과 같은 변화가 시작되었다. 하지만 인천로는 경인철도가 부설되고 경인신작로가 정비되는 20세기 초에 좀 더 획기적인 근대적 변화를 맞이한다.

4

일제시기 도로망

일제시기 도로망
일제시기 신작로의 정비

1) 1910년대의 인천로

조선은 개국 후 바로 행정구역 개편을 단행한다. 결과적으로 5도양계五道兩界가 8도 체제로 바뀌었고, 520여 읍이 330여 읍으로 통합되었다. 국가가 영토와 민民에 대한 관리 시스템을 갖추는 것은 지금도 그렇지만, 전근대에도 마찬가지였다. 민에 대한 통치는 현실에서 법과 제도로, 영토에 대한 통치는 지도 제작과 지리지 편찬, 그리고 토지 조사 사업 등으로 구현하였다. 전근대 국가에서 지리지 편찬 등으로 수집하는 토지 및 지역 정보는 기본적으로 세금을 부과하기 위한 가장 기초적인 정책 입안 자료로 중요했다.

이러한 통치 행태는 일제 또한 예외가 아니었다. 1914년 행정구역의 전면 개편도 크게 영토 관리의 관점에서 이해할 수 있다. 그러나 일제에게 더 중요하고 시급한 것은 토지였다. 이에 일제는 통감부 시절부터 이미 토지조사사업을 개시하였고, 그 일환으로 1915년까지

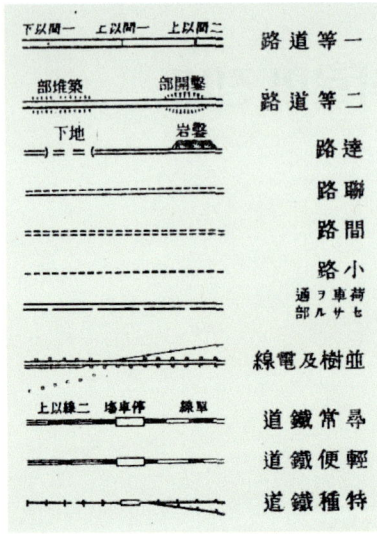

그림 4-1. 1910년대 지형도의 도로 범례

22만km²에 달하는 조선 전 국토에 대한 근대적 삼각측량을 완료하였다. 이로써 조선의 모든 토지에 대한 지목이 설정되고 정확한 경지 면적의 산출이 가능해졌으며, 주요 취락과 시설, 도로망과 하천망, 지명과 지형, 해양과 도서 등 자연환경까지도 근대적 관리 체계 안으로 들어왔다.

토지조사사업의 결과물 중의 하나는 지적도와 지형도이다. 조선총독부는 1914~1918년 사이에 조선 전 국토에 대한 축척 1:50,000 지형도 도엽圖葉 722매를 발행한다.* 이들은 한국의 지리를 가장 정확하게 그린 최초의 지도이다. 1910년대까지 국토의 변화 속도가 빠르지 않았음을 인정한다면, 이 지도는 조선의 상황을 꽤 충실하게 보여준다. 100년이 넘는 과거 시점의 지형도가 전국을 망라한다는 사실은 역사지리학 연구자에게 행운이 아닐 수 없다. 이 지도 범례에 도로는 1등도로, 2등도로, 달로,

---

* 일본에서는 한국에 대해 일제가 제작한 지형도를 1·2·3차 지형도로 구분한다. 1차는 앞 장에서 언급한 『구한말 한반도 지형도』[=약도(略圖)]이고, 2차 지형도는 1909년부터 1911년 사이에 측도되어 1913년부터 1916년 사이에 발행한 지도들이다. 제주도에서 시작하여 황해·강원도까지 소삼각점에만 의거하여 제작해 오다가 전국의 대·중·소 삼각점망을 완비하자 제작을 중단하였다. 새로 구축한 삼각점망에 근거하여 1914~1918년에 다시 지형도를 제작하는데, 이것이 3차 지형도이다.

연로, 간로, 소로 등 모두 6종이 있다.* 1910년대 발행된 지형도 덕분에 당시 인천의 도로망이 어떤 상황이었는지 손쉽게 파악할 수 있다.

인천 읍치로부터 성현과 곰달래고개를 넘어 철곶포로 이어지던 조선의 인천로는 1890년대 중반에 이미 인천 개항장의 역할이 부각되면서 기점이 문학동 읍치에서 제물포로 바뀌고, 한성으로의 진입 통로 역시 철곶포에서 영등포로 옮겨간다. 1883년 영등포가 간행리정 범위 안에 들어옴으로써 일본인들의 통행을 흡수하면서 신흥 상업중심지로 부상한 듯하다. 이로써 조선의 인천로는 조동남동구 만수동 - 성현 - 산곡부천시 송내동 구간을 제외하면, 1880년대 중반에 이미 대부분 구간에서 경로가 달라졌다. 정확한 시점을 제시할 수 없지만 대략 통감부가 설치될 무렵, 즉 1900년대 중반에 인천로는 다시 한번 노선에 변화가 찾아왔다.

일제가 시행한 조선 영토 통치 정책의 또 다른 하나가 치도사업이다. '신작로'라는 말도 이로부터 나오게 된다. 조선총독부는 1911년부터 1917년까지 제1기 치도사업 중에 1등도로 1,017km, 2등도로 1,671km를 개수하고, 곧바로 다시 시작한 제2기 치도사업1922년까지 계획, 1938년 종료에서는 1등도로 821km, 2등도로 1,058km를 개수한다.**

---

* 1911년에 제정된 '도로규칙'에는 도로의 등급이 1등, 2등, 3등, 등외도로 4종이다. 이후 1915년, 1920년, 1932년에 개정안이 공포되고, 1938년에는 '조선도로령'이 이를 대체한다. 1938년에 4종의 이름은 국도, 지방도, 부도, 읍면도로 바뀐다. 규칙에 따르면 1등도로는 경성과 도청 소재지 및 주요 군사 지역·항구·철도기항지를 연결하는 도로, 2등도로는 도청 소재지와 부·군청 소재지 및 관내 주요 지점을 연결하는 도로, 3등도로는 부·군청 소재지 간 도로와 관내의 주요 지점을 잇는 도로이다. 각기 전국급, 도급, 부·군급의 주요 도로라고 할 수 있다. 지형도에서는 '달로'가 대체로 3등도로에 해당한다. 일제 전 시기에 걸쳐 전체 도로 가운데 1·2등도로가 차지하는 비중은 그리 높지 않다.

** 2차 치도사업이 끝난 1938년 시점에 경기도만 보면, 1등도로는 서울 - 개성(- 의주),

인천-경성 구간은 치도사업이 시행되기 전, 통감부 시절에 이미 1등 도로급으로 정비되어 있었기 때문에 위 통계에는 빠져 있다.

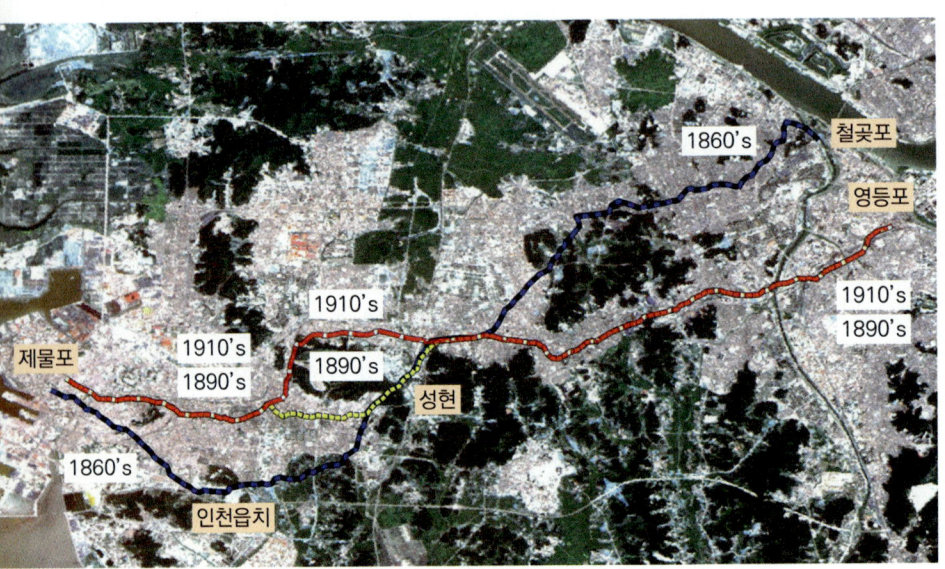

그림 4-2. 조선후기~개항기~일제시기 인천로의 노선 변화

1890년대와 비교하여 1910년대에 노선이 달라진 곳은 석바위-송내 구간이다. 한남정맥漢南正脈을 넘는 고개가 별고개성현에서 원통이고개로 바뀌면서 비롯한 것으로 이해할 수 있으나, 결정적인 원인은 경인철도의 부설과 관련된다. 1890년대 인천개항로도 변함없이 성현을 넘었으나 '통감부 시절에 이미 1등도로로 개수된 인천로'이

서울-포천-운천(-원산), 서울-수원-오산-평택(-부산), 수원-김량-이천-장호원, 서울-인천 간의 5개의 노선, 2등도로는 서울-의정부-동두천-전곡-연천-삭령(-평양), 서울-마석우-가평(-춘천), 서울-송파-하남-경안-곤지암-이천-여주(-강릉) 간의 3개 노선이 있었다. 이들 도로는 조선시대에도 10대로의 본선 또는 지선이었으며, 오늘날 모두 고속도로 또는 국도가 되어 경기도의 주요 도로로 기능하고 있다.

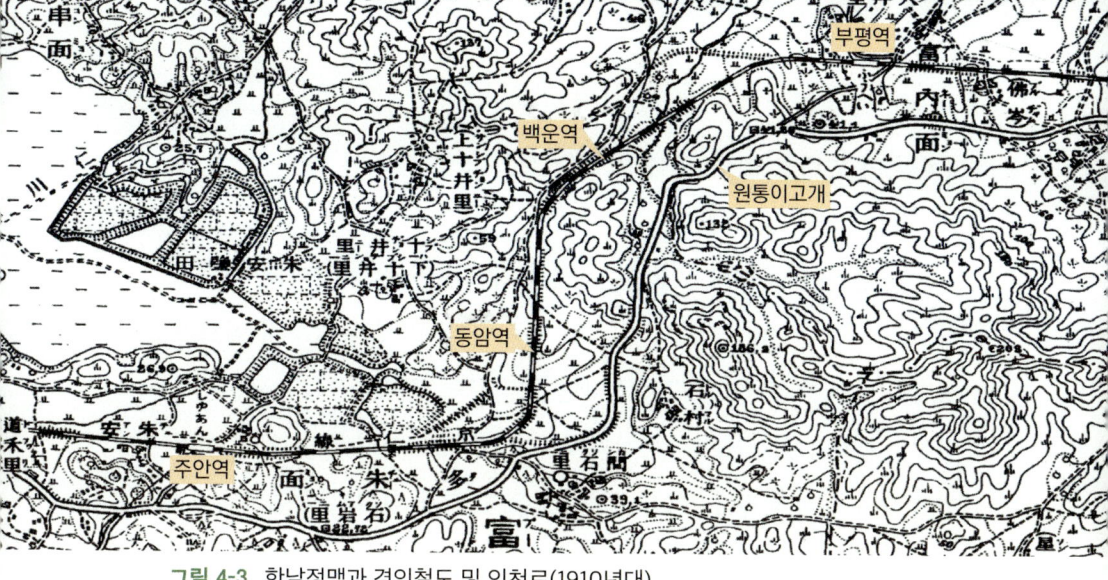

그림 4-3. 한남정맥과 경인철도 및 인천로(1910년대)

하 '인천신작로'로 칭함는 만월산과 철마산 사이에 있는 원통이고개남동구 부평2동를 넘는다. 이 고갯길 서쪽에 경인철도가 나란히 놓여 있다.

인천역을 출발한 경인전철수도권전철 1호선은 줄곧 지상에 있다가 서울역에 이르러서야 지하로 들어간다. 중간에 터널을 통과하는 지점도 없이 거의 전 구간 평지 위를 달린다. 그런데 동암역과 백운역 사이는 유일하게 협곡의 형상을 띤다. 이 구간 철로 양 옆에 높은 옹벽이 세워져 있다. 한남정맥을 넘는 구간이다. 이 부근의 한남정맥은 해발고도가 50m에 불과하여 터널을 뚫기보다는 안부鞍部를 절개하는 것으로 난점을 해결한다. 인천-부평-김포를 지나는 한남정맥의 끝자락은 고도와 기복이 낮고 연속성도 약하지만 오백 년 이상 인천도호부와 부평도호부의 행정 경계였을 뿐만 아니라, 두 지역의 생활·문화권을 나누는 경계이기도 했다. 인천과 부평이 한 지붕 아래에서 산 지가 백 년이 넘었음에도 인천권과 부평권이라는 말이 지금도 사용되고 있다. 지역민 중에는 여전히 두 지역의 생활권이 어느 정도

분리되어 있다는 느낌 또는 인식을 갖고 있는 이들이, 물론 아주 많이 적어졌지만, 없지 않다.

잠깐잠깐 나타나는 짧은 구간을 제외하면, 일제시기의 경인신작로는 오늘날 46번국도와 대체로 일치한다. 19세기 말부터 빠르게 성장하기 시작한 영등포는 1914년 행정구역 통폐합 이후 시흥군의 군청소재지가 될 정도로 큰 시가지를 이룬다. 조선시대 및 일제 초기까지 영등포리의 중심 마을은 현 영등포동7가 아크로타워스퀘어아파트-영등포교회-영등포시장 일대이다. 그 위에 당산리가 있는데, 오늘날 당산역과 당산중학교 사이의 당산동6가가 중심 마을이다. 한편 경인철도가 부설되고 인천신작로가 개수되면서 영등포 역전에 신흥 취락이 형성되기 시작한다.

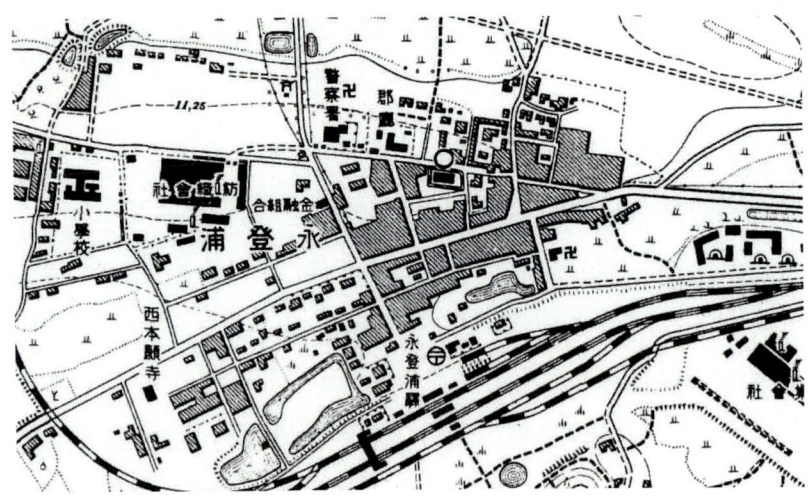

그림 4-4. 영등포 역전 취락(1911년 이후, 1:10,000)
경찰서-군청-면사무소가 접한 도로가 현 영중로6길이고, 그 서쪽의 금융조합·방직회사·소학교 등은 현재 신세계백화점·타임스퀘어 단지가 되었다.

영등포리는 조선시대에 시흥군 하북면 소속이다. 시흥군 읍치는 오늘날 서울시 금천구 시흥동인데, 행정구역 통폐합 이전인 1911년에 군청이 영등포로 옮겨 온다. 시흥군이 1914년에 안산군과 과천군을 병합할 때, 영등포리는 북면에 속하게 된다. 1917년에는 영등포리를 중심으로 한 지역이 북면에서 분리하여 영등포면이 되고, 1931년에 읍이 되었다가 1936년에 경성부에 편입된다. 시흥군청은 계속 영등포에 있다가 1947년에 안양으로 이전한다. 현재 영등포동3가 중앙지구대와 마사회 건물 사이에 시흥군청을 비롯한 면사무소, 경찰서 등의 관청가가 형성되어 있었다.

지금은 영등포역 앞의 큰 길이 '경인로$_{46번국도}$' 이름을 달고 있지만 그 북쪽의 골목길, 즉 신세계백화점이 접한 길$_{영중로3길}$이 일제시기의 인천로이다. 이 길은 동쪽으로 영등포로터리까지 이어지고, 이후에는 두 개의 경로를 통해 경성 중심지에 이른다. 하나는 인천개항로와 같이 여의도로 진입하여 마포를 경유하는 길이고, 다른 하나는 노량진을 지나 용산을 경유하는 길이다. 노량진 방향의 길은 영등포로터리에서 영등포로62번길-영등포로를 따라가다가 현 노량진로 남쪽의, 지금은 사라져 흔적을 찾을 수 없는 길을 따라 노량진역까지, 그리고 여기서부터는 다시 노량진로-한강-용산-경성$_{현 한강대로}$으로 이어진다.

영등포역에서 인천 방향의 인천신작로는 영중로3길을 따라 서쪽으로 가다가 막다른 길에서 남서쪽으로 방향을 튼다. 구로세무서 옆으로 지금은 사라진 길로 연결되는데, 이후 영등포화교소학교 운동장을 대각선으로 빗겨 내려간 다음 경부철도를 넘고 영등포아트자

이아파트를 살짝 관통한 후 대체로 도영로-새말로-서울미래초등학교를 지난다. 구로역 역사 서편에서 인천신작로는 다시 경인철도를 북쪽 방향으로 건넌 후 오늘날 경인로46번국도로 접어든다.

경인신작로는 고척교로 안양천을 건넌다. 이후 부분적으로 직선화 과정을 거치고 약간씩 노선이 변경되지만 경인신작로는 46번국도로 계승된다. 고척교-오류동역 북단-경인전철 횡단-역곡역 앞으로 이어지는 경인신작로는 역곡역 조금 지나 성심고가사거리에서 살짝 남쪽으로 방향을 튼 다음 소사구청을 경유, 소사삼거리에서 다시 46번국도를 만난다. '경인옛로'로 불리는 이 구간의 경인신작로는 2차선 길로 좁아지면서 옛길의 정취를 풍긴다. 소사구청 앞에서 경인옛로는 다시 한번 남쪽으로 휘어지는데, 지금은 시가지 개발과 함께 사라져 확인할 수 없다. 결국 현재의 경인옛로는 옛길은 옛길이되, 반만 옛길인 셈이다. 원 인천신작로는 1950년대는 물론 1970년대 지형도에도 그대로 남아 있다그림 4-5.

소사삼거리 이후 부개역 앞 부개사거리까지 약 5km 구간의 경인신작로는 46번국도와 다르지 않다. 부개사거리에서 인천신작로는 국도를 벗어나 남쪽에 있는 동수로부개초-동수초-예림학교-동수중를 따라간다. 동수로로 이어지는 인천신작로는 동수역이 있는 동수사거리에서 다시 46번국도로 접어들고, 그 사이에 산곡·송내·마분·불잠 마을을 지난다. 동수사거리 이후 넘는지도 모르게 원통이고개를 넘는다. 이곳이 한남정맥이다. 이 산줄기는 조선시대 부평과 인천의 경계이며, 일제시기에는 부내면과 주안면의 경계가 된다. 원통이고개를 넘으면 부평삼거리-간석오거리-주원사거리로 이어지는데, 간석오거리부터

'경인로'는 42번국도가 공유한다. 주원사거리부터 제물포까지의 노선은 앞에서 기술한 인천개항로와 같다.

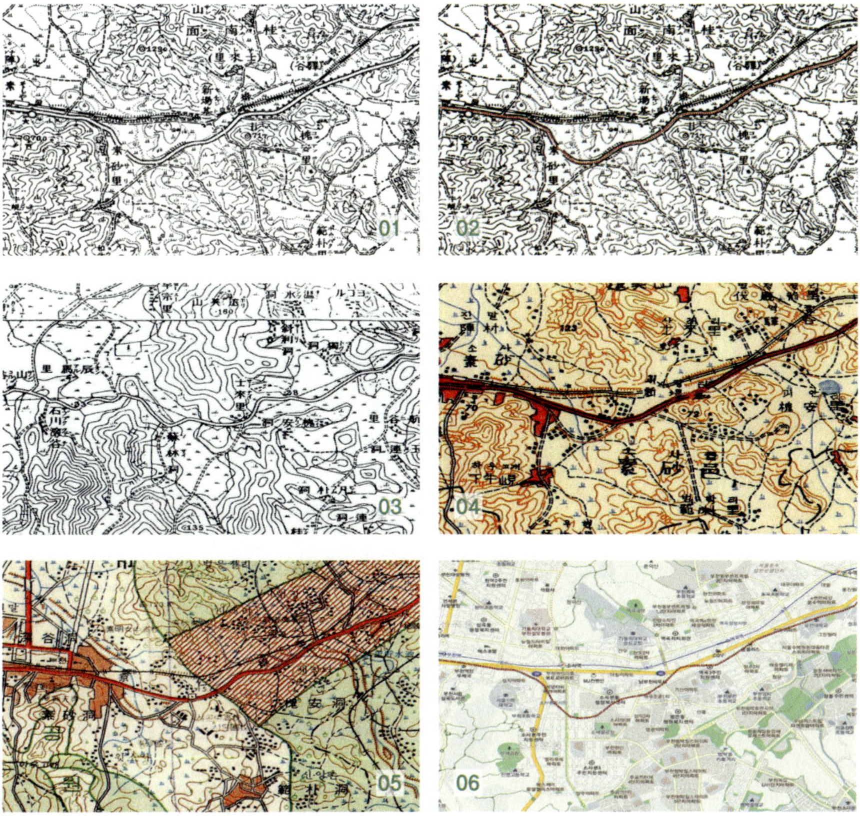

그림 4-5. 소사동 경인옛길

01, 02: 1910년대 / 03: 1890년대 / 04: 1950년대 / 05: 1970년대 / 06: 2020년대
06의 지도는 카카오맵(https://map.kakao.com)으로 최신 카카오맵의 실제 서비스 이미지와 다를 수 있음.

kakaomap

2) 인천부 내의 지역 도로와 취락의 분포

'도로규칙'에 명시된 3등도로의 자격은 아래와 같다.

> 제4조 3등도로는 다음 각호의 1에 해당하는 것에 대하여 조선총독의 인가를 받아 도장관이 정한다.
> 1. 인접부청 또는 군청소재지를 연결하는 도로
> 2. 부청 또는 군청소재지에서 부·군 안의 주요한 지점, 항진 또는 철도정차장에 이르는 도로
> 3. 부·군 안의 주요한 지점, 항진, 철도정차장 또는 도로 상호를 연결하는 도로
> 4. 인접 부·군 안의 주요한 지점, 항진, 철도정차장 또는 도로 상호를 연결하는 도로

전근대는 물론 일제시기에도 일반 주민들이 일상적으로 이용하는 길은 대부분 3등도로 또는 '등외도로'이다. 등외도로란 위 3등도로의 자격 이하의 도로를 통칭한다. 걸어서 옆 동네 친척이나 친구를 만나러 가는 길이고, 정기적으로 5일장을 보러 가는 길이다. 머리말에서 언급한대로 길이 취락과 불가분의 관계에 있다면, 지역 내 도로의 규모나 밀도는 취락의 분포나 위상을 가늠할 수 있는 지표가 될 수 있다.

이 절에서는 인천부 내의 도로망을 복원하고, 이를 취락 분포의 측면에서 살펴보고자 한다. 1914년에 시작된 인천부는 1936, 1940년 두 차례에 걸쳐 영역이 확대된다. 최초 인천부의 도로망은

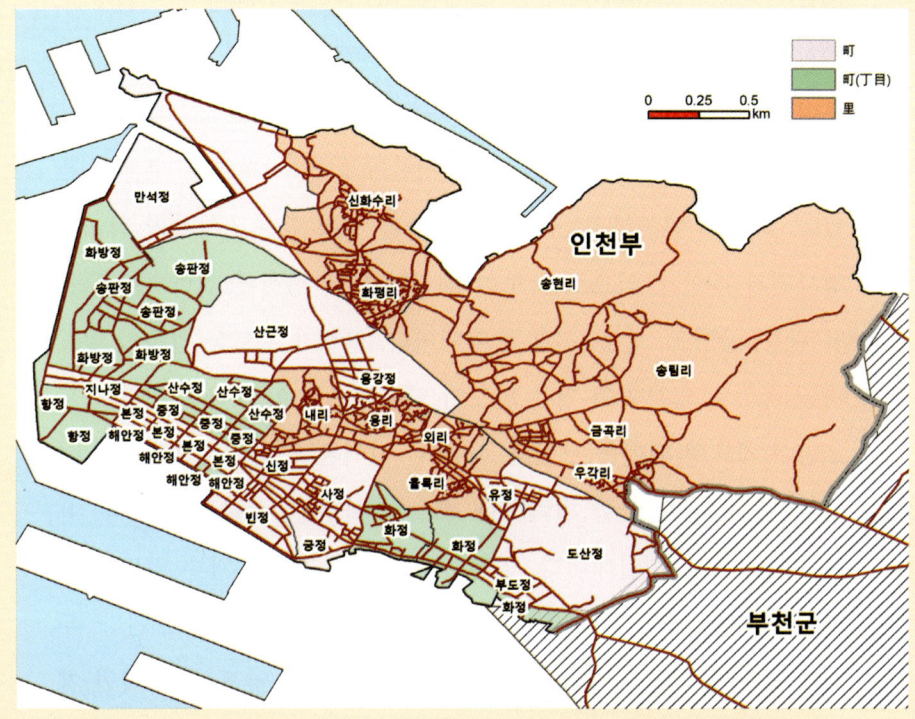

그림 4-6. 1910년대 인천부의 주요 도로망(행정구역은 1914년 기준) ⓒ 최유식

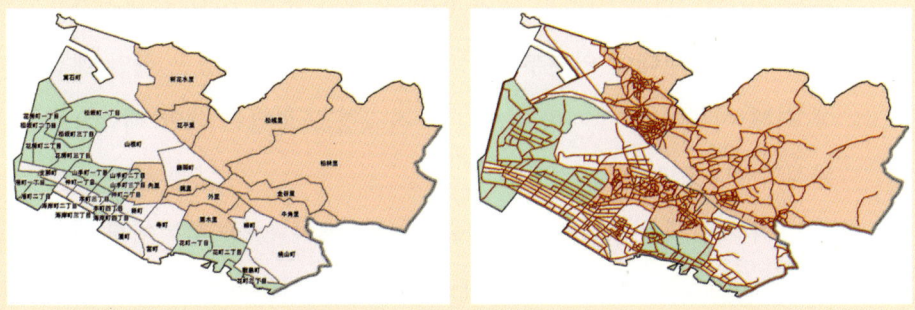

그림 4-7. 1914년 인천부의 행정구역과 도로망 ⓒ 최유식

1910~1918년 사이에 제작된 축척 1:600~1:2,400의 지적원도를, 1936년 이후 인천부의 도로망은 1:50,000 지형도를 베이스맵으로 하여 디지타이징digitizing한 결과이다.

　1910년대 인천부의 취락 분포는 크게 두 지역으로 구분할 수 있다. 하나는 인천부청=중구청이 자리잡은 응봉산70.2m 자락의 남서향 경사면과 해안 간척으로 확보한 매립지 위에 형성된 취락으로 오늘날 관동, 중앙동, 항동, 신흥동 일대이다. 일제가 주도한 일종의 신도시New Town로 일본인의 거주 밀도가 압도적으로 높고, 신도시답게 도로망이 직교형 패턴을 보인다. 다른 한 지역은 위 산자락의 뒤편북동쪽 축현역을 중심으로 한 취락으로, 오늘날 화평동, 송현동, 인현동, 용동, 내동, 창영동 일대이다. 일본인보다는 한국인의 거주 밀도가 높고, 도로망은 한국 전통 취락에서와 같이 미로형 패턴을 보인다. 두 지역 가운데 인천부의 취락 확산을 주도한 곳은 역시 남서 사면 제물포 포구 쪽이다. 1880년대 이후 1910년대에 이르기까지 취락은 두 방향으로 확대되는데, 하나는 응봉산 사면을 따라 위와 옆으로 진행하는 것이고, 다른 하나는 해안 매입을 통해 해안 쪽으로 내려가는 것이다. 1910년대에 인천부의 취락 확산과 도로망 확장은 해안 매립에 의해 이루어졌다. 개항장 일대의 직교형 도로망은 해안 매립으로 완성되었다고도 할 수 있겠다.

　이 지역에서 취락과 도로망의 확산은 조계租界의* 설치에서 시작한다. 중정1정목·본정1·2정목, 해안정1·2정목 일대의 일본 조계와 지

---

*　거류지(居留地) 또는 조차지(租借地)라고도 한다.

2013.3.10., 일요일, 15시 27분　　　　2016.3.26., 토요일, 16시 52분

2018.3.12., 월요일, 14시 42분　　　　2020.5.21., 목요일, 18시 17분

그림 4-8. 북성동의 차이나타운 경관

나정=미생정 일대의 중국 조계는 개항과 더불어 급속한 도시화 과정을 겪으면서 일찍이 반듯반듯한 직교형의 도로망을 형성하였다. 2000년대 이후 관광객이 늘어나면서 북성동 쪽으로도 차이나 경관이 크게 확산되지만, 지나정현 선린동이 차이나타운의 원 중심지였다. 지금도 화교중산학교와 구 공화춘현 짜장면박물관·풍미·대창 등의 오래된 중국집이 이곳에 위치하여 화교의 중심 생활권을 형성하고 있다. 중산학교는 1902년 개교한 이래 현재도 초등~중등 교육을 담당하고 있다. 애초에는 화교만 입학이 가능했으나, 화교 수가 줄고 한국인과 결혼 사례도 늘어나면서 입학 자격이 반¼ 화교로 완화되었고, 지금은 한국인도 입학이 가능하다. 중산학교는 과거 청국영사관이 있던 청국 거류지의 중심이었다.

　　최초 일본 조계는 오늘날 관동1가, 중앙동1·2가, 항동1·2가이다. 과거 일본영사관, 이사청, 부사청현재 중구청, 경찰서, 인천상공회의소 등의 관공서가 관동에 밀집하였고, 그 아래쪽 본정중앙동에는 조선은행, 제1은행, 제18은행, 제58은행 등의 금융기관과 대구일보지국·부산일보지국 등의 언론사가 자리잡았다. 또 그 아래 항동에는 한성공동창고주식회사 인천출장소와 매일신보지국이 있었는데, 해안과 접해 있으므로 아무래도 선박·해운·물류 관련 회사·창고 시설이 밀집해 있었다. 과거 부둣가 창고는 인천아트플랫폼으로 변신하여 문화공간을 형성하였으나 여전히 창고로 기능하는 것도 있다.

직교형 도로망은 자유공원 아래 응봉산 남서 사면에서 잘 나타나는데, 이들이 분포하는 지역의 행정구역은 대체로 정町 또는 정목丁目이었다. 반면 전통적인 미로형 도로망은 응봉산 북동 사면과 그 아래 한국인 마을에서 잘 보인다. 당시 내리내동, 용리용동, 외리경동, 신화수리화수동, 화평리화평동, 금곡리금곡동, 송림리송림동 일대이다. 이 한국인 마을이 인천부의 원 취락이라고 할 수 있으며, 행정지명 또한 일본인 마을과 달리 전통적인 리里 또는 동洞 이름을 많이 볼 수 있다. 한편 1920년대가 되면 인천의 인구가 증가하면서 취락 또한 주변 지역으로 확대된다. 화정신흥동, 부도정선화동, 산근정전동, 용강정인현동, 화방정북성동, 송판정송월동 등이 이에 해당한다.

인천부는 1936년과 1940년 두 차례에 걸쳐 영역이 확장된다. 1940년 이후의 행정구역은 해방 후 매립한 곳과 계양구·서구 일부 지역 및 강화·옹진군을 제외하면 오늘날 인천광역시의 영역과 큰 차이가 없다. 1940년대 인천부의 최고차 도로는 앞서 기술한 인천신작로1등도로이다. 부의 중앙을 동서 방향으로 횡단한다. 이 경로는 경인

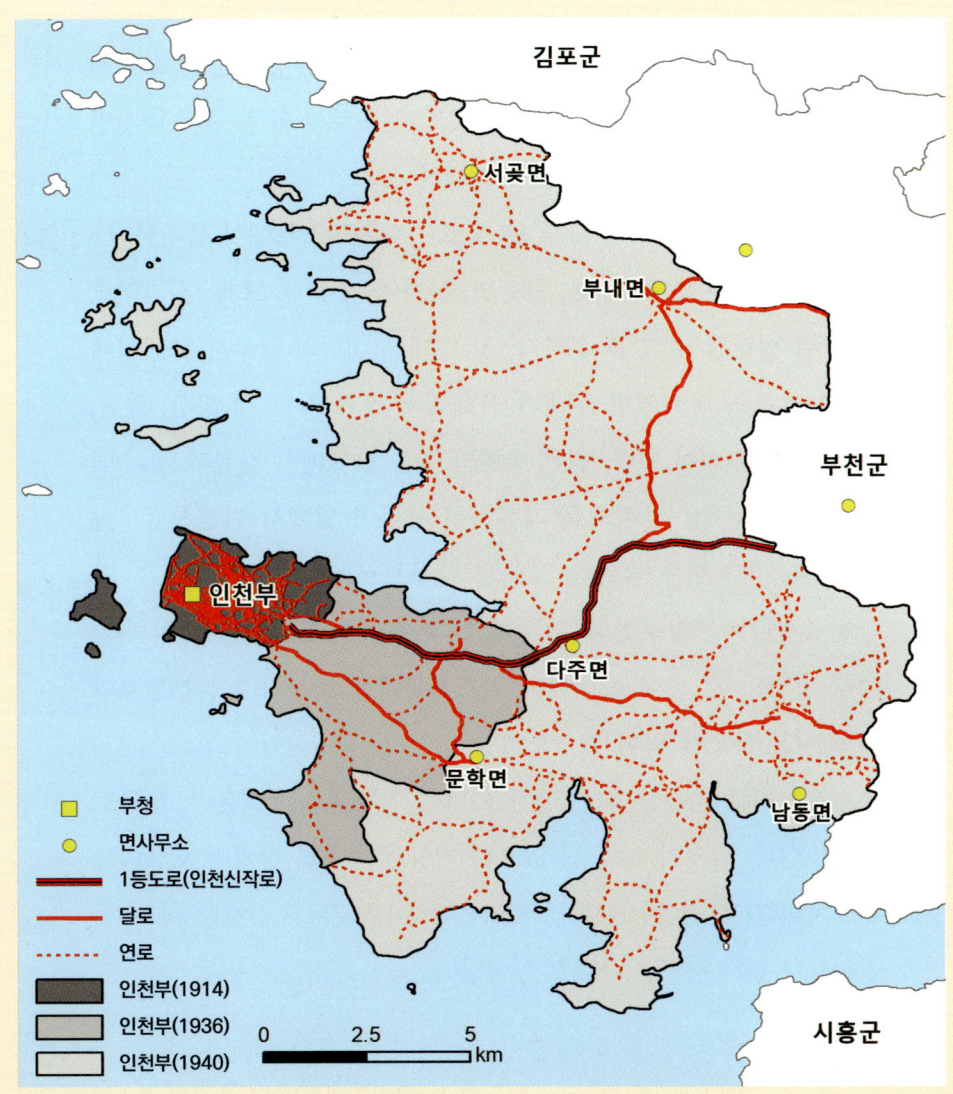

그림 4-9. 인천부의 지역 내 주요 도로망 ⓒ 최유식

철도와 크게 다르지 않다. 철도선과 철도역은 도로망과 연계될 때 시너지 효과가 커지기 때문에 경인신작로는 철도선을 따라 기존의 성현 대신 원통이고개를 넘는 것으로 방향을 틀었다. 이밖에 지도에 표시된 도로망은 달로達路와 연로聯路이고,* 2등도로는 없다. 굳이 따지면 연로가 도로규칙 상의 3등도로에 해당한다.

인천부내의 달로는 모두 1등도로인 인천신작로에서 분기한다그림 4-9. 달로망은 부내면富內面, 남동면, 문학면 일대 등 크게 세 지역으로 나눠 설명할 수 있을 듯하다. 첫 번째 부내면의 달로는 조선시대 부평도호부의 읍치였던 부내면 읍내에서 각기 다른 세 방향, 인천, 경성, 김포로 뻗어 있다. 인천 방향의 길은 읍내에서 갈월리갈월동-대정리현 부평동 원 마을-부평역을 경유하여 동수역 앞에서 인천신작로를 만나 원통이고개를 넘는다. 오늘날 주부토로413번길-주부토로-갈산천 천변길-부평구청역-부평대로-부평역으로 이어지는 길이다. 경성 방향의 길 중에 읍내에서 굴포천까지는 조선시대의 부평로와 일치한다. 굴포천 넘어서는 오정면 대장리대장동-신월리김포군 양동면, 신월동-목동리를 경유한 후 안양천을 넘어 영등포로 접어든다. 북쪽으로 이어지는 달로가 하나 더 있으니 계양면 박촌리-장기리-오류리를 경유하여 김포 군내면 풍무리에 이른다. 이후에는 조선시대 제6로인 강화로를 만나 김포군 읍내로 들어간다.

---

* 메이지 시기의 도로규식에서 '달로'는 두 주요 거주지를 연결하는 도로, 또는 주요 거주지에서 나오거나, 국·현도 혹은 다른 달로에서 분기하여 수 개의 정촌(町村)을 관통하는 도로이고, '연로'는 인접하는 시·정·촌의 주요 거주지를 연결하는 도로이며, 간로는 연로 간 연결로를 일컫는다. 1917년에 이 규식을 바꾸는데, 달로는 도폭 1칸 반 이상, 연로는 1칸 이상, 간로는 반 칸 이상의 도로로 규정한다. 1칸(間)은 1.818m이다.

두 번째는 인천부 시내 및 주안역 앞의 인천신작로에서 분기하여 옛 인천도호부 읍치를 연결하는, 서로 다른 두 길이다. 시내에서 관교리문학동까지의 구간은 조선시대 인천로의 제물포-읍치 간 도로의 경로와 같다. 이 길은 숭의로타리-숭의오거리-용현시장-독정이고개-인주대로174번길-경인남길102번길을 통해 북서-남동 방향으로 이어지다가 해성보육원이 끝나는 지점에서 길이 끊어지는데, 옛길은 주택 단지 개발과 함께 그 안에서 소멸하였다. 이후의 옛길은 학익2동 행정복지센터에서 인천지방검찰청으로 진입하는 길로 계승된다. 그러나 이내 원 경로는 검찰청 경내로 들어가면서 사라지고, 학익동 신동아아파트 6차와 1·2차 사이에서 짧은 구간으로만 옛길이 살아 있다. 이어서 학익동과 문학동 경계의 작은 고개를 넘어 문학동 인천도호부 읍치에 닿는다. 문학면에서는 주안역에서 이곳 읍치까지 연결된 달로가 하나 더 있다. 이 노선은 현재의 큰 길인 미추홀대로가 아니라 구릉지를 구불구불 사선으로 넘는 길이라 주택 개발과 함께 이 구간의 달로 역시 지금은 흔적을 찾아보기 어렵다.

세 번째는 다주면 석바위 마을에서 인천신작로를 벗어나 구월리-만수리를 경유, 부천군 소래면 신천리로 이어지는 길이다. 당시 신천리는 시흥군 소래면 소속이나 1914년 이전까지 인천도호부 신현면 땅이었다. 신천리에서 개시開市하는 사천장蛇川場, 뱀내장은 조선시대부터 인근에서 규모가 큰 5일장으로 유명하였고, 그 명성은 일제시기에도 계속되었다. 이 달로길은 조금 더 가 은행리시흥시 은행동에서 방향을 동남쪽으로 틀어 조선시대 안산의 읍치 수암리까지 이어진다. 이상의 달로 분포를 통해 보면 일제시기에도 여전히 구 읍치의 위력이 살아 있음을 짐작할 수 있다. 조선시대 인천과 부평의 중심지인 문학동과 계산동 일대는 일제시기에 최고차 중심지의 지위를 제물포로 넘겨 주지만, 마치 부도심처럼 인천·부평 지역의 거점 취락으로 기능하고 있었다.

이밖에 일제시기의 주요 취락은 1등도로인 인천신작로 연선에 주로 분포한다. 주안, 간석, 부평, 소사 등이 이에 해당하는데, 이는 후술하는 인구밀도와 인구증가량 추이에서도 확인된다. 또 다른 주요 취락은 인천 읍치와 부평 읍치를 잇는 달로 연변에서 찾아볼 수 있다. 이 루트에서는 중간 경유지 주안과 부평이 지역 내 거점 도시적 기능을 수행한 것으로 보인다. 위에서 언급한 거점 취락들은 모두 경인선 철도역이 입지한 곳이기도 하여 일제시기 취락의 발달에는 인천신작로와 경인철도의 영향이 컸음을 인정할 수 있다. 결론적으로 일제시기 인천부의 중심 취락은 최고차 제물포를 위시하여 문학, 계산, 주안, 부평 일대로 정리할 수 있다.

<그림 4-11>에 표시된 점은 1910년대 후반 1:50,000 지형도에 지명으로 등재된 취락이다. 이들의 개체 수는 111개로 동일 범위 내 전체 지명 수 182개의 61%이다. 이 가운데 공식적인 행정단위인 리 里와 자연마을 형태의 리가* 78개로 70.3%를 차지하고, 후부요소 가운데 동 洞이 12개 10.8%, 촌 村이 6개 5.4%, 곡 谷이 4개 3.6%로 리·동·촌·곡의 네 유형이 90%를 차지한다. 이밖에 11개 유형은 모두 하나씩 존재하는

---

* 위 지형도 속의 리(里)는 아무 표식 없는 'OO里'와 괄호로 묶어 '(OO里)'로 표기한 두 종이 있다. 전자는 공식적인 행정리이고, 후자는 1914년에 행정리에 편입된 기존 (조선시대)의 리이다. 후자의 리는 자연마을 정도로 이해할 수 있다. 1914년의 행정구역 통폐합은 리 단위에서도 벌어졌다.

데 실室·능陵·점店 등이다.

　　이들 취락의 분포를 보면 인천신작로를 경계로 북쪽보다는 남쪽에서 밀도가 좀 더 높음을 알 수 있다. 1914년 기준으로 남쪽은 다주·문학·남동면이고 북쪽은 부내면과 서곶면이며, 조선시대 기준으로 보면 남쪽이 인천도호부, 북쪽이 부평도호부 땅이다. 구 인천도호부 지역의 취락은 도로망이 조밀하게 펼쳐진 양상 만큼 취락 역시 널리 분포한다. 반면, 부천군 서곶면현 서구의 경우 대체로 오늘날 인천대로와 서곶로를 따라 십정리, 가좌리, 번작리, 고작리, 가정리, 연희리, 검암리 등의 마을이 연로聯路를 따라 줄지어 있는 형국이다. 이 일대는 한남정맥의 끄트머리에 해당하여 낮은 구릉지가 연속되고 들이 적어 연로와 취락이 모두 구릉 사면 또는 능선에 입지하였다.

　　전체적으로 대분의 취락은 도로선에 밀착되어 있으며, 대부분의 취락이 최소한 연로 등급 이상의 도로로 연결된다. 옛 부평도호부 지역의 중앙부에 취락 및 도로 밀도가 낮은 것은 이곳으로 한남정맥이 지나기 때문이다. 이 산줄기는 비록 높지 않으나 취락 입지와 도로 발달을 방해한다. 취락 중에는 산지에 위치한 것도 없지 않으나, 대체로 구릉지성 산지라 고도가 낮고 기복도 완만하여 도로와 멀리 떨어진 취락은 많지 않다. 부평 지역의 취락은 취락명의 후부요소 또한 단순하다. 리와 세 곳의 촌이 있을 뿐이다. 반면 인천에는 동과 곡이 곳곳에 산재한다. 동 지명으로는 화동, 장아동, 송내동, 수유동, 전재동, 사리동, 괴화동, 갈산동, 내동, 옥동, 묵동, 대암동 등이 있으며, 곡 지명으로는 조곡, 원곡, 학익곡, 가곡 등이 있다.

그림 4-10. 인천부의 주요 도로망과 취락의 분포 ⓒ 최유식·김종혁

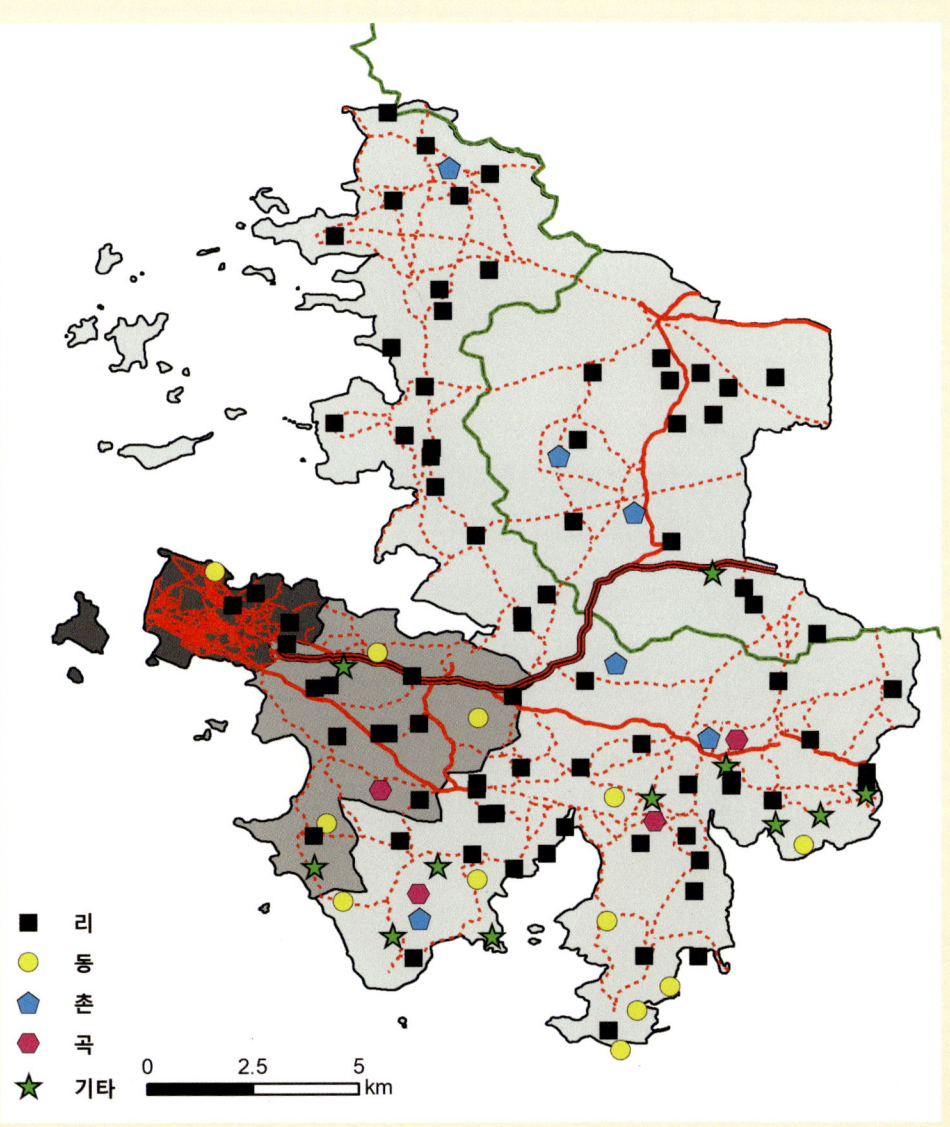

그림 4-11. 취락명의 후부요소별 분포 ⓒ 최유식·김종혁

5
⋮
철도망

철도망
인천, 조선의 철도시대를 개창하다

1) 인천에서 시작하는 한국철도사

19세기가 다 끝나갈 무렵, 1899년 9월 18일. 조선 역사에서 한 번도 경험해 보지 못한 일이 하나 벌어진다. 황성신문은 이날의 '기이한 구경'을 다음 날인 19일자 기사로 다음과 같이 전한다. 읽기 편하도록 약간의 번역을 가미한다.

> 경인철도회사에서 어제 기차운동을 시험하니, 마포의 건너편 영등포에 정거장을 권설하고 내외국 신사를 초청하여 탑승하는데, 열차는 여섯 량이고, 내빈은 수백이라 하더라. 이날 오전 9시 10분에 영등포에서 출발하여 10시 40분에 인항 인천역에 도착하니, 인항 정거장에 송문을 높게 세우고, 대한·일본 양국 국기 외 철도회사기를 엇갈리게 하여 걸었는데, 내빈을 안내하여 3층 높은 자리에 앉게 하고 사면으로 축포를 쏘며 일장 연희를 본 후에 다시 접빈소로 들어가, 일본인

아다치 다로 씨가 회사를 대표하여 축사를 하는데 대한 대황제 폐하 만세, 대일본 대황제 폐하 만세를 삼창하니, 외부대신 박제순 씨가 또 회사에 대하여 축사를 하고, 대일본 대황제 폐하 만세, 대한 대황제 폐하 만세를 삼창한 후에 식사를 제공하고, 오후 1시 10분에 내빈을 다시 태우고 2시 40분에 영등포에 도착하여 송객하였다. 영등포 정거장 좌우에 구경 나온 사람이 구름과 같이 모여 말하기를, "참 기이하다. 개화를 하였기에 이러한 구경을 하겠다" 하니 옆에 있던 한 사람이 장탄식을 하며 말하기를 "우리나라가 참 개화가 되었으면 본국에서 할 일인데 근래 외국인 각처에 철로를 놓는다 하더니 실행됨을 오늘 처음 보겠도다. 이 철로를 25년 후면 들어간 비용을 일본에 갚고 우리나라에서 관리한다 하니 그 기한 내에 우리 정부와 인민이 의지와 기개를 분발하고 재원이 부흥하여 이 합동조약을 시행하여 볼까" 하고는 지팡이 버리고 미련 없이 갔다 하더라. 『황성신문』 1899년 9월 19일

京仁鐵道會社에셔 昨日에 汽車運動을 試驗할식 麻浦對岸永登浦에 停車場을 權設ᄒ고 內外國紳士를 請ᄒ야 搭乘ᄒᄂᆫ듸 列車ᄂᆫ 六이오 來賓은 數百이러라 當日上午九時十分에 永登浦에서 發ᄒ야 十時四十分에 仁港에 着ᄒ니 該港停車場에 松門을 高建ᄒ고 大韓 日本 兩國國旗와 該會社旗를 三交ᄒ야 掛ᄒ얏ᄂᆫ딕 來賓을 接導ᄒ야 三層高床에 坐ᄒ고 四面으로 祝砲를 亂放ᄒ며 一場演戱를 觀ᄒ 後에 다시 接賓所로 入ᄒ야 日本人 足立太郎氏가 會社를 摠代ᄒ야 祝辭ᄒᄂᆫ듸 大韓大皇帝陛下萬歲, 大日本大皇帝陛下萬歲를 三呼ᄒᄋᆡ 外部大臣 朴齊純氏가 또 會社를 對ᄒ야 祝辭ᄒ고 大日本大皇帝

陛下萬歲, 大韓大皇帝陛下萬歲를 三呼흔 後에 立食을 供호고 下午一時十分에 來賓을 更搭호고 二時四十分에 永登浦에 着호야 送客호얏더라 該停車場左右에 觀光人이 雲과 如호게 會集호야 말호되 참 奇異호다 開化를 호엿기에 如此한 구경을 호깃다 한듸 傍에 一人이 長歎호여 日 我國이 참 開化가 되엿시면 本國에서 할일인듸 近來 外國人이 各處에 鐵路를 달는다 호더니 實行됨을 今日에 처음 보깃도다 此鐵路를 二十五年後면 該所費를 日本에 還償호고 我國에서 管理한다 호니그 限內에 我政府와 人民이 志氣를 奮發호고 財源이 富興호야 該合同條約을 施行호여 볼가 호고 放節而去호더라더라.

경인철도의 개통과 인천에서의 개통식 거행 소식이다. 조선총독부 철도국은 1937년에 경인철도가 개통한 이날, 9월 18일을 '철도의 날'로 제정하고, 1944년까지 매해 기념행사를 꽤 거창하게 준비한다. 해방 후에는 대한민국이 이를 계승하여 역시 같은 날 기념행사를 거행한다. 국가 기간 교통로서 철도의 의미를 되새기고 철도 종사원들의 노고를 위로하기 위한 날이다. 그러던 중 2018년에 철도의 날을 6월 18일로 바꾼다. 이날은 대한제국 의정부 체제 아래에서 지금의 국토교통부 전신인 공무아문工務衙門 산하의 철도국이 설립된 날로, 1894년의 일이다. 한국이 음력에서 양력으로 전환한 것은 1896년 1월 1일부터이니 저 6월 18일은 음력이지만 편의를 위해 같은 양력 날짜로 정한 것이다. 일반 시민들에게 철도의 날이 특별한 기념일이 아니겠지만, 개통식이 거행된 인천의 입장에서는 철도의 날이 개통식을 거행한 날짜와 무관해져서 약간의 아쉬움을 가질 수 있다. 비

그림 5-1. 인천역과 증기기관차 조형물(2025)

경인철도는 '1897년 3월 22일 인천에서 착공하여 1899년 9월 18일 노량진-인천역 간 33.8km가 개통되었다. 이로써 도보로 12시간 걸리던 서울까지의 여정이 1시간 대로 줄면서 서울이 인천의 1일 생활권 안으로 들어왔다. 개통식 날 객차(客車)를 견인한 모갈 1호는 증기기관 동차(動車)이다. 1899년에 미국 브룩스 회사가 반제품으로 제작, 운송한 4대를 인천에서 조립'하였다. 한편, 역사(驛舍)는 1900년 5월에 연면적 약 300㎡ 규모로 건축되었다가 소실, 1960년 9월 17일에 현 역사가 준공되었다.(역사 앞 안내판과 조형물 中)

록 일본 주도의 외세가 건설한 철도이지만, 시간의 역사성을 감안한다면 한국에서 처음 기차가 운행한 날이 처음 철도국을 설립한 날보다 훨씬 의미 있어 보인다.

  경인선 개통과 관련해서는 약간 불편한 진실들이 숨어 있다. 한국 최초의 철도사를 기록함에 개통식 날의 출발역과 종착역이 문헌에 따라 다르게 적혀 있다는 사실이다. 이 문제가 뭐 그리 대단하다고 호들갑을 떠냐고 말할 사람도 있겠으나, 개통식 날에만 국한된 이야기로만 치부하기에는 철도의 개통은 세계적으로 근대화의 서막을 알리는 바로미터와 같은 상징성을 지닌다. 이를 인정하지 않더라도, 정확한 사실을 밝히고, 바로잡는 것이 나쁠 것은 없다. 시·종착역이 달리 설정되어 있으니, 여기서 자연스럽게 운행 거리 또한 일정하지 않은 문제가 자동적으로 파생된다.

출발역은 문헌에 따라 노량진(역), 영등포(역), 그리고 영등포 임시 정거장 또는 노량진 임시 정거장 등 네 개의 지명 또는 역명이, 종착역으로는 인천(역) 또는 제물포(역) 등 두 개의 지명 또는 역명이 등장한다. 운행 거리는 이보다 다양하고, 그 연유 또한 매우 복잡한데, 27km, 29.6km, 33km, 33.2km, 33.8km 등으로 적혀 있다. 과연 무엇이 진실이고, 이런 혼동이 왜 생겼으며, 아직도 시정되지 않고 오류가 지속되는지 우선 출발역과 종착역 이야기부터 하나하나 풀어 보고자 한다.

2) 1899년 9월 18일 출발역과 종착역의 진실

출발역과 종착역 이야기를 하는 김에 '개통'에 대해서도 미리 언급하고 가는 것이 좋을 듯하다. 예컨대 철도 관련 책을 보면 '한국 최초의 철도가 1899년 9월 18일 개통되었다'는 문구를 자주 접한다. 그런데 이날의 개통은 엄밀히 말해 개통이 아니라 '부분 개통'이어야 한다. 왜냐면 애초 계약상에 경인철도는 '인천역에서 경성역까지이며, 계약일 1896.3.29.로부터 1년 1897.3.28. 이내 착공, 착공 후 3년 1900.3.28. 이내 완공'하는 것이었기 때문이다. 따라서 1899년의 개통은 부분 개통 또는 임시 개통이라야 한다. 그러나 '(전 구간) 개통'과 '부분 개통'이 아주 중대한 문제는 아니므로 팩트fact를 짚어 주는 정도로만 언급하자. 이 글에서도 이를 엄밀히 구분하여 사용하지 않는다.

(1) 출발역, 영등포역인가? 노량진역인가?

위 『황성신문』은 당일 열차가 출발한 곳을 '마포의 대안對岸에 권설權設한 영등포 정거장'이라 전한다. 우선 여기에 등장하는 용어부터 정리해 보자. 마포는 삼개로도 불리는 포구로, 오늘날 마포대교 북단, 마포구 용강동 마포유수지공영주차장 일대로 비정된다. 마포에서 배를 타고 한강을 건너면 여의도이고, 샛강을 넘으면 바로 영등포다. 따라서 마포의 대안이 영등포인 것은 의심할 바가 없다.* 마포는 조선시대에 용산과 더불어 한강 수로와 한성부를 이어주는 교통 요지였다. 1907년 초에 서대문에서 노면전차가 연장되어 마포선서대문-아현-공덕리-도화동-마포의 종점이 된다. 마포종점은 오늘날 5호선 마포역 부근으로 불교방송 본사 사옥이 들어서 있다마포동 140. 해방 후 서울시는 이 전차를 시내의 핵심 대중교통수단으로 이용하지만, 경영 적자로 인해 1968년 11월 30일 자정을 기하여 일괄 폐지하고, 지하철 시대를 준비한다.**

---

* 1968년 7월에 은방울자매가 발표한 '마포종점'이라는 노래에 '강 건너 영등포에 불빛만 아련한데'(1절) '여의도 비행장엔 불빛만 쓸쓸한데'(2절)라는 가사가 있다. 마포 나루에서 한강 쪽으로 여의도-영등포의 시선을 보여준다.

** 서울의 전차는 1899년 5월 20일 서대문(돈의문, 경교)-종로-동대문(흥인지문)-보제원-청량리(홍릉) 구간(약 8km 단선)을 처음 개통한 후 지속적으로 노선을 확장하면서(최대 총 연장 40.6km) 1968년 11월 30일까지 운행하였다. 노면에서 1,067mm 협궤를 달리는 전차로, 부산, 평양 등지에서도 운행된 적이 있으나 지금은 모두 사라졌다. 폐지 직전 동쪽으로 청량리·왕십리, 남쪽으로 용산·마포·영등포, 서쪽으로 영천·효자동, 북쪽으로는 돈암동까지 포괄하였다. 마포·동대문·삼각지·영등포 등지에 차고지가 있었으며, 일부 주요 구간은 복선으로 확장되었다. 승차요금은 경교에서 청량리까지 상등이 엽전 일곱돈 오푼, 하등이 엽전 닷돈인데, 당시 신문 1장 값이 동전 1푼이었다(『독립신문』, 1899년 5월 2일). 오늘날 종로·을지로·한강대로·마포대로·노량진로·영등포로·창경궁로 등이 1968년까지 노면 전차가 다녔던 길들이다.

그림 5-2. 마포나루터 표지물과 여기서 바라본 밤섬과 여의도(2018)

한강시민공원(난지지구 - 망원지구) 안에 있는 '마포나루길'(한강시민공원 삼암동 1566 - 마포동 422) 동단 거의 끝 지점에 마포나루를 소개하는 안내판과 그 터를 알려주는 표지물이 설치되어 있다. 오른쪽 사진은 여기서 밤섬과 여의도 쪽을 바라보고 찍은 것이다. '마포나루의 옛 이름은 삼개나루였다. 마포의 와우산, 노고산, 용산의 구릉이 한강으로 뻗어 내린 곳에 세 곳의 포구가 있었다. 이를 용호, 마호, 서호로 불렀고 함께 이르던 말이 삼개포구였다. 그런데 한자 표기를 위해 3개의 삼을 삼(麻)으로 쓰면서 마포가 된 것'이다(마포나루 안내판 中). 한편 인근 마포나루길 안내판(용강동 스토리)에 따르면 '마포는 서울 사람들이 일 년 먹을거리로 새우젓을 사러 오던 동네였다. 70년대 초까지만 해도 마포 전차종점이 있는 곳에서 강변까지 새우젓 장사가 늘어서 있었다'.

    '권설'이란 사전에 '미리 정하지 않고 그때그때 필요에 따라 설치함'이라고 풀이되어 있다. 정식 역이 아니라 임시로 설치한, 가건물 형태의 역이 있었던 듯하다. 따라서 이 기사에 등장하는 '영등포 정거장'은 정식으로 운영한 역이 아니라 임시로 설치한 역임을 알 수 있다.* 이 정거장이 어디인지를 아는 것은 운행 거리를 추산함에 매우 중요한 사실이나 명확하지 않다. '노량진 정거장'이 아니라 '영등포 정거장'이라 한 것을 보면, 오늘날 영등포역 자리이거나 그렇지 않더라도 그 언저리에 있었을 것이다.

    그런데『조선철도사십년약사』조선총독부 철도국, 1940, 44쪽에 이 정거장의 상대 위치가 기술되어 있다. 이 책은 당시 출발 지점을 '노량진'으로 적고, 바로 이어서 괄호 안에 '현재의 노량진과 영등포 사이現在

---

* 황성신문이 쓴 '정거장'은 공식적인 용어가 아니다. 즉, 역과 다른 별도의 정차 시설, 또는 철도역의 등급을 표현한 것이 아니라는 것이다. 철도 도입 초기에는 역 대신 생활 속에서 정거장 또는 정차장이라는 용어를 사용한 듯한데, 1910년 이후 '역'이 공식적인 용어로 자리잡은 듯하다.

の鷺梁津と永登浦の間'라는 보충 설명을 단다. 이때의 '현재'는 1940년 상황이므로 현재의 영등포역이 맞다. 그렇다면 영등포 정거장은 현재의 영등포역과 다른 곳에 위치해 있었다는 얘기이다. 뒤에서 다시 얘기하지만, 이 문구는 경인철도 최초의 운행 거리를 확정할 수 있는 결정적인 단서이지만, 위치 비정에 실패함으로써 결국은 추정 수준에 만족할 수밖에 없었다.

위 기사에서도 명확히 제시되어 있듯이, 우리가 여기서 인지해야 할 중요한 사실은 경인철도를 개통하던 날, 기차가 출발한 역사적 장소는 우리가 익히 알고 있는 노량진역도 영등포역도 아닌 영등포 정거장이라는 것이다. 이렇게 명확한 기사까지 있음에도, 영등포역은 그렇다 치고 노량진역이 왜 자꾸 거론되는 것일까? 마치 경인선 최초의 구간이 인천-노량진인 양 회자되는 것은 왜일까?『황성신문』기사에서 힌트를 찾을 수 있다.

> 경인철도 총무원 아다치 다로足立太郞가 기사와 공인工人을 데리고 지난달 30일 인천에 도착하여 궤도를 부설하는데 한강 가교架橋에 시일이 걸려 모든 선로의 개통은 내년 봄에나 준공된다고 함.『황성신문』 1899년 4월 17일(강조점은 필자)
>
> 경인철도회사에서 노량까지 철도 부설이 완료되어 본월 15일 각 부 대신과 각국 공·영사를 초청하여 노량에서 인천까지 갔다가 다시 되돌아오는 시범 운행을 한다고 함.『황성신문』 1899년 9월 12일

경인선 부설을 계획할 당시 기점과 종점은 당연히 인천과 서울이었다. 정확히 말하면 인천역과 경성역이다. 이 경성역은 뒤에서 자세히 기술하지만, 오늘날 서울역문화역서울284, 경성역이 아니라 현 이화여자외국어고등학교 앞에 있던 역이다. 위 첫 번째 기사에서 '한강 가교' 나 '모든 선로의 개통'을 운운하는 것에서도 알 수 있듯이, 경인철도의 개통식 날에 열차는 당연히 경성역에서 출발했어야 한다. 그러나 한강 가교한강 철교를 기한 내에 완공하지 못한다. 결국 시공사인 경인철도합자회사는 6개월 기한 연장을 요청하였고, 조선 정부 농상공부는 이를 받아들여 기한이 1900년 9월 28일이 된다. 그리고 노량진까지 철도 부설이 완료되자 일단 노량진에서 출발하는 것으로 하여 시범 운행개통식을 거행, 최대한 계약을 이행하고자 한다. 그러나 결과적으로 한국 최초의 열차는 노량진도 아니고 영등포당시 시흥군 하북면 영등포리에서 출발한다. 이건 또 어인 일인가? 신문 기사를 하나 더 보자.

> 경인철도회사에서 오늘 인천-노량 간 시운전을 하기로 했는데, 회사에서 구입한 중요한 물품들이 폭풍우로 도착이 지체되어 예정대로 시행하지 못하고 연기한다고 함. 『황성신문』, 1899년 9월 15일

> 경인철도회사에서 인천仁川-노량鷺梁 간 시운전하는 날짜를 연기한다더니 본월 18일 영등포永登浦 임시 정거장에서 열차를 출발한다고 함. 『황성신문』, 1899년 9월 16일

9월 15일 노량진 출발로 예정한 시범 운행을 물품 미비로 18일

영등포 임시 정거장에서 출발하는 것으로 변경한다는 얘기다. 결론적으로 개통식 날의 출발점에 대한 정확한 표기는 '영등포 임시 정거장'이다. 여러 문헌에서 '인천-노량진'으로 기술한 것은 임시 개통의 출발지가 처음에는 노량진이었기 때문일 것이다. 관련하여 한 가지 미리 언급할 것은 최초의 운행 거리 중의 하나로 등장하는 33.0km는 이에 근거할 것이다. 이 거리는 인천역-노량진역 사이의 구간 거리이다. 그러나 이 거리는 우각동역과 축현역 부근에서 1906~1908년 사이에 벌어진 선로 변경을 반영하지 않은 거리이기 때문에 이 또한 사실이 아니다. 인용의 관행이 오류임을 자각하지 못하고 무비판적으로 지속되면서 확산된 결과일 것이다. 그렇다면 철도공사 홈페이지나 인천역 앞 조형물의 안내문에 기술된 '인천-노량진'이라는 문구는 아예 역명을 사용하여 '인천역-영등포 임시 정거장'으로 수정될 필요가 있다.*

영등포 임시 정거장은 1900년 5월 1일부로 영등포역이 되고, 노량진역은 전 구간 개통된 1900년 7월 8일 영업을 개시한다. 이 영등포역이 현재의 영등포역이고, 노량진역 역시 현재의 노량진역이다. 한편 인천 역사驛舍도 1900년 7월 전 구간 개통에 맞춰 두 달 전 5월에 단층 흙벽돌조, 아연철판 경사지붕 형식으로 완공하였다 하니, 1899년 개통 당시에는 역사 건물이 있었다 하더라도 가건물 형태였을 것이다.

---

* 일견 '노량진-인천'은 역명이 아니라 지역명을 지시한 것이라는 점에서 사실과 부합한다는 주장을 할 수 있다. 하지만 당시에도 노량진과 영등포는 행정 영역이나 인지 공간 범위도 엄연히 다른 별개의 지역이었다. 설득력이 그리 커 보이지 않는다.

(2) 종착역, 인천역인가? 제물포역인가?

두 번째, 종착역에 대한 사실 확인이다. 요지는 경인선 개통 당시의 종착역으로 인천(역) 외에 제물포(역)도 적잖이 등장한다는 것이다. 두 역의 관계는 무엇일까? 이 문제는 위치 비정과 무관하여 비교적 간단하지만, 오늘날 주안역과 도화역 사이에 이와 별도의 제물포역이 존재하여 1899년 개통식 날의 종점이 이곳인 줄 아는 사람이 적지 않다. 필자 또한 이 글을 쓰기 전까지 막연히 그런 줄 알았다. 종착역 문제는 출발역에 비하면 아주 간단하다. 일단, 현재의 제물포역은 1959년에 생긴 역이기 때문에 개통 당시의 '제물포역'과는 아무 상관이 없다. 그렇다면 인천역 외에 제물포역은 무엇인가? 결론부터 얘기하면, 이 제물포역은 이름만 다를 뿐, 우리가 아는 현재의 인천역과 동일한 역이다.

인천역이라는 공식 역명이 있었음에도 왜 이런 현상이 벌어졌을까? 약간 어이없지만 답은 인천역의 영문명에 있다. 국문 '인천역'의 영문 표기가 'Incheon'이 아니라 'Chemulpo'였던 것이다.* 개통 당시 기차표에도 인천역의 영문이 'Chemulpo'로 적혀 있으며, 당시 영자 신문에도 'St. Chemulpo'로 표기되었다. 1900년에 간행된 『경인철도안내서』 표지에 경인철도합자회사 이름에서 '경인'에 해

---

* 제물포라는 지명은 포구 이름이면서 동시에 주변에 형성된 마을 이름이다. 『세종실록지리지』 경기 총론 제물량 만호(濟物梁萬戶) 조에 '인천군(仁川郡) 서쪽 성창포(城倉浦)에 있'으며, 인천군 제물량 조에는 '군 서쪽 15리에 있다. 성창포에 수군 만호가 있어서 수어(守禦)한다'는 기사가 있다. 제물포는 수군 기지 제물량(濟物梁)에서 유래했을 것이다[인천광역시 공식 블로그, https://m.blog.naver.com/incheontogi/220818782024 (검색일: 2024.11.27.)].

당하는 영문 역시 한성HANSEONG과 인천INCHEON이 아니라 'SEOUL & CHEMULPO'이다그림 5-3. 결론적으로 영문명 Chemulpo를 다시 한글로 표기하는 과정에서 제물포역이 된 것이다.

그림 5-3. 1900년 7월 『경인철도안내서』 표지
출처: 허종식 의원실 제공(한전 전기박물관 자료: 경인일보[박경호 기자, 「우리나라 최초의 철도 '경인철도' 새 역사 발굴되다」, 2024.10.24., https://www.kyeongin.com/article/1714711 (검색일: 2024.11.27.)]

이러한 사례는 인천역 말고도 더 있다. 노량진역의 영문명이 'Nodeul노들'이다. 이러한 결과는 역명과 지명취락명을 혼용한 것에서 연유했을 것이다. 잘 알다시피, 'Chemulpo'는 구 개항장 일대 해안에 형성된 포구마을 이름이고, 노들나루 역시 노량진鷺梁津 or 露梁津의 한글 이름이다. 1890년대에 제작된 『구한말 한반도 지형도』는 한자 지명 옆에 한글음을 가타가나로 병기하는데, 노량露梁은 'ノートル노들'로, 노양진路陽津은 'ノーヤンナル노양나루'로 읽고 있다. 'トル'를 'ドル'로 표기하면 좀 더 확실하겠지만, 당시에는 탁음을 안 쓰는 경우도 많아서 양자는 통한다그림 5-4.

그림 5-4. 노량마을(1895년경 측도, 『구한말 한반도 지형도』)

　　개항 이후 인천의 행정 중심이 문학동에서 제물포 쪽으로 옮겨 오면서 제물포라는 지명은 인천의 대표명처럼 사용되기 시작한다. 특히 외국인에게 제물포는 대체로 그들이 처음 만나는 조선이기 때문에 국내 다른 어느 곳보다 강한 인상을 주었다. 오랜 항해 끝에 첫발을 내딛은 조선의 땅은 인천이 아니라 제물포였고, 제물포 앞바다는 청일·러일전쟁 당시 전투가 벌어진 곳이라 서양의 지도에도 자주 등장하였으니, 이 또한 제물포에 대한 서양인의 인지도를 높이는데 일조했을 것이다. 많은 사람이 고양이나 성남보다 일산이나 분당을 더 친숙하게 느끼는 것과 비슷한 이치이다.

　　실제, 아주 잠깐이지만 제물포가 인천을 대표한 적이 있다. 해방 직후 1945년 10월 10일부터 26일까지 인천부의 명칭은 공식적인 행정 지명은 제물포시濟物浦市였다. 그러나 10월 27일, 17일만에 제물포시는 다시 인천부로 회귀한다. 미군정이 한국 사정을 잘 모르고 저

지른 일종의 해프닝이었다. 아무튼, 개항 이래 제물포는 적어도 외국인에게는 인천보다 더 익숙한 이름이었다.

제물포가 갖는 인지적 공간범위는 19세기 전반까지 인천도호부 다소면에 속한 작은 어촌 마을을 넘지 못하였고, 개항 이후에는 북성동에서 신포동까지의 해안 일대, 넓게는 지금 개항장원인천으로 불리는 중구청 주변 일대까지를 포괄한다. 인천역의 영문 표기가 Chemulpo가 된 것에는 위와 같은 배경이 작용한 것으로 유추할 수 있지만, 직접적인 이유는 이 이름을 정한 주체가 최초 경인철도 부설권을 획득한 모어스Morse 회사라는 사실에서 찾을 수 있다. 실제 이들이 그린 건설 계획도에 인천역에 해당하는 지점에 Chemulpo가 있다. 이들에게 이곳은 인천이 아니라 제물포였을 것이다.

제물포는 포구 이름이면서 동시에 그 주변에 형성된 취락 이름이다. 전술했듯이 1883년 개항 이후 감리서가 중구 내동에 설치된 것을 계기로 인천의 행정 기능이 제물포로 이전한다. 감리서는 통감부 설치 이후 이사청, 합병 이후에는 인천부청이 된다. 인천부 청사는 증축과 개축을 거듭하면서 해방 후에 인천 시청으로, 그리고 지금은 중구청사로 쓰이고 있다. 1880년대부터 1990년대까지 약 100여 년 동안 만큼은 인천의 최고차 중심지가 제물포라는 사실에 반박할 근거는 별로 없다.

그림 5-5. 옛 제물포 전경과 오늘날 위치(추정)

아래 그림은 제물포에서 바다 쪽을 바라보고 그린 것이다. 앞에 작은 섬이 원도(猿島), 뒤에 큰 섬이 월미도다. 조차 때문에 큰 배는 해안에서 멀리 떨어져 정박해 있다. 원도(The Illustrated London News, April 3, 1886, p. 362.)에는 'A Trip to Corea'라는 제목 아래 '① Isle and Port of Chemulpo'라는 소제목이 달려 있다(김종혁, 2006, 11쪽에서 재인용)

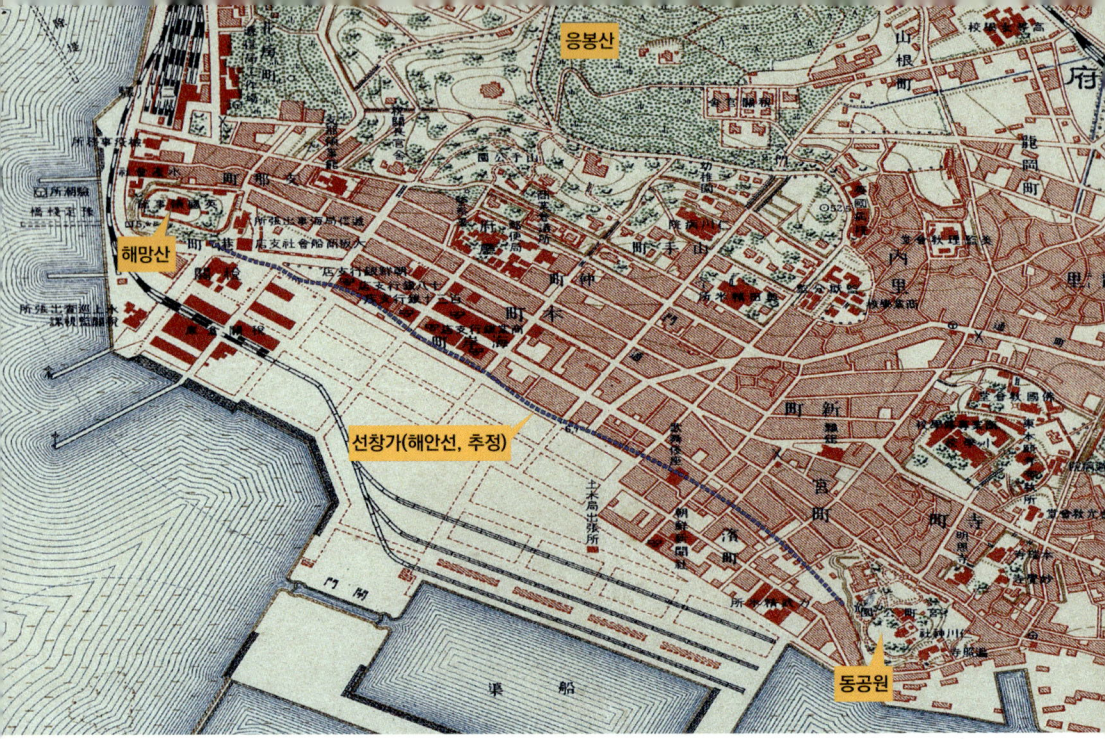

그림 5-6. 제물포 일대의 간척과 해안선의 변화
* 베이스맵은 축척 1:10,000(1917년경, 국립중앙박물관 소장)

    포구 마을 시절 제물포 취락은 포구 연안과 그 후면의 구릉지응봉산, 69m 사면에 형성되었고, 실제 배가 닿던 선창가는 구 올림포스 호텔영국 영사관 터 구릉지해망산, 27m와 현재 인천여자상업고등학교가 자리 잡은 구릉지인천신사 터 사이의 해안에 형성되어 있었다. 현재 행정구역으로는 항동1~6가부터 사동까지로, 구 선창가는 대체로 오늘날 제물량로濟物梁路와 일치한다그림 5-5 네모. 이 해안선은 1910년대와 1920년 해안 간척 사업으로 사라졌지만, 간척 전까지 제물량로 전면에 갯벌간석지이 넓게 펼쳐져 있었고, 그 위로는 물때에 따라 작은 배들이 떠 있거나 얹혀 있었다. 오늘날 제물량로 남서편에 위치한 인천문화재단, 중부경찰서, 중부소방서, 하버파크호텔 등은 모두 갯벌을 매립하여 만든 간척지 위에 지은 건물이다. 소결하면, 경인철도 최초 운행의 출발역은 영등포역도 노량진역도 아닌 영등포 임시 정거장이고, 종착역은 인천역=제물포역, St. Chemulpo이다.

3) 축현역의 이설과 우각동역의 폐역, 그리고 선로의 변경과 운행 거리의 변동

선로 변경을 추적하는 것은 무엇보다 먼저 경인철도 노선의 원형을 복원하는 측면에서 의미를 찾을 수 있지만, 이를 차치하더라도 시기별 변화된 운행 거리 정보를 획득하기 위해 수행해야 할 필수적 과제이다. 경인철도는 1906~1908년 사이에 두 곳에서 각기 한 번씩 선로가 변경되었다. 두 곳은 우각동역牛角洞驛과 축현역杻峴驛 전후의 구간이다. 간단하게 개요을 먼저 얘기하고 두 사례를 나눠 얘기해 보자.

우각리역은 1899년 개통과 함께 영업을 개시한 원년 역이다. 이듬해 7월 8일 경인철도가 전 구간 개통하던 날 우각리역은 이름을 우각동역으로 바꾸고, 1906년 4월 30일까지만 영업하고는 폐역된다『인천부사』, 1933, 847쪽.* 단순히 역만 폐쇄한 것이라면, 이 사건은 운행 거리에 아무런 영향을 미치지 않지만 실제는 역의 폐지와 함께 우각동역 전후의 일부 구간 선로를 뜯어내고 그 남쪽에 새 선로를 놓았다. 노선이 변경된 것이다. 그렇다면 개통식 날의 정확한 운행 거리를 추

---

* 폐역 월일로는 4월 30일 외에 1906년 2월 10일, 1906년 2월 16일 등의 설이 있다. 『철도 주요 연표』(한국철도공사, 2022, 15쪽)에는 날짜 없이 '1906년 4월'로만 적혀 있다.

정하기 위해서는 변경 이전의 원 노선을 알아야 한다. 이를 더 어렵게 만드는 것은 구舊 선로가 철거되고 신新 선로가 부설된 시점이 명료하지 않다는 사실이다. 더 정확히는 언제까지 구 선로를 이용했고, 언제부터 신 선로를 이용했는지 정확히 알 수 없다는 얘기다. 이 시점은 운행 거리의 변곡점에 해당하기 때문에, 발행 시점이 다양한 문헌을 활용하여 이 시점을 아는 것은 각 문헌에 기록된 운행 거리의 실상을 이해하기 위한 전제적 조건과도 같다. 여기서도 미리 얘기해 두지만, 우각동역 부근에서 신 선로를 이용하기 시작한 시점은 1908년 말, 또는 1909년부터이다. 어쩌면 그 시작일이 1909년 1월 1일 수도 있다. 이 문제는 뒤에서 다시 자세히 얘기하자.

　우각동역이 폐지되고 2년이 지난 1908년에 역시 원년 역인 축현역이 기존 선로를 떠나 현재의 동인천역 자리로 역사驛舍를 옮긴다.* 역의 폐지와 달리 이와 같은 탈 선로 역사 이동은 선로의 변경을 반드시 수반한다. 동인천역 전후의 현 선로는 1908년경 새로 건설된 선로이고 원 선로는 철거되어 사라졌다. 이 사건 역시 정확한 발생 시점을 알지 못한다. 다만, 후술하지만, 축현역과 우각동역 부근에서 신 선로가 운행된 시점은 동일한 것으로 추정한다. 원년 축현역과 선로의 위치 비정은 좀 장황하므로 뒤에서 다시 상술하고자 한다. 다만, 여기서는 경인철도 최초의 운행 선로와 거리를 정확히 알기 위해서는 원 노선을 복원, 이에 기반하여 거리를 산출할 필요가 있다는 점을 언급한다.

---

* 좀 더 정확한 시점은 1908년 12월로 전해진다(위키백과, 경인선).

그림 5-7. 경인선 개통식 날의 선로
개통식 날 경인철도의 선로는 오늘날과 달랐다. 1906년 우각동역의 폐역으로 남쪽에 새로운 노선이 건설되었고, 1908년에는 축현역이 현 동인천역 자리로 이전하면서 동쪽에 새로운 노선이 건설되었다. 두 새로운 노선이 현재의 노선이다.

    1899년 개통 당시 경인철도의 운행 거리는 1900년에 경성역까지로 늘어나고, 1909년 이후에는 우각동역과 축현역 부근에서의 선로 변경으로 인해 한 번 더 변화를 맞이한다. 문헌에 기술된 모든 운행 거리 기록은 이 사건 범위 안에서 읽을 필요가 있다. 따라서 개통 당시의 선로 길이를 알기 위해서는 단순히 문헌 기록만으로는 부족한 측면이 있으므로, 두 신구新舊 선로의 길이를 산출, 양자를 비교해 보아야 한다. 이에 여러 방면으로 자료를 살펴봤지만, 두 곳의 선로 변경 전후의 거리 변동을 적시한 문헌은 많지 않았다. 이 사안 역시 여기서 미리 결론을 얘기하면, 1906~1908년의 선로 개량 사업으로 인해 경인철도의 길이가 1리哩=1mile≒1.609km 가량 짧아졌다. 좀 더 상세한 내용은 뒤에서 다시 얘기한다.

철도망: 인천, 조선의 철도시대를 개창하다

라인선로을 텍스트로 기술하는 것이 쉽지 않기 때문에 공간상에서 점유하고 있는 길의 노선을 기록한 문헌은 찾아보기 어렵다. 이를 해결하는 가장 효과적인 문헌은 당시의 노선을 표시한 당대의 대축척 지형도일 것이나 이 또한 보기 어렵다. 조선에서 근대적인 측량에 기반한 정확한 지도는 1910년대 초반부터 나오기 때문이다. 결국 최대한의 관련 자료를 모아 GIS 소프트웨어를 통해 원 노선과 역의 위치를 최대한 비정하여, 이로부터 거리를 산출하는 방식을 시도하였다. 이제 두 선로 및 역 변경 사례를 좀 더 깊숙이 들여다보자.

(1) 우각동역의 폐지와 운행 거리의 단축

우각동역은 경인철도 원년 역 7개 가운데 가장 먼저 변화를 보인다. 채 1년이 안돼 역명을 우각리역에서 우각동역으로 바꾼 것이다1900.7.8.. 이후 1906년 4월 30일에 영업을 마침으로써 한국철도사에서 최단명 역으로 기록된다. 역의 폐지와 함께 1906년 5월~1908년 12월 사이 어느 시점에 철로가 제거되고 이듬해부터는 새로 부설한 선로를 이용하기 시작한다. 같은 말이지만, 이는 1908년까지는 최초의 선로를 이용했음을 의미한다. 신 선로는 지금 이용하고 있는 철로로 도원역과 제물포역 사이의 일부 구간이다.

우각동역이 왜 폐역이 되었고, 왜 선로 변경이 이루어졌는지는 자세히 알 수 없다. 다만 이와 관련해서는 미국 공사 알렌Horace N. Allen의 이야기가 종종 회자된다. 내용인 즉슨, 애초 우각동은 외곽에 위치하여 수요가 별로 없음에도 부근에 알렌의 별장이 있어 그의 편의를 위해 역을 설치했다는 것이다. 알렌은 1884년에 언더우드와 아펜젤러보다 앞서 미국 북장로회 소속 선교사로 조선에 들어왔다. 한국 개신교 전래의 효시라 할 수 있다. 명성왕후의 조카 민영익을 수술로 살려냄으로써 신임을 받고 후일 황실 주치의로 발탁되고, 그 지위를 이용하여 운산금광 채굴권과 경인철도 부설권을 따내는 등 사업가와 정치가로 활동하였다. 별장은 구릉지 정상, 지금은 전도관구역재개발로 헐려 없어진 옛 인천전도관 자리에 있었다.

알렌이 우각현牛角峴에 별장을 지은 때는 1886년이다. 우각동역은 오로지 이 별장 주인을 위한 역이었고, 그래서 선로도 직선이 아닌 곡선으로 크게 휘어졌다는 것이다그림 5-8. 국가적 사업에 이러한 사사로움이 개입할 수 있었던 것은 주한미국전권공사 기업가 모어스 James R. Morse가 경인철도 사업권을 획득하는 과정에서 알렌의 도움을 받았기 때문이라 한다. 알렌은 1906년 조선이 일본의 반식민지로 전락하자 미국으로 돌아가는데, 이 해에 바로 우각동역을 폐지하는 것으로 보아 그럴듯해 보인다. 아주 터무니없는 이야기는 아닌 듯하나 이에 대한 정확한 근거나 출처를 찾을 수 없다.

한편으로 우각동역의 설치에는 애초 계획도에 경인철도의 인천 쪽 종점이 인천신사 앞, 현재 수인분당선 신포역 부근이었다는 점도 고려할 필요가 있다. 우각동역 부근에서의 휘어짐이 좀 더 잘 이해된다는 얘기다그림 5-16 참조. 이유가 무엇이든 역 폐지와 관련하여 한 가지 이상한 것은, 역의 폐지와 선로 변경 두 사건이 동시에 일어났다는 사실이다. 폐역은 폐역만으로 종결될 수 있는 사안이라 반드시 선로 변경을 수반하는 것이 아닐진대, 여기서는 돈을 들여가며 굳이 선로까지 변경한다. 실제 선로 변경 없이 폐역되는 사례는 무수히 많다. 이는 선로 변경이 주목적이고 폐역은 부차적으로 시행되었다는 것을 방증하는 것이 아닐까? 더구나 한 개인이 그것도 외국인이 권력을 좀 쥐고 있다고 해서 타국의 대역사大役事에 개입하여 사사로운 이득을 취했다는 사실 또는 해석 자체가 석연치 않기도 하다. 필자의 답사에 따르면, 우각동역의 폐지와 선로 변경은 알렌 별장보다는 지형의 관점에서 풀 수 있을 듯하다.

<그림 5-8>을 보면 당시 운행 중인 선로 북쪽에 곡선으로 그려진 구舊 선로의 흔적이 보인다. 구 선로에 비하면 신 선로는 꽤 직선화되었다. 그런데 이 지도를 가까이서 자세히 들여다보면, 신구新舊 선로가 분기되는 지점에서부터 구 선로는 등고선과 나란하게 진행하다가 우각동역을 지나서부터는 완만한 경사를 천천히 내려오는 반면, 신 선로는 분기점에서부터 등고선의 수직 방향으로 주변 최저 지점까지 내려왔다가 다시 등고선을 수직 방향으로 타고 올라간다. 철도는 경사에 민감하기 때문에 특수 철도가 아니라면 기울기가 0.1%를 넘지 않는다. 따라서 이와 같이 계곡 형태의 지형 조건에서 철로는 사면을 오르내리는 것이 아니라 교각을 세워 철교 또는 고가로 이를 넘는다그림 5-10. 결론적으로, 우각동역 부근에서의 선로 변경의 핵심은 운행 편의와 안전, 그리고 예상되는 침수 피해의 방지를 위해 곡선으로 난 선로를 직선화한 것이었다. 여기서 중요한 한 가지는 운행 거리가 얼마인지 모르지만 분명 짧아졌다는 사실이다.

그림 5-8. 우각동역 부근의 舊 선로(1:10,000, 1917년경)

그림 5-9. 우각동역의 위치와 최초 선로(추정)
바탕지도는 카카오맵(https://map.kakao.com)으로 최신 카카오맵의 실제 서비스 이미지와 다를 수 있음.

그림 5-10. 우각현 아래 저지에 놓인 철교(2025)
<그림 5-9>의 파란색 네모. 이것이 후술하는 구교(溝橋)이다.

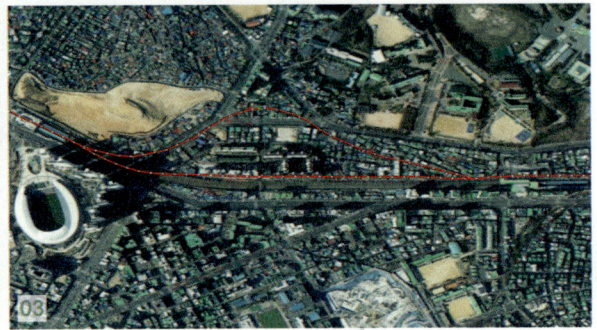

그림 5-11. 우각동역 일대의 구 선로(2024)
01: <그림 5-9>의 왼쪽 원, 사진 상단이 도원역 방향
02: <그림 5-9>의 오른쪽 원, 사진 상단이 제물포역 방향
바탕지도는 카카오맵(https://map.kakao.com)으로 최신 카카오맵의 실제 서비스 이미지와 다를 수 있음.

    이곳은 이전에 갯골이 나 있던 저지대로, 당시에는 아마 습지 경관을 보였을 것이다. 이에 자금 압박에 시달리는 와중에 모어스는 당시의 기술 수준으로 구릉지를 깎아내고, 성토_盛土_를 하고, 철교를 놓아야 하는 비용과 시간, 노동력을 감당하기 어려웠을 수 있다. 따라서 등고선과 나란하게 산각을 따라 철로로 놓고 습지에서 벗어나 고개_우각현_ 상단부에 역을 설치한 것이다. 역사는 진로아파트 정문 부근에 있었던 것으로 추정되며, 동서 양편으로 옛 철로가 놓였던 곳으로 추정되는 골목이 연결되어 있다_그림 5-11_. 적어도 이러한 지형적 요인은 위에서 제기한 역의 폐지와 노선의 변경의 문제를 좀 더 합리적으로 설명해 준다. 후술하지만, 이 부근에서는 '소곡선'_小曲線_, 즉 곡선

반경이 작은 선로가 문제였고, 이에 이곳이 개량 대상 선로로 지정되었던 것이다. 결론적으로, 물론 '알렌 별장설'을 완전히 무시할 수는 없겠지만, 우각동역의 폐지와 선로 변경은 지형적인 요인으로 이해할 수 있으며, 결과적으로 우각동역의 폐역이 선로 변경을 초래한 것이 아니라, 선로 변경의 필요성이 역의 폐역으로 이어진 것으로 정리할 수도 있다.

그림 5-12. 경인철도 기공식 기념비(2017) 그림 5-13. 경인철도 기공식(1897.3.22, 우각현)

사라진 우각동역의 양편에는 1.4km의 간격을 두고 서울 쪽으로 제물포역이₁₉₅₉, 인천 쪽으로 도원역이₁₉₉₄ 새로 들어섰다. 도원역에서 서울 방향으로 참외전로를 따라 조금만 가면 '한국철도 최초 기공지'라고 적혀 있는 꽤 큰 표지석을 볼 수 있다그림 5-12.* 1897년 3월

---

* 노량진역에 구내에는 경인선 개통 76주년을 맞이하여 1975년 9월 18일에 세운 '철도시발지' 기념비가 있다. 그러나 시발지는, 엄밀하게 말하면, 노량진역이 아니기 때문에 문제가 있다. 역사적으로 좀 더 적합한 장소를 찾는다면 노량진역보다는 그래도 영등포역이 맞다. 이 기념비의 존재를 알고 있는 사람이 별로 없는데, 주행 선로 변에 설치되어 있어 일반인의 접근이 불가하기 때문이다. 이 기념비를 보기 위해서는 노량진역에서 용산 방향 전철을 타야 한다. 승차 후 오른쪽 창밖을 주시하여 가다 보면, 한강을 건너기 전, 아주 짧게 스쳐 지나가듯 볼 수 있다.

철도망: 인천, 조선의 철도시대를 개창하다

22일 우각현에서 거행한 경인철도 기공식을 기념하여 이곳에 세웠을 것이나, 기공식 사진그림 5-13을 보면 기공식은 고개가 아니라 구릉지 사면에서 거행하였다. 사진 속 구릉지는 인물 뒤편 멀리까지 이어져 규모가 그리 작아 보이지 않는다. 기공식을 개최한 지점은, 인천전도관을 철거하고 한창 '전도관구역 재개발'을 진행 중인 구릉지의 동쪽 사면으로 추정된다.

사실 우각현 또는 쇠뿔고개가 정확히 어느 지점의 고개인지 명확하지 않은 점도 노선 복원이나 역사 위치, 기공식 행사지 등의 비정을 더 어렵게 한다. 도원역은 경인철도 기공식과 관련된 역으로 거론되기도 하지만, 전철 시대 이후의 역이라 경인철도의 이미지와 잘 맞지 않는다. 경인전철은 지금 수도권 전철 1호선에 속하는데, 1974년 8월 15일 서울역과 청량리역을 잇는 서울 지하철 1호선을 모태로 하여 계속 노선이 확장되었다. 지금은 인천역에서 연천역까지가 본선 격이고, 이외 구로역에서 분기하여 신창역, 광명역금천구청역, 서동탄역병점역까지 이어지는 노선 체계 전반을 포함한다.

제물포역은 해방 이후에 신설된 역이다. 1957년 계획 당시 역명을 '숭의역'으로 입안하지만, 1959년 3월 역사를 완공하고, 7월 1일에 영업을 개시할 때에는 '제물포역'이라는 이름을 달았다. 왜 달라졌는지, 그리고 무엇보다 제물포는 오늘날 해안동 일대에 있던 포구인데, 왜 이 이름이 멀리 여기까지 날아왔는지 의아하다. 경인철도 개통 당시 인천역의 영문명을 'Chemulpo제물포'로 정함으로써 같은 것을 다른 이름으로 부르더니* 실제 역명이 제물포인 역까지 추가됨으로써 오해의 소지가 더 커졌다.

설치 당시 제물포역의 전후 역은 인천 방향으로 동인천역=축현역=상인천역이고, 서울 방향으로는 주안역1910이다. 제물포역은 도화동에 소재하는데, 한국전쟁 이후 이곳으로는 인하공대1954, 후일 인하대학교를 비롯하여 인천사범·박문·동인천·성광·기서학교 등의 각 학교가 집결하였고, 많은 학생들이 동인천역에서 등·하교하는 불편을 호소하자 구 선인학원 단지 정문 앞에 역을 설치한 것으로 알려져 있다ko. wikipedia.org, 제물포역. 역 북쪽의 도화동 구릉지 사면에 학교 15개를 설립한 선인학원1958~성광학원~1965 선인학원 개명~1993 공립화 입장에서도 제물포역 없이는 이처럼 대규모의 학원을 운영할 수 없었을 것이다.

(2) 축현역의 이전과 운행 거리의 변화

축현은 한자로 杻峴이라 쓴다. 자전에 보면, 杻자의 첫 번째 음은 뉴유이고, 이때의 뜻은 싸리(나무), 감탕나무이다. 이밖에 이 글자는 '고랑수갑 추' 또는 '땅이름 축'으로도 읽을 수 있다. 지명에 쓰인 杻는 축으로 읽는 것이 맞다. 고양시 덕양구 지축동紙杻洞, 전북 정읍시 칠보면 축현리杻峴里, 경남 사천시 축동면杻東面 등의 용례가 있으며, 기차역 중에서도 지축역紙杻驛이나 추전역杻田驛의 사례처럼

---

* 지명 제정의 가장 중요한 제1의 원칙이 '1사상(事象) 1지명'이다. 하나의 사상(feature)에는 하나의 지명이 붙는 것이 가장 좋다는 뜻이다. 바꿔 말해 하나의 지명은 하나의 사상만을 지시하는 것이 좋다. 1사상 2~3지명의 대표적인 사례가 지하철 역명에 부역명을 부여하는 것이다. 인천 도시철도는 운연(서창)과 같이 부역명이 붙은 역이 그렇지 않은 역보다 더 많다.

이에 사용된 뉴杻는 축 또는 추로 읽는다『한국지명총람』각 권.

축현은 인천시 중구 경동에 있는 고개이다. 고갯길에 싸리가 많아 싸리재라 불렀는데, 한자로 杻峴이라 쓰고 축현으로 읽은 것이다. 싸리는 주변에서 쉽게 볼 수 있기에 축현 또는 싸리재 고개명 또한 전국적으로 분포한다.* 사실 杻자를 축으로 읽기가 쉽지 않아 축현을 유현 또는 유현역으로 표기한 문헌도 종종 본다.** 그러나 인천 사람들에게는 축현·유현보다 '싸리재'가 더 익숙하다.

싸리재는 배다리사거리에서 애관극장까지의 고갯길로, 지금은 개항로라고 부른다. 일제시기에 일본인이 중앙동仲町과 관동本町 일대에 중심 상권을 형성했다면, 싸리재 주변, 특히 애관극장과 동인천역 사이의 용동龍洞과 경동京洞 일대는 주로 조선인들이 모여드는 인천의 대표적인 문화와 유흥의 거리였다. 싸리재는 조선시대와 일제시기 경인로의 일부이기도 하다. 최근 개항로 노변으로는 개항도시, 개항백화, 개항돈카츠, 개항마을, 개항로통닭, 싸리재 등의 상호를 단 상점들이 새로 문을 열고 '개항로 맥주'를 팔면서 옛 영화를 재현하고자 노력하고 있다.

---

* 파주 탄현면 축현리, 무주 설천면 미천리, 예천 상리면 용두리, 단양 대강면 남조리, 충주 엄정면 유봉리 등지에 축현 또는 싸리재라는 지명이 있다(이상『한국지명총람』). 일설로는 싸리나무가 많아서가 아니라 고개 양쪽 취락 사이에 있어서 사이재인데, 이것이 싸리재로 와전된 것이라는 주장도 있다.

** 내용에 오류가 있지만, 『독립신문』 기사에 유현의 용례가 보인다. '경인철도합자회사에서 서울과 인천 사이 거리를 영국의 이수(거리계산)에 따라 마련하였는데 서울-남대문 1리, 남대문-용산 2리, 용산-노량 2리, 노량-오류동 7리, 오류동-소사 4리, 소사-부평 3리, 부평-우각동 6리, 우각동-유현 1리, 유현-인천 2리로….'(1899년 9월 18일 잡보); '경인철도 서울-남대문-용산-노량-오류동-소사-부평-우각동-유현-인천의 화륜거 타는 세전값을 상등·중등·하등으로 나누어 기재함.'(1899년 9월 18일 잡보)

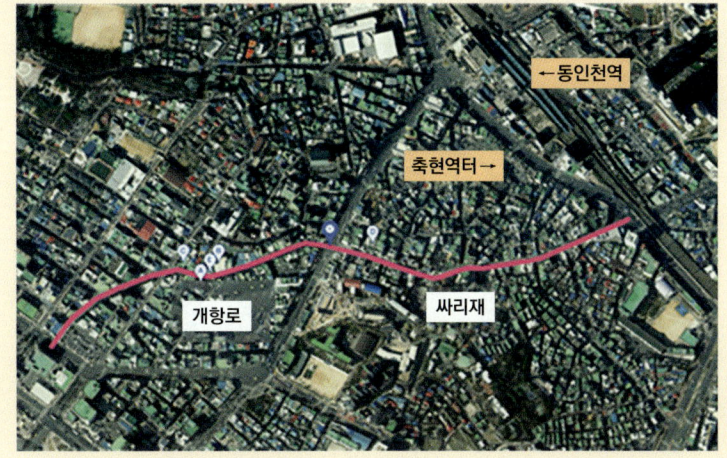

그림 5-14. 싸리재와 개항로

바탕지도는 카카오맵(https://map.kakao.com)으로 최신 카카오맵의 실제 서비스 이미지와 다를 수 있음.

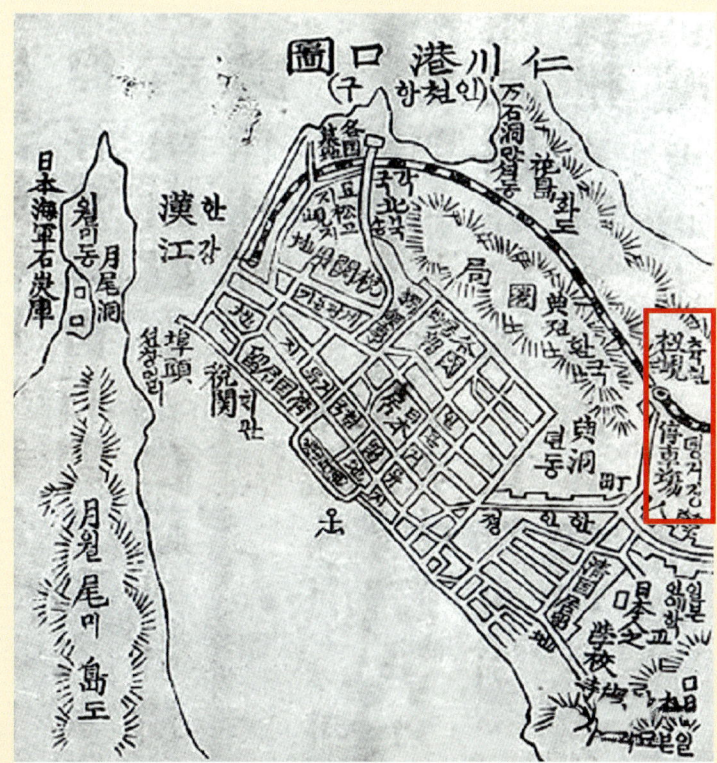

▲ 인천항구도(仁川港口圖)에 '축현뎡거장' 이라고 표시돼 있다.

그림 5-15. 「인천항구도」에 표시된 축현역

출처: 인천광역시 공식블로그, https://blog.naver.com/incheontogi/220818782024 (검색일: 2024.11.27.)

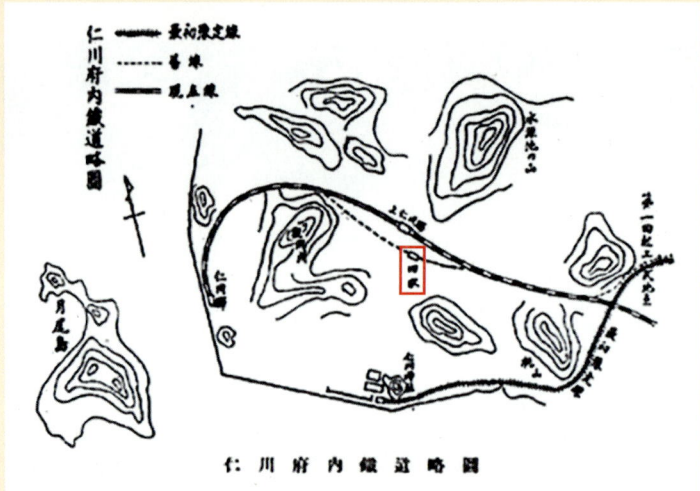

그림 5-16. 「인천부내철도약도」에 그려진 원 축현역
출처: 『인천부사』, 1933, 827쪽

그림 5-17. '조선명소'로 소개된 1920년대 축현역 모습(엽서)
출처: 인천일보, 소설가 이원교의 인천 지명고-17, incheonilbo.com/news/articleView.html?idxno=504709 (검색일: 2024.11.27.).

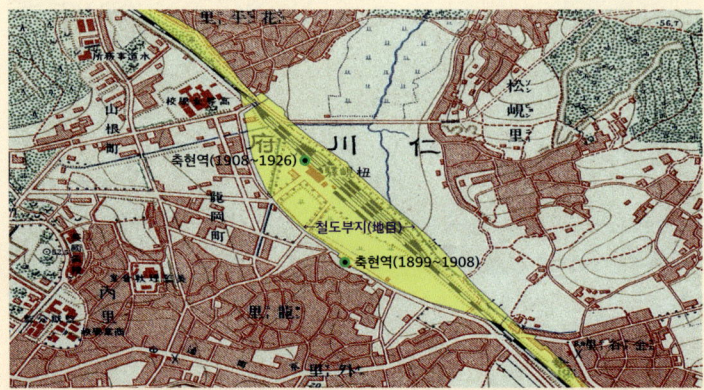

그림 5-18. 축현역 부근의 지목(철도부지)

전국에서 축현역 만큼 기구한 역도 별로 없을 듯하다. 역사를 이전할 뿐 아니라 역명도 가장 자주 변경한다. 축현역은 1926년 4월 25일에 상인천역으로 이름을 바꾼다. 이유를 두 가지로 추론할 수 있을 듯한데, 하나는 축현과 유현의 혼재로부터 오는 혼란을 피하기 위해서이고, 다른 하나는 축현이라는 글자와 발음이 일본인에게 매우 생소하기 때문이다.* 그런데 한 번 바뀐 상인천역은 1948년 6월 1일에 다시 원래의 이름 축현역으로 복귀하고, 1955년 7월 1일에는 동인천역으로 바꿔 오늘에 이른다그림 5-14, 5-15.**

　　축현역은 1908년에 원 위치에서 북쪽으로 약 150m 떨어진 현 동인천역 자리로 역사驛舍를 옮긴다. 『인천부사』에 삽입된 지도는 이설 전의 역 위치를 보여준다그림 5-16. 이 지도에 축현역은 상인천역의 남남동쪽에 그려져 있다. 이전한 곳도 그리 멀지 않다. 새 역사가 설치된 곳이 기존 선로에서 이탈한 것이므로 이 경우에는 우각동역의 폐역과 달리 선로의 변경이 필수적이다.

　　<그림 5-16>은 약도 수준의 필사지도이기 때문에 이것으로 축현역의 위치를 비정하기 어렵지만, 대강의 위치를 알려준다는 점에서 중요하다. 이외의 관련 문헌과 인터넷, 그리고 20세기 초 지형도 등

---

* 杻와 峴 두 글자 모두 일본에서는 잘 사용하지 않아 일반인이 '杻峴'을 보면 음독해야할지 훈독해야할지 잘 모른다고 한다. 杻는 음독하여 「チュウ」(chū), 드물게는 훈독하여 「くびり」(kubiri, 족쇄)로 읽고, 峴은 대체로 음독하여 「ケン」(ken)으로 읽고, 훈독은 거의 하지 않는다.

** 1926년 축현역 이름을 바꾸고자 인천부민을 대상으로 조선매일신문사가 새 역명을 공모할 때, 상인천역, 동인천역, 인천중앙역, 신인천역 등이 후보로 올라온다. 부민들의 반대에 무릅쓰고 일인들이 밀어부쳐 상인천역이 낙점되는데, 인천역과 인천부청의 위쪽에 있다 하여 붙은 이름이라 한다[인천광역시 공식 블로그, https://m.blog.naver.com/incheontogi/220818782024 (검색일: 2024.11.30.)].

을 참조하여, 최초 축현역의 위치를 동인천역 남쪽 건너편의 '동인천 공용주차장용동 9-5'으로 비정하였다그림 5-14, 5-19. 1910년 전후에 제작된 지적원도 이 일대의 지목地目이 '철도부지'임을 알려준다그림 5-18. 철도부지는 국유지이고, 국유지는 소유권자가 좀처럼 바뀌지 않는 속성을 지닌다. 이를 반영하듯, 역사 앞에 아마 작은 광장이었을 넓은 부지는 계속 국유지로 남아 현재 공용 주차장으로 이용되고 있다. 이러한 사실들은 역사 터에 대한 신뢰도를 높여 준다. 이곳에 축현역이 있었다면, <그림 5-16>의 '상인천역' 아래에서 살짝 볼록하게 점선으로 그려진 최초의 경인철로는 오늘날 참외전로와 크게 다르지 않다.*

그림 5-19. 신구(新舊) 축현역과 선로의 복원(추정)
바탕지도는 카카오맵(https://map.kakao.com)으로 최신 카카오맵의 실제 서비스 이미지와 다를 수 있음.

---

* 박상석 역시 동인천공영주차장을 원 축현역 자리로 비정한다['동인천역은 원래 축현역이었고 역사 위치도 달랐다', https://blog.naver.com/pssk/222974705362, 2023.1.4., (검색일: 2024.11.30.)]. 한편 이원교는 '지금의 원예농협 앞'으로 비정하지만[https://www.incheonilbo.com/news/articleView.html?idxno=504709, 2013.11.15., (검색일: 2024.6.15.)], 이 농협은 이전했는지 현재는 보이지 않는다. 한편 최인영(2024, 4쪽)은 축현역이 개통 당시 '채미전 거리'에 있었다고 추정하는데, 채미전 거리가 오늘날 참외전로이다. 채미는 참외의 방언이다.

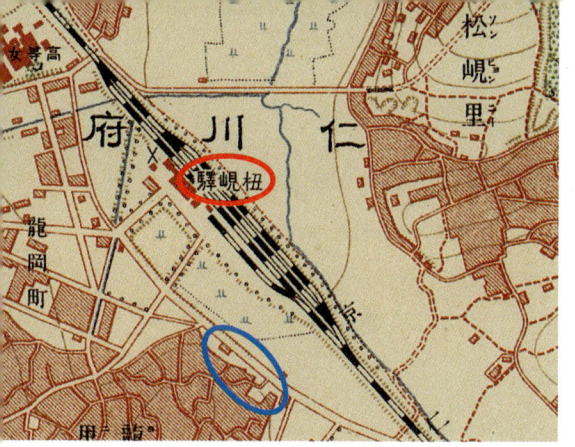
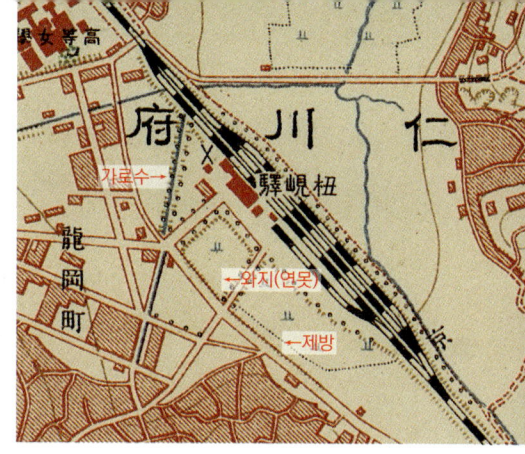

그림 5-20. 축현역의 위치
파란 원이 원 축현역 터 추정지
출처: 1:10,000 지형도, 인천 도엽, 1917년경, 국립중앙박물관 소장.

그림 5-21. 축현역 일대의 습지

축현역은 이용객이 많아지면 공간이 협소하여 이설했다고 하지만, 여기에는 지형적인 이유도 있는 것 같다. 유동현은 동인천역 일대의 지세와 역 주변의 지형 조건을 아래와 같이 기술한다.

> 경인철도가 놓일 당시 동인천 지역은 논과 밭이 있었지만 대부분 늪지대였던 것으로 추정된다. 지금도 이 지역의 땅 모양을 보면 작은 산이나 언덕으로 둘러싸여 있다. 응봉산자유공원, 율목공원옛 시립도서관 언덕, 용동고개, 수도국산, 화도고개 등이 동인천을 감싸안은 지세이다. 송현동과 화수동 쪽으로 난 갯골을 통해 겨우 숨통이 터져 있는 모습이다. 지대가 낮다 보니 항상 물이 고였고 특히 사리 때는 바닷물이 인근까지 밀려왔던 것으로 보인다. 현재의 양키시장, 중앙시장 옆길 아래에는 지금도 바닷물이 복개된 수문통을 통해 밀려왔다 밀려 나간다. 애초 이곳은 철길 깔기에는 부적합한 땅이었다. 지대가 낮은 동인천 지역에 철도를 놓기 위해서 매립 공사를 했던 것으로 보인다. 축현역 앞에는 커다란 연못이 있었다. (중략) 경인기차 통학생들은 여름철에 이

연못가 서늘한 아카시아 숲에서 삼삼오오 모여 시를 암송하거나 책을 읽기도 했다. 겨울엔 이 연못은 훌륭한 스케이트장 역할도 했다. (중략) 1920년대 중반까지 축현역 인근에는 넓은 갈대밭과 논이 펼쳐져 있었다. 인천광역시 공식 블로그, '싸리재 그리고 축현역 이야기, 2016.9.23., https://m.blog.naver.com/incheontogi/220818782024 (검색일: 2024.11.30.); 유동현, 『동인천 잊다 있다』, 2015에서 재인용

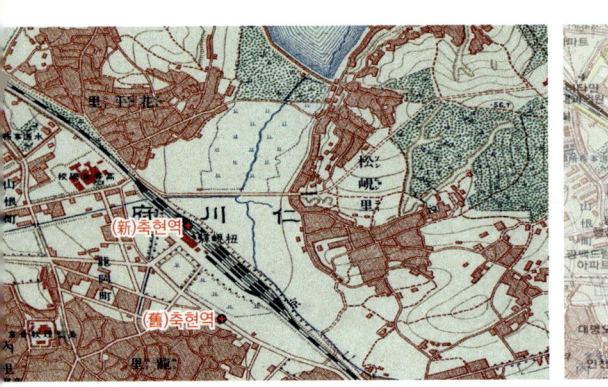 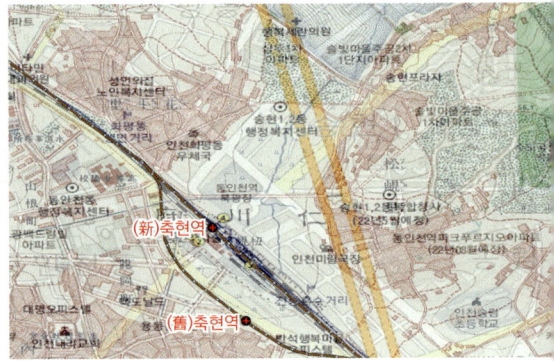

그림 5-22. 축현역 일대의 지세
출처: 1:10,000 지형도, 인천 도엽, 1917년경, 국립중앙박물관 소장.

위의 1:10,000 지형도를 보면 윗글이 더 잘 이해된다. '축현역' 앞뒤로 논이 있고, 하계망도 보인다. 이들 하천 유로는 이전에 조수가 드나드는 갯골이었지만, 하구부에 제방을 쌓아 농업용수를 확보하고 주변을 논으로 개간하였다. 송현동의 송현로29번길과 송화로42번길이 대체로 1920년대에 건설된 제방이었다. 송현초등학교, 솔빛마을 주공2차 1단지아파트 등은 당시 바다였으니 모두 이후의 매

립지에 건설된 것이다그림 5-22. 일부 하천 유로는 수로로 정비되었고, 우각동역 방향으로는 철로와 평행하게 하천이 흐른다. 그만큼 철로 부지가 저지대임을 알려준다.

축현역 바로 앞에는 네모난 와지窪地, 연못도 보인다. 주변에는 나무가 식재되었고, 제방은 도로로 이용되고 있다. 이러한 저지대의 습지 지형은 위 인용문에서도 잘 묘사되어 있다. 원 축현역 자리 또한 동인천역과 멀지 않으므로 위와 비슷한 환경이었다. 이용객이 많아지면서 역사의 확장이 필요했으나 부지가 좁아 역사 자체를 이전했다는 설이 있지만, 이와 함께 침수의 위험을 매립과 제방, 유수지 등으로 보완하고 더 넓은 부지를 찾아 동인천역으로 이전한 것이다.

4) 운행 거리 비고

지금까지 원년1899.9.18. 경인철도의 출발역과 종착역, 그리고 1906~1908년 사이에 발생한 것으로 추정되는 우각동역과 축현역 부근에서의 선로 변경 사실에 대해 기술했다. 원년의 운행 거리를 추정함에 선로 변경이 문제가 되는 이유는 1899~1908년의 운행 거리가 당시의 문헌이 아니라 그 이후에 발행된 문헌에서만 확인되기 때문이다. 다시 말해, 1909년 이후의 문헌들이 말하는 1899~1908년 사이의 운행 거리가 어쩌면 선로 변경 이후의, 특히 역간 거리에 근거하여 기술했을 가능성이 있다는 것이다. 오래전부터, 철도 관련 문헌을 읽다 보면, 시·종착역도 그렇지만 무엇보다 운행 거리가 제각각인 것이 잘 이해가 되지 않았다. 이 절에서는 원년의 운행 거리를 알아보고자 한다. 결론 먼저 얘기하면, 명쾌한 정답은 찾지 못하였으나 이제 오답은 골라낼 수 있게 되었다. 이로써 향후에도 계속될 수 있는 오류 가능성은 줄어들었다.

(1) 단위의 문제와 문헌 기록의 불일치

여기서 한 가지 더 전제적으로 고려할 사항이 있다. 일제시기에 관공서나 개인, 철도국 등이 발행된 각종 문헌들은 이 글을 쓰는데 매우 중요한 자료원으로 활용되었지만, 동일 사건에 대한 문헌 간 기록이 일치하지 않아 단순 인용조차 고민하게 만들 때가 많다. 기록의 불일치는 특히 날짜와 거리 등 주로 숫자에서 심하다. 사실, 원전이라 할지라도 이들이 항상 '참'을 얘기한다는 근거는 없다. 그렇다고 참을 알 수 없으니 거짓을 얘기한다고 단정하기도 어렵다. 더구나 숫자의 경우는 근사치라는 것이 있어서 모두가 나름 참을 얘기하고 있는 것일 수도 있다.

운행 거리는 이러한 현상이 특히 심하다. 텍스트 형태가 숫자이다 보니 반올림이나 버림 등으로 인해 달리 기록된 경우도 있다. 여기에는 더 심각한 문제가 하나 더 있다. 1899년에 철도와 관련된 모든 거리는 리哩로 표기했다는 사실이다. 이 문제가 출발역과 종착역, 선로 변경의 변수와 매번 얽혀 있는 구조이기 때문에 실상을 찾는 일은 더욱 어려워진다. 우선 이 이야기부터 하자. 이를 설명하는 것은 아주 쉽지만, 이로부터 최종 진실을 찾아가는 길은 여전히 험난하다.

■ 단위의 문제, 리(哩)

개통 당시 철도 거리는 영리英里로 표기했다. 영리란 '영국의 리'라는 뜻으로, 영국에서 사용하는 거리 단위인 마일mile을 일컫는다. 당시 일본의 도량형 체제에서 길이는 메트릭Metric 단위가 아니라 임페리얼Imperial 단위, 즉 미터Meter법이 아니라 야드파운드yardpound법을 썼다. 이에 따라 철도의 역간 거리나 영업 거리 등의 기록은 모두 킬로미터km가 아니라 마일mile이다.* 마일의 한자 표기 단위는 리哩이고 하위에 쇄鎖 또는 분分이 있다. 1쇄는 66피트feet이고, 80쇄가 1리이다. 따라서 1哩=80鎖=1609.344m이고, 1鎖chain=66feet=20.1167m라는 환산식이 성립한다. 1분은 0.1리哩이므로 간단하다. 개통 당시 운행 거리가 일정하지 않은 여러 이유 중의 하나가, 당대든 현대든 리哩, 쇄鎖, 분分을 제대로 이해하지 못해 잘못 적용하거나, 이를 킬로미터km로 환산하는 과정, 그리고 환산 전후 반올림 과정에서 발생했을 수 있다. 이 가능성 때문에 설명은 쉽지만, 진실을 찾아가는 길이 험난하다 한 것이다.

■ 문헌 기록의 불일치

개통 당시의 운행 거리는 문헌 기록을 통해 간단하게 확인할 수 있을 것 같다. 그런데 여기에는 문헌의 발행 시점이 관여된다.

---

* 일본은 메이지기에 리(마일) 단위를 사용하였으나 1930년에 마일 표기(哩程法)를 폐기하고 미터법으로 전환한다. 일본이 철도에 영리(英里, mile)를 쓴 이유는 처음 자국의 철도 건설 당시 영국으로부터 기술과 자금을 지원 받았기 때문일 것이다. 1825년에 영국의 달링톤(Darlington)과 스톡톤(Stockton) 사이의 약 40km 구간이 세계 최초의 철도이고, 일본에서는 신바시역(新橋駅)과 요코하마역(橫浜駅)을 잇는 노선이 메이지 유신 5년 차인 1872년에 처음으로 개통되었다. 현재 도카이도(東海道) 본선의 일부로 이용되고 있다.

1906~1908년 사이에 벌어진 선로 변경의 사건 때문이다. 따라서 늦어도 1908년, 더 확실하게는 1906년 이전에 발행된 문헌에서 당대 경인철도의 운행 기록을 찾는 것이 일단 필요하다. 그러나 오래전 일이라 그런지, 초창기라 기록이 미비한 것인지, 혹은 아직 한국에 본격적인 근대적 측량이 도입되기 전이라 정확한 거리를 기록하지 못한 것인지, 필자의 사료 탐색 능력이 부족한 탓인지 모르겠지만, 당대의 운행 거리를 기록한 당대의 문헌을 찾지 못하였다. 다만, 1908년 이후에 발행된 공신력 있는 문헌에서 1899년의 운행 거리 기록은 찾을 수 있다. 『조선철도상황』1911, 1919, 1922, 『朝鮮の鉄道』1921, 1928, 『조선철도사십년약사』1940 등의 문헌이 1899~1908년 사이의 시·종점역, 역 현황, 운행 거리 등의 정보를 표_表가 아니라 텍스트로 기술하고 있다. 이를 정리하면 <표 5-1>과 같다. 그런데 이들 기록도 두 가지 측면에서 문제를 온전히 해결하지 못한다.

표 5-1. 1899년 및 1900년 개통식 날의 운행 구간과 운행 거리

연도	문헌	쪽	원본 구간	원본 거리	환산 거리
1899	1899 조선철도상황(1911)	1	인천-노량진	20哩餘	32.19km*
	朝鮮の鉄道(1921)	11	인천-영등포	20리여	32.19km
	朝鮮の鉄道(1928)	11	인천-영등포	20리 3분	32.67km
	조선철도사십년약사(1940)	44	인천-노량진	21리 8분 준공 21리 가영업	35.08km 33.80km
1900	조선철도상황(1911)	1	인천-경성	25리여	40.23km**
	朝鮮の鉄道(1921)	11	京仁間	26리 26쇄	42.37km
	朝鮮の鉄道(1928)	11	인천-경성	26리 26쇄	42.37km
	조선철도사십년약사(1940)	44	인천-경성	26리 26쇄	42.37km
1911	조선철도상황(1911)	3	인천-영등포	18리 4분	29.61km

* 20리로 환산한 거리
** 원문에 노량진-경성 간 연장 거리를 5리여로 기록한 것에 준하여 25리로 환산한 거리

첫 번째는 이들 기록이 선로 변경 사실을 명시하고 있지 않기 때문에 이를 반영한 것인지 아닌지를 정확히 알 수 없다는 점이다. 반영 여부가 일률적이지 않고 문헌마다 제각각일 수도 있다. 위 표에서 운행 거리가 문헌마다 다른 것은 이 때문일까? 이마저도 잘 알 수 없다.

두 번째는 출발역의 문제이다. 1908년 이후에 발행된 문헌에서 1899~1900년 상황을 기술함에 등장하는 영등포역이 영등포 임시 정거장을 일컫는 것인지, 아니면 이듬해 정식으로 영업을 개시한, 위치가 서쪽으로 얼마간 이동한 (1900년 9월 이후의/현재의) 영등포역을 지시하는 것인지 명료하지 않다. 이는 노량진에 대해서도 마찬가지이다. 위 표에서 노량진역은 영등포 임시 정거장일 수도, 1900년에 개업한 노량진역일 수도 있다는 것이다. 이제 1899년의 운행 거리를 하나하나 검토해 보자.

(2) 1899년의 운행 거리: 인천역-영등포 임시 정거장 (노량진/영등포), 20리, 20리 3분, 21리

반복하지만, 경인철도의 원년 운행 거리를 확정하고 노선경로을 복원하는 데에는 두 가지 사실을 확정하는 것이 필수적이다. 하나는 우각동역과 축현역 부근에서의 선로 변경 노선 복원과 선로 변경에 따른 운행 거리의 변화량이고, 다른 하나는 출발역 영등포 임시 정거장의 정확한 위치이다. 선로 변경 문제를 먼저 정리하고 가자.

앞에서도 얘기했지만, 우각동역은 1906년 4월 30일까지 영업하고 다음 날 폐역된다. 그러나 선로는 계속 이용되다가 1908년 말에 철거되고, 1909년부터는 남쪽에 새로 부설한 선로를 이용한다. 편의상 1909년 1월 1일부터 신 선로를 사용한 것으로 가정한다. 원위치가 동인천공용주차장으로용동 9-5 비정되는 축현역은 1908년에 현재의 동인천역 자리로 역사가 옮겨 간다. 신 역사의 영업 개시 시점이 곧 신 선로의 개통 시점일 터이나 이 역시 정확한 날짜를 모른다. 그러나 일단 축현역에서의 신 선로 개통일을 우각동역 사례와 같이 1909년 1월 1일로 가정한다. 이제 1899년 운행 거리 기록을 검토하되, 출발역의 위치와 선로 변경의 변수는 일단 잠시 접어 두고 문헌 기록의 차이에 대해서 먼저 살펴보자. 이후 한꺼번에 두 사안과 결부하여 종합하고자 한다.

    일제는 1910년 조선총독부 안에 철도국을 설치하고, 매년 철도의 건설 및 운영 상황을 정리하여 일종의 연보처럼 『조선철도상황』을 발행한다. 이 가운데 1911년 판은 개통 당일 운행 구간을 '노량진-인천' 간 '20리哩餘'로 기록한다. 20리 여는 『朝鮮の鉄道』1921, 이하 『조선의 철도』에도 적혀 있는데, 출발점이 노량진이 아니라 영등포인 점은 다르다. 이를 20리로 대체하여 환산하면 32.2km이다. 20리 여는 당대 문헌이나 신문에 20리로 기술되어 있기도 하다. 현대의 문헌에도 자주 등장하는 최초 운행 거리 32.2km는 이 20리哩, mile 설에서 비롯했을 것이다. 그러나 표현 자체에서 알 수 있듯이 20리도 아니고 20리 여라는 점에서 32.2km는 신빙성이 낮다.

    1928년 판 『조선의 철도』에 기술된 운행 거리는 20리 3분으로 앞의 자료와 다르다. 이 책 11쪽에 경인철도합자회사는 9월 13일 인천-영등포 간 철로 부설을 완료하고, 18일부터 동 구간 20리 3분 가영업假營業을 개시한다고 쓰여 있다. 20리 3분은 32.7km로 앞의 문헌에서보다 약 500m 더 길다. 이 기술이 20리 여를 20리 3분으로 바로 잡은 것이라면, 32.2km보다는 32.7km가 더 신빙성이 높다. 1940년에 발행한 『조선철도사십년약사』이하 『약사』는 또 다른 거리를 제시한다.

> 1899년 9월 18일부터 인천·노량진 간현재의 노량진과 영등포 사이 21리 8분을 준공하고, 가영업을 21리33.6km 지점까지 개시하였다. 이것이 조선반도에서 철도운수의 효시가 되었다. 조선총독부 철도국, 1940, 44쪽
>
> 明治三十二年九月十八日を以て仁川·鷺梁津間現在の鷺梁津と永登浦の間二十一哩八分を竣工し, 假營業を二十一哩三十三粁六分の地點迄開始した. 是れ半島に於ける鐵道運輸の嚆矢であつた. 『朝鮮鐵道四十年略史』

준공 거리는 차고지까지의 철로를 포함한 전체 길이를, 가영업 거리는 영등포 임시 정거장에서 인천역까지의 영업 거리를 의미할 것이다. 이 문장에는 거리 정보 외에 매우 중요한 사실 하나가 괄호 안에 기술되어 있다. 운행 구간 중 출발역, 즉 '노량진'이 1940년 기준 노량진역과 영등포역 사이에 있었다는 것이다. 여기서 '노량진'은 의심할 바 없이 영등포 임시 정거장을 일컫는다. 이 책의 편자編者들이 영등포나 영등포 임시 정거장 대신 노량진으로 쓴 것은 개통식

날1899.9.18. 예정한 출발역이 노량진이었기에 관행적으로 이를 그냥 따라 기술한 것이거나, 이 임시 정거장의 위치가 영등포역보다 노량진역에 더 가까워서일 수 있다. 필자는 앞에서 영등포 임시 정거장의 위치가 오늘날 영등포역 자리이거나 아니라도 여기서 멀지 않은 그 언저리일 것이라 추정했는데, 『약사』의 기술이 사실이라면, 첫 번째 추정은 확실히 틀렸고, 두 번째 언저리도 노량진역 언저리가 더 사실에 가까울 것이다.

준공 거리 21리 8분과 가영업 거리 21리는 35.1km와 33.8km이다. 전체 노선의 길이와 영업 구간의 길이가 따로 기술되어 있어, 운행 거리영업 거리에 대한 신뢰도가 높다는 느낌을 준다. 이에 준한 것인지는 알 수 없으나, 이 21리哩가 철도공사 홈페이지 및 인천역 앞의 안내판에 적혀 있는 33.8km와 일치한다.* 그렇다면 현재 33.8km를 운운하는 문헌들은 여기에 근거했을 가능성이 크다. 그런데 이 거리도 몇 가지 개연성을 따져 봐야 한다.

이 간단한 문장에서 따져 볼 논점은 ⅰ) 준공 거리와 ⅱ) 가영업 거리의 다름, ⅲ) '노량진'의 위치를 '현재의 노량진(역)과 영등포(역)의 사이'로 명시함, ⅳ) 21리를 33.6km로 부기附記함 등이다. 그것이 무엇이든 합당한 이유가 있을 테지만, 필자 역시 이에 대한 명쾌한 해답을 내놓지 못한다. 그래도 하나하나 살펴보자.

---

* 한국철도공사 홈페이지 공사소개 > 일반현황 > 공사연혁에 1899년 9월 18일, '노량진 - 인천 간 33.8km(21마일)의 경인철도가 최초로 개통(부분개통)되어 가운 수영업 개시, 인천역에서 개통식 거행'[https://info.korail.com/info/contents.do?key=717#n (검색일: 2024.9.20.)].

ⅰ) 준공 거리는 가영업 거리보다 8분, 즉 1,287.5m가 더 길다. 정확히는 알 수 없지만, 이 준공 거리는 차량 기지까지의 거리일 가능성이 있다. 철로는 시·종점역만 연결하는 것이 아니라 그 너머에 차량의 주차, 정비, 방향 전환 등을 위해 마련한 차량 기지까지 부설하지 않을 수 없다. 여기까지를 포함한 거리가 21리 8분이라는 얘기다.

ⅱ) 가영업 거리는 무엇일까? 당연히 당시 운행했던 시·종점역 간의 거리일 것이고, 전통全通이 아니라 부분 개통이기 때문에 영업이 아니라 가영업이라 했을 것이다. 그렇다면 이제 관건은 영등포 임시 정거장의 위치이다. 그런데 위 인용문은 그 위치를

ⅲ) 현재의 영등포역과 현재의 노량진역 사이임을 알려주며, 이에 근거하여 개통 당시 가영업 거리가 21리哩임을 명확하게 제시한다. 그럼에도 이 의미를 온전하게 이해하기 위해서는 두 가지 사안을 더 따져 봐야 한다.

ⅳ-1) 하나는 위 책에 마치 사족처럼 달린 33.6km의 실체이다. 21리는 33.8km인데 33.6km는 뭔가? 쉽게 생각할 수 있는 가능성은, 실거리가 21리가 아니라 21리보다 아주 조금 짧았다는 것이다. 33.6km를 영리로 바꾸면 20.878리이니 20리 9분으로 쓸 수도 있었을 것이나, 21리와 큰 차이가 없어 이를 어림하여 21리로 기술했을 가능성이 있다. 20리 9분은 '올림'하여 21리로 쓸 수 있지만, 만약 실제 거리가 33.6km라면, 괄호 안에 33.8km三十三粁八分로 기술하는 것은

쉽지 않다. 쉽지 않은 것이 아니라 그럴 필요가 없다. 결국 리_哩 단위 외, 정확한 거리를 명시하고자 괄호 속에 실 거리 33.6km를 부기한 것으로 추정할 수 있으며, 그렇다면 이 수치가 개통식 날의 운행 거리일 가능성이 매우 높다.

iv-2) 다른 하나는 앞의 내용과 모두 관여되는데, 선로 변경의 반영 여부이다. 그러나 이 사연은 가장 복잡하므로 다음 항목에서 따로 얘기하고자 한다. 이에 앞서 지금까지의 내용을 정리하면, 문헌에 기록된 1899년 개통 당시의 운행 거리는 32.2km$_{20.0리}$, 32.7km$_{20.3리}$, 33.6km$_{20.9리}$, 33.8km$_{21.0리}$ 등으로 다양한데, 이 가운데 『약사』가 제시한 33.6km와 33.8km가 가장 신빙성이 높은 것으로 인정된다. 이 근거에 대해서는 뒤에 종합 논의에서 기술한다.

(3) 1900~1904년의 운행 거리: 인천역-경성역, 26리 26쇄, 26리 3분

1900년 7월 8일 경인철도가 전 구간 개통됨으로써 운행 구간이 인천역-영등포 임시 정거장에서 인천역-경성역$_{서대문역}$으로 연장된다. 연장 구간에 들어선 역은 영등포역, 노량진역, 용산역, 남대문역, 경성역 등 5개이다. 영등포 임시 정거장은 1900년 9월 5일 영등포역으로 새로 태어나고, 용산역 역시 이와 같은 날에 영업을 개시한다. 1900년에 경인철도의 역은 이제 모두 11개가 되었다. 문헌에 1900년 9월 5일 이후의 시점에서 언급되는 영등포역은 이제

'영등포 임시 정거장'이 아니라 오늘날 영등포역을 일컫는다.

우선 1900년부터 1904년까지의 운행 거리를 정리해 보자. 이 시기를 구분한 이유는 1905년에 경인철도의 운영 주체와 노선에 변동이 있기 때문이다. 요컨대, 경인철도를 운영했던 경인철도합자회사가 1903년 11월 1일 경부철도주식회사로 흡수되고, 경부선이 완공된 1905년 이후 경인선은 경부선의 지선으로 전락한다.* 각종 문헌에서 1905년부터는 경인선의 시·종점역이 인천역·경성역이 아니라 인천역·영등포역으로 기술된 이유이다. 기존의 영등포역-경성역 구간은 경부본선으로 편입되었다. 우선 노선 길이가 크게 늘어난 1900년 상황에 주목할 필요가 있다.

표 5-2. 경인철도의 시·종점 구간 거리 변화

영업 연도	거리	시·종점	환산거리(km)	자료
1899	20哩餘	인천-노량진	32.19	조선철도상황(1911), 朝鮮の鉄道(1921)
	20哩 3分 가영업	인천-영등포	32.67	朝鮮の鉄道(1928)
	21哩 8分 준공 21哩 가영업	인천-노량진	33.80 35.08	조선철도사십년약사(1940)
1900	25哩餘 26哩 26鎖 (약 41km)	경성(서대문)-인천	40.23 42.37	조선철도상황(1911), 조선철도사십년약사, 朝鮮の鉄道
1900~04	26哩 3分	경성(서대문)-인천	42.33	朝鮮の鉄道
1905	19哩 4分	영등포-인천	31.22	朝鮮の鉄道
1906 말 ~08 말	19哩 4分	영등포-인천	31.22	조선철도상황 9(1919), 조선철도상황 12(1922)

* 경부철도주식회사는 이 때부터 이 노선을 경인선으로 명명한다. 공식적으로 경인선은 1905년에 이름을 얻은 것이다. 그 전에는 경인철도로 불렸다. 그러나 일상에서는 1905년 이전에도 경인선이라 불렀을 것이다.

영업 연도	거리	시·종점	환산거리(km)	자료
1908	19哩 32鎖	영등포 - 인천	31.22	한국철도선로안내(1908)
1909 말	18哩 4分	영등포 - 인천	29.61	조선철도상황 9, 조선철도상황 12
1910 말	18哩 4分, 29.7km	영등포 - 인천	29.61	조선철도상황 9, 조선철도상황 12
1911 말 ~18 말	18哩 4分	영등포 - 인천	29.61	조선철도상황 9, 조선철도상황 12
1919 말 ~21 말	18哩 4分, 29.9km	영등포 - 인천	29.61	조선철도상황 12, 13, 15, 17, 18, 19, 20, 25(1934)
1922 말 ~30.3 말	19哩 4分	영등포 - 인천선거	31.22	조선철도상황 12, 13, 15, 17, 18, 19, 20, 25
1931 말 ~43.9	31.0km	영등포(남경성)-인천만안(해안)	-	조선철도상황 25, 27, 28, 29, 30, 조선철도일반(1934,1936), 조선철도연보(1935), 조선사정(1940~1943, 국유철도 구간별거리

1) '환산거리'는 1리(哩)를 1,609.344m로 변환한 것으로, 각 문헌에 기록된 km와 미세한 차이가 있을 수 있음.
2) 1899년 『조선철도사십년약사』(44쪽)에 선로 길이 21리 8분 준공, 21리(약 33.6km) 가영업 개시.
3) 1900년 노선 거리 증가는 경성(서대문)까지 노선 연장.
4) 1905년 노선 거리 감소는 경인선이 경부선의 지선으로 편입. 경인선 구간이 영등포-인천으로 축소.
5) 1909년 노선 거리 감소는 우각동역 주변 선로 변경으로 추정.
6) 1922년 노선 거리 증가는 인천역에서 인천선거(船渠)까지 1.0리(哩) 연장, 1922년 말 영업 개시.
7) 1930년부터는 거리 단위를 영리(哩)에서 킬로미터(km)로 변경.

문헌에 1900년의 운행 거리 또한 일정하지 않다. 『조선철도상황』1911은 노량진에서 경성역까지 '5리 여'가 늘어났다고 기술한다. 어림수이므로 본 논의에서 제외한다. 『조선의 철도』1921, 1928와 『약사』1940 등은 인천역-경성역 구간의 거리를 26리 26쇄로 기록한다. 환산하면 42.37km이다.* 한편 『朝鮮の鉄道』1928 부록에는 인천역-경성역 간 거리가 26리 3분으로 적혀 있다. 환산하면 42.33km로 26리

* 그런데 『조선철도사십년약사』는 본문에서 또 '약 41km'라고도 기술한다. 약 1.4km의 오차가 발생하는데, 환산 과정에서의 오류인지, 아니면 경성역을 서대문역이 아니라 책 발행 시점 당시의 경성역(=남대문역=서울역)으로 간주한 오류인지 정확히 알 수 없다. 참고로, 당시 경성역의 위치를 이화외고 교문 부근으로 비정한다면, 현재 지도에서 경성역과 남대문역 사이의 거리는 약 1km이다.

26쇄와 40m 정도로 미세하므로 동일한 것으로 인정할 수 있다. 거리 단위 종류의 차이에 의한 오차일 것이다. 정리하면 이 시기에 경인철도는 인천역에서 경성역_{서대문역}까지 운행했으며, 운행 거리는 약 41.0km에서 42.37km에 달했다. 한편, 애초 경인철도 부설 계획 상에 인천역-경성역 사이의 거리는 26.3리, 42.33km로 위의 수치와 다르지 않다. 그리고 앞에서 언급했듯이, 영등포 임시 정거장까지의 영업 거리가 33.80km라면, 1900년에 늘어난 선로는 8.53km이다.

(4) 1905~1908년과 1909년의 운행 거리: 인천역-영등포역, 19리 4분, 19리 32쇄, 18리 4분

1905년부터 경인선의 운행 구간은 운영 주체와 운행 구간 소속이 달라지면서 인천역-영등포역으로 단축된다. 이때의 영등포역은 당연히 현재의 영등포역이다. 위 시간범위 안에서 인천역-영등포역 간 거리는 『조선철도상황』_{1919, 1922}에서 19리 4분, 『한국철도선로안내』₁₉₀₈에서는 19리 32쇄로 기록되어 있다.* 두 거리는 31.2km로 같다. 현대 문헌에서 종종 보이는 '1899년 경인철도 인천-영등포_{노량} 구간 31.2km 영업 개시'라는 문구는 대체로 이들 문헌에 근거했을 것이나 이 거리는 영등포 임시 정거장이 아니라 영등포역을 기준한 것이므로 명백한 오류다.

여기서 우각동역이 폐쇄된 1906년 상황도 잠시 볼 필요가 있다.

---

* 1리(mile)는 1,609.344m이고 1쇄(chain)는 20.1168m이므로, 19리(哩) 32쇄(鎖)는 31.221270km가 된다.

1919년에 발행된 『조선철도상황』 제9집의 <영업리 누년 비교표>에는 1906년 말 경인선의 영업 거리가 위와 같이 19리哩 4분分으로 적혀 있다. 1906년이면 축현역 이설1908 전이므로 원 선로는 변동없이 유지·운행되고 있었다. 이 시점에서 우각동역은 이미 폐지되었으나 1906.4.30. 두 시점의 영업 거리가 같다는 것은 우각동역 부근의 기존 선로가 여전히 이용되고 있음을 알려준다. 그런데 1909년에 영업 거리에 변화가 포착된다.

1900년부터 1905년을 거쳐 1908년 말까지 인천역-영등포역 사이의 운행 거리는 계속 19리 4분, 31.2km였는데, 1909년부터는 1리哩가 단축된 18리 4분으로 짧아진다표 5-2. 우각동역과 축현역 부근에서의 선로 변경이 반영되었기 때문이다. 『조선철도상황』 9 등의 문헌에서 '~년 말'이라는 표현은 해당 통계의 기준 시점을 의미하는데, 1908년 말까지 19리 4분이고 1909년 말에 18리 4분이므로 신 선로의 이용은 1909년 1월 1일 이후 어느 시점임을 알려준다. 이 시점에 대한 정확한 기록은 찾지 못하였으나, 정황을 살필 수 있는 좀 더 상세한 기록이 있다.

> 경인선은 공사비와 공사기간 관계로 교량 및 노반 공사가 거칠었고 또 불필요한 곡선이 많았으므로 총액 525,230원의 예산으로 1907년부터 1909년 3월까지의 만 2년 동안 개량 공사를 시행한 결과, 1리哩 가량을 단축할 수 있었으며 전 우각역과 현 인천전도관 동북 간을 우회하던 구선을 도화동으로부터 직선으로 시정하였으며, 축현역동인천역을 채미전 거

리로부터 현 위치로 옮기게 되었는데, 종전에는 여객만을 중간 취급하기 위한 단선의 간이역이던 것을 보통역으로 승격시켰으며, 오늘과 대차 없는 구내선을 부설하였고, 지하도는 1931년 9월에 건설하였다. 최성연, 『개항과 양관역정』, 경기문화사, 1959, 125쪽

京仁線은 工事費와 工事期間關係로 橋梁 및 路盤 工事가 거칠었고 또 不必要한 曲線이 많았으므로 總額 525,230圓의 豫算으로 1907년부터 1909年 3月까지의 滿二年間 改良工事를 施行한 結果, 1哩假量을 短縮할 수 있었으며 前牛角驛과 現 仁川傳道館 東北間을 迂廻하던 舊線을 道禾洞으로부터 直線으로 是正 하였으며, 杻峴驛(東仁川驛)을 채미전 거리로부터 現位置로 옮기게 되었는데, 從前에는 旅客만을 中間取扱하기 위한 單線의 簡易驛 이던것을 普通驛으로 昇格 시켰으며, 오늘과 大差 없는 構內線을 敷設하였고, 地下道는 1931년 9월에 건설되었다.

이와 비슷한 내용이 『조선교통사』1986에도 실려 있다. 축약하여 옮기면, '京仁線の改良'이라는 소제목 아래 '경인선은 당초 교량, 구교溝橋* 등의 구조물을 임시구조로 만들었고橋梁溝橋等の建造物は仮構造とし, 곡선 반경이 작은 선로가 많았다小曲線の多い線路. 운행 횟수가 많아짐에 따라 제반 개량공사를 실시하였다. 1907·1908년에 걸쳐 52만 5천 엔으로 공사를 착수하여 1909년 3월에 완료하였다. 그 결과 구선舊線

---

* 수로나 도로를 건너기 위해 건설한 일종의 교량으로 흔히 굴다리로 불리는 구조물을 일컫는다(그림 5-23).

에 비해 선로 연장을 약 1.6km를 단축하였다. 1922년에 인천항 개축 공사의 완성에 맞춰 화 물선 선로 연장 공사를 시행했다'는 내용이다

선교회, 1권, 1986 310~311쪽; 번역본 제2권, 60쪽.

그림 5-23. 연세대학교 정문 앞의 경의선 구교(溝橋, 2025)

위 인용문에서 주시할 것은 ⅰ) 1909년 3월에 노선 개량 사업을 완료하였고, ⅱ) 사업 후 선로의 길이가 19리 4분에서 1리약 1.6km가 줄어 18리 4분으로 단축되었다는 사실이다. 환산하면 각기 31.2km와 29.6km가 된다. 1908년과 1909년의 시·종점이 인천역과 영등포역으로 동일한데, 운행 거리가 줄어든 것은 선로 변경으로 이해할 수밖에 없다. 두 시점 사이에서의 운행 거리 단축은, 개량 공사 중 이외의 선로 변경 공사가 없었으므로 축현역과 우각동역 부근에서의 선로 변경의 결과임이 확실하고, 그 시점은 1909년 초, 늦어도 3월로 보아도 큰 무리가 없어 보인다. 전체 개량 공사의 종료 시점이 1909년 3월인 것은 또 다른 구간에서 다른 부문의 공사도 있었기 때문일 뿐,

신 선로의 개통은 앞에서 가정한 1월 1일도 가능하다.

우각동역 부근에서 우회로를 직선화하고, 축현역 부근에서 채 미전참외전 거리로부터 현 위치로 옮겨왔다는 최성연의 진술은 필자가 복원한 노선과 크게 다르지 않다. 1899년 경인선 개통 거리를 29.6km으로 기록한 현대의 문헌도 종종 보이는데, 현재의 영등포역을 기준한 것이므로 재고할 필요 없는 오류이다. 앞에서 31.2km가 명백한 오류라고 언급한 것과 사실 같은 얘기다. 1909년 선로 변경 이후 영등포역까지의 거리는 29.6km=19.4리=19리 32쇄인데, 여기에 1.6km1리를 더하면 31.2km이 되기 때문이다.

(5) 1900년 이후의 역간 거리

계획도에 따르면, 전 구간이 개통된 1900년 경인철도의 운행 거리는 인천역에서 경성역까지 26리 3분42.3km이다. 경성역이 서대문역으로 이름을 바꾸고 1919년 3월 31일 폐역된 이후에는 남대문역이 경인철도의 시·종착역이 되는데, 여기까지의 거리는 38.9km이다. 그런데 이는 1909년 선로 변경 이후의 거리이다. 1908년까지는 38.9km가 아니라 1.6km가 더 긴 40.5km였을 것이다. 일단 여기서 남대문역-경성역 구간 거리를 42.3-40.5=1.8km로 추정할 수 있다. 앞에서 추정한 약 1km와 제법 차이가 난다. 이 오차는 준공 거리와 영업 거리 사이의 오차일 수 있으며, 앞의 추정 거리가 GIS를 활용한 복원 노선에 근거한 것이라 여기서 온 결과일 수도 있다.

표 5-3. 시기별 역간 거리와 누적 거리

구분	역	역간거리 (km)	역간거리 (리.분)	누적거리 (리.분)	누적거리 (km)	시점	자료
A	인천	0	0	0	0	1908	한국철도선로안내(1908), 74~75쪽
	축현	1리 16쇄	1.2	1.2	1.9	1908	한국철도선로안내(1908), 108쪽
	부평	6리 48쇄	6.6	7.8	12.6	1908	
	소사	3리 40쇄	3.5	11.3	18.2	1908	한국철도선로안내(1908), 109쪽
	오류동	3리 48쇄	3.6	14.9	24.0	1908	
	영등포	4리 40쇄	4.5	19.4	31.2	1908	한국철도선로안내(1908), 111쪽
B	인천		0	0	0	1917.3.31.	철도정차장일람(1917), 227쪽
	축현	1.8	3.9	1.1	1.8	1917.3.31.	
	주안	4.8	7.6	4.1	6.6	1917.3.31.	
	부평	5.5	10.9	7.5	12.1	1917.3.31.	
	소사	5.3	14.3	10.8	17.4	1917.3.31.	
	오류동	5.9	17.3	14.5	23.3	1917.3.31.	
	영등포	6.3	18.4	18.4	29.6	1917.3.31.	
C	인천해안	0			0	1934.8.1.	철도정차장일람(1935), 423쪽
	인천	1.3			1.3	1934.8.1.	
	상인천	1.9			3.2	1934.8.1.	
	주안	4.7			7.9	1934.8.1.	
	부평	5.6			13.5	1934.8.1.	
	소사	5.3			18.8	1934.8.1.	
	오류동	5.8			24.6	1934.8.1.	
	영등포	6.4			31.0	1934.8.1.	
D	인천	0			0	1936.4.1.	철도정차장일람(1937), 483쪽
	상인천	1.9			1.9	1936.4.1.	
	주안	4.7			6.6	1936.4.1.	
	부평	5.6			12.2	1936.4.1.	
	소사	5.3			17.5	1936.4.1.	
	오류동	5.8			23.3	1936.4.1.	
	영등포	6.4			29.7	1936.4.1.	

구분	역	역간거리 (km)	역간거리 (리.분)	누적거리 (리.분)	누적거리 (km)	시점	자료
E	인천	0			0	1941	조선열차시각표(1941), 경인선
	상인천	1.9			1.9	1941	
	주안	4.7			6.6	1941	
	부평	5.6			12.2	1941	
	소사	5.3			17.5	1941	
	오류동	5.8			23.3	1941	
	남경성	6.4			29.7	1941	
	노량진	3.3			33.0	1941	
	용산	2.7			35.7	1941	
	경성	3.2			38.9	1941	

* 주안역은 1910년에 신설. 상인천은 축현역과 같음. 남경성역은 영등포역과 같음. 경성역은 남대문역과 같음.

<표 5-3>에서 A는 1899년부터 선로가 변경되지 않은 1908년 까지 인천-영등포 구간 거리가 31.2km임을 알려준다. 물론, 이 영등 포역은 영등포 임시 정거장이 아니라 1900년 9월에 정식으로 영업 을 개시한, 현재의 영등포역이다. 이 자료에는 상·하행별 운행 거리 가 일치하지 않는데, 하행 영등포-인천은 25리 54쇄41.3km인 반면, 상 행 인천-영등포는 역간 누계 거리 없이 전체 거리만 19리 32쇄31.2km 로 적혀 있다. 19리 32쇄는 19리 4분이므로 앞에서 확인한 자료들과 같다. 따라서 25리 54쇄는 오기임에 틀림없다. A 자료의 역간 거리와 누적 거리는 필자가 19리 32쇄에 준하여 환산한 값이다.

B는 선로가 변경된 이후 1917년의 역간 거리 상황을 보여준 다. 영등포역까지의 거리가 29.6km이므로 여기에 1.6km를 더하 면 31.2km가 되어 A와 일치한다. 다만, 역간 거리는 다시 사안을 복 잡하게 만든다. 인천역-축현혁 사이의 거리가 1.9km에서 1.8km로

0.1km 줄었다. 선로 변경과 함께 이전한 역사가 인천역과 더 가까워졌는데, 줄어든 거리가 0.1km임을 알려준다. 부평역까지는 12.6km에서 12.1km로 단축, 0.5km 짧아졌다. 부평역은 우각동역의 동쪽에 있으므로 이미 1.6km가 단축되어야 깔끔한데 그렇지 않다. 이는 우각동·축현역 외 다른 곳에서 선로가 1.1km가 짧아졌다는 것을 의미하지만, 확인하지 못하였다.

다시 보면, 축현역까지 0.1km$_{1.9 \to 1.8}$, 부평역까지 0.5km$_{12.6 \to 12.1}$, 소사역까지 0.8km$_{18.2 \to 17.4}$, 오류동역까지 0.7km$_{24.0 \to 23.3}$, 영등포역까지 1.6km$_{31.2 \to 29.6}$가 단축되었다. 따라서 이제까지 줄어든 역간 누적 거리를 다시 역간 실제 변동 거리로 나타내면, 각 구간 별로 인천-축현 구간에서 -0.1km, 축현-부평 구간에서 -0.4km, 부평-소사 구간에서 -0.3km, 소사-오류동 구간에서 +0.1km, 오류동-영등포역 구간에서 -0.9km의 변화가 있었고, 이를 모두 더하면 -1.6km가 된다. 물론 1909~1917년 사이에 또 다른 선로 변경 사건이 있을 수 있으므로 1909년 우각동·축현역 부근의 선로 변경과 반드시 일치할 필요는 없다. C, D, E의 상황은 인천해안역$_{화물선\ 전용}$의 신설에 따른 운행 거리의 변화일 뿐, 역간 거리와 누적 거리는 변동이 없다.

지금까지의 논의를 정리하면, 영등포 임시 정거장이 영등포역과 노량진역 사이에 있었다면$_{\text{『朝鮮鐵道四十年略史』, 1940, 44쪽}}$, 1899년 9월 18일 개통한 날의 운행 거리는 우선 영등포역$_{1900년\ 9월\ 이후}$ 기준 31.2km보다 길고, 노량진역$_{1900년\ 9월\ 이후}$ 기준 34.6km보다는 짧다. 1909년 선로 개량 사업이 끝난 이후 인천역에서 영등포역까지는 29.6km, 남대문역$_{=경성역}$까지는 40.5km, 경성역$_{=서대문역}$ 42.3km이다.

이제 남은 한가지 숙제는 영등포 임시 정거장까지의 거리를 규명하는 것이다.

(6) 한국 최초의 철도 운행 거리와 영등포 임시 정거장의 위치

지금까지의 논의에 기반하여, 1899년 한국 최초의 철도 운행 거리를 정리해 보자. 미리 밝힐 것은, 앞에서도 얘기했지만, 영등포 임시 정거장의 정확한 위치를 알지 못하기 때문에 현재로서는 확정할 수 없다. 지금껏 운행 거리에 대한 논의가 너무 장황했다. 출발점이 명료하지 않고, 선로 변경 사건이 관여되며, 이들의 시점이 명료하지 않기 때문에 사안이 복잡하게 얽혀 있을 수밖에 없다. 이제 앞에서 얘기한 운행 거리와 관련된 여러 설을 요약하면서 정리해 보고자 한다.

■ 1899년 9월 18일 운행 거리, 33.6km 또는 33.8km

우선 문헌에 나타난 1899년의 운행 거리는 20리 여, 20리 3분, 21리, 21리 8분이다. 하나씩 따져 보면서 정리해 나가자. 우선 이들을 킬로미터로 환산하면, 32.2km, 32.7km, 33.8km, 35.1km이다.

표 5-4. 시기별 구간별 운행 거리

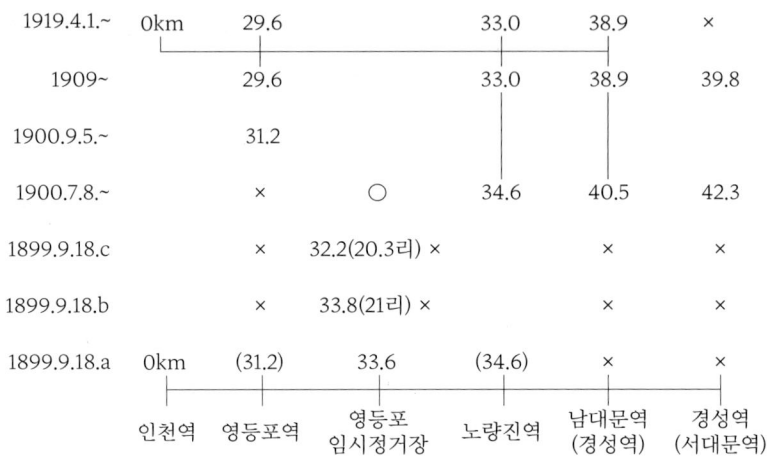

* 1899.9.18.a와 b는 『조선철도사십년약사』(1940), c는 『朝鮮の鉄道』(1928).
** 1900.7.8.은 경인철도 전 구간 개통, 1900.9.5.는 영등포역 영업 개시. 영등포역 임시 정거장은 1900.9.4.까지 운영한 것으로 추정. 각 거리는 1909년 이후의 자료에서 획득한 거리 정보에 1.6km를 일괄 더하여 산정.
*** 1909는 선로 변경 이후의 상황으로 빠르면 1월 1일부터 늦어도 3월 이후.

① 20리 여, 32.2km: 이는 어림수이나 간혹 이를 20리로 환산하여 최초 운행 거리를 32.2km로 기술한 문헌이 있다. 그러나 20리는 근거가 없으므로 신빙성이 낮다.

② 20리 3분, 32.7km:『조선의 철도』1921년 판본[1권]의 20리 여는 1928년 판본[4권]에서 20리 3분으로 수정되었다. 조선총독부 철도국에서 시리즈로 펴낸 책에서 수정된 것이라 20리 3분은 20리 여의 실제 값일 가능성이 없지 않다. 더구나 이를 가영업 거리로 명시하였으니, 32.7km는 최소한 32.2km보다는 신빙성이 더 높다 하겠다.

③ 21리, 33.8km: 1940년에 나온『조선철도사십년약사』는 44

쪽에서 '1899년 9월 18일부터 인천·노량진 간 현재의 노량진과 영등포 사이 21리 8분을 준공하고, 가영업을 21리 33.6km 지점까지 개시하였다. 이것이 조선반도에서 철도운수의 효시가 되었다'라고 기술한다. 이 문장에서 '노량진'이 '노량진과 영등포 사이'에 있다 하니 영등포 임시 정거장이 맞을 것이다. 그렇다면 이 문장이 1899년 경인철도의 운행 거리를 지시한 기록 중에 가장 신빙성이 높다.

④ 33.6km, 20리 9분: 21리를 환산하면 33.79628km인데, 위 책은 이보다 약 200m 짧은 33.6km를 괄호 안에 부기한다. 그렇다면 이는 21리보다는 33.6km가 더 정확한 거리로 해석하는 것이 맞는 것 같다. 33.6km는 리哩 수로 20.8780리이니, 이를 20리 9분으로 적었으면 더 좋았을 것이나 올림하여 21리로 기술한 듯하다. 21리 8분은 영업 거리를 포함, 그 외의 철로 전체를 포함한 개념이므로 여기서는 논외로 한다.

이로써 살펴보면, 제시한 4종의 거리 가운데 가장 신빙성이 높은 것은 『약사』의 기술 중 가영업 거리 21리의 킬로미터 환산값을 괄호 안에서 설명해 주고 있는 33.6km이지 않을까 한다. 그 다음은 21리 33.8km가 20리 3분 32.7km보다는 33.6km에 더 가깝기 때문에, 일단 두 번째로 신빙성이 높다고 할 수 있다. 33.8km는 현대 문헌에서 '한국 철도 최초 ○○km … ' 운운하는 대목에서 가장 많이 등장하는 것 같다. 결론적으로, 다음과 같은 가설을 세울 수 있을 듯하다. "1899년 9월 18일, 오전 9시 10분 영등포 임시 정거장을 출발한 열차가 10시 40분에 인천역에 도착할 때까지 달린 거리는 33.6km이다. 33.8km가 자주 거론되는 것은 실거리 33.6km를 당시 거리 단위로 표할 때, 정확하게는 20.9리$_{20.8780리}$가 맞으나 올림하여 21리로 적었고, 현대에 이 21리를 다시 미터법으로 환산하는 과정에서 33.8km가 됐다."

■ 영등포 임시 정거장의 위치

문헌에서 확인할 수 있는 선로 변경 후 인천역에서 영등포역까지의 거리는 29.6km이고, 노량진역까지는 3.4km 더 먼 33.0km이다. 선로 변경 이전에 각 거리는 이보다 1.6km가 더 긴 31.2km와 34.6km가 된다. 본문에 '노량진'으로 기술되어 있지만, 『조선철도사십년약사』$_{1940}$에 따르면 영등포 임시 정거장은 31.2~34.6km 구간 어느 지점에 있었다. 현재 두 역의 사이의 거리는 역간 거리표에서 3.3km로 확인되므로, 역사의 규모가 커졌을지언정 위치는 1900년 이래 이동 없이 제자리에 있었다고 할 수 있다.

바로 앞에서 정리한 4종의 운행 거리가 모두 위의 두 역의 구간 범위 안에 있으므로, 우선 위 자료에 기술된 영등포나 노량진은 모두 영등포 임시 정거장을 지시한 것으로 확정할 수 있다. 4종 가운데 신빙성이 높은 운행 거리를 33.6km와 33.8km로 추정하므로, 이 두 지점의 위치를 찾는 것이 곧 영등포 임시 정거장의 위치를 비정하는 핵심이 될 듯하다. 문헌 기록을 찾지 못한 현 상황에서 이 방법이 최선이 될 수밖에 없음이 안타깝다.

그림 5-24. 1890년대 중반 영등포와 노량진
자료: 『구한말 한반도 지형도』 한성 도엽, 1895년경 측도.

　이 추정 거리에 근거하면, 영등포 임시 정거장은 영등포역보다 노량진역에 더 가깝다. <그림 5-24>에 보이는 시가지 규모도 노량진이 영등포보다 더 크다. 그럼에도 『황성신문』 기사에서는 노량진이 아니라 '마포의 건너편 영등포에 정거장을 권설하고麻浦對岸永登浦에 停車場을 權設ᄒ고, 1899.9.19.', '영등포 가설 정거장에서 열차를 출발永登浦 假設停車場에서 列車를 始發, 1899.9.16.'한다고 기술한다. 당시 영등포의 인지 범위가 노량진보다 더 컸던 것일까? 이에 준하여 이 책에서도 노량진 임시 정거장이 아니라 영등포 임시 정거장을 쓰지만, 정확한 이유는 알 수 없다.
　이상의 거리 추정치가 어느 정도 인정된다면, 이제 마지막으로 영등포 임시 정거장의 위치를 유추해 보자그림 5-25. 영등포 임시 정거장이 인천역부터 33.8km 지점에 있었다면 그곳은 노량진역34.6km의 서쪽 0.8km, 33.6km라면 서쪽 1.0km 지점에 해당한다. 두 후보지는 200m밖에 차이가 나지 않는다. 현재 지도에서 노량진역 역사의 중앙점을 기준하여 서쪽 선로의 0.8km 지점은 '현대웰슨 남부서비스센터' 부근이고, 여기서 다시 200m를 더 가면 선로 변에 '공영주차장 전기차충전소'가 인접해 있다. 두 곳 선로의 행정구역 지번은 모두 동작구 대방동 69-1이며, 지목地目은 철도용지이다. 만약 20리 3분에 준하여 영등포 임시 정거장이 32.7km 지점에 있었다면, 영등포역31.2km의 동쪽 1.5km 지점으로 추정이 가능하다. 영등포구 신길동 삼두아파트 앞이 되며, 선로 변의 지번은 신길동 12-4이다.

그림 5-25. 영등포 임시 정거장의 위치 추정
바탕지도는 카카오맵(https://map.kakao.com)으로 최신 카카오맵의 실제 서비스 이미지와 다를 수 있음.

현대 문헌에 기술된 한국 최초의 철도 운행 거리는, 분명 진실은 하나일 것이나 27.0~42.4km 사이에서 매우 다양하게 나타난다. 이러한 오류는 크게 세 가지 측면에서 발생한다. 첫 번째는 당시 경인철도의 운행 거리를 오늘날 경인전철로 바로 대체한 단순 오류이다. 27km, 29.6km, 29.7km 등의 사례가 이에 속한다. 이들의 오류는 현재 수도권 전철 1호선 인천역-구로역 구간 27.0km, 인천역-영등포역 구간 29.6km, 1909년 선로 변경 이후의 열차 시각표에 명시된 인천역-영등포역 구간 29.7km에서 왔을 것이다.

두 번째는 1899년의 시·종착역을, 경인선이라 하니 당연히 인천역과 경성역서울역으로 예단한 오류 사례이다. 38.7km, 38.9km, 42.3km 등이 이에 속한다. 38.7km는 가장 단순하여 현재의 인천역-서울역전철 1호선 간 거리이고, 38.9km는 일제시기의 자료에 나오는 경성역남대문역까지의 거리이다. 그런데 이때의 경성역은 오늘날 서울역이기 때문에 그나마 당시의 종착역도 아니다. 두 개의 오류를 동시에 범한 사례에 속한다. 당시 종착역이 서대문역이었다는 것을 인지하고 42.3km 또는 42.4km로 기술한 문헌도 있지만, 이 모든 사례는 1899년 개통식 날이 아니라 1900년 전통全通 이후의 상황이므로 참 진술이 아니다. 42.3km는 애초 계획도상의 거리 26리 3분에 근거한 것이며, 42.4km는 일제시기의 문헌에 등장한 26리 26쇄를 반올림하여 환산한 수치이다.

세 번째는 출발점을 현재의 영등포역이나 노량진역으로 상정한 것에서 오는 오류이다. 31.2km 또는 29.6km로 기술한 문헌은 인천역에서 영등포역까지 선로 변경 전·후의 거리에 근거한 것이다. 일제시기 문헌에 각기 19리 4분과 18리 4분으로 기술된 것을 km로 환산한 수치일 것이다. 한편 33km도 자주 등장하는데, 일제시기 문헌에 기술된 선로 변경 후 노량진역까지의 거리에 근거한 것으로 생각된다. 이밖에 소수점 이하를 생략한 채 27·29·30·33·42km 등으로 약술한 경우나, 32.1이나 33.5km 등 근거를 찾을 수 없는 다소 엉뚱한 숫자들도 보인다. 모두 오류 사례에 속할 것이다.

어느 정도 정리가 되니, 필자 스스로 최초 운행 거리가 뭐라고 이렇게까지 집착했는지 시쳇말로 '현타'가 온다. 그러나 얼핏 사건

자체가 복잡할 것도 없고, 한국 근대(교통)사에서 중요한 역사적 사실임에도 진실이 드러나 있지 않은 것이 이해가 되지도 않았거니와 궁금했다. 이 문제는 원천적으로 영등포 임시 정거장의 존재를 무시한 것에서 출발하고, 그 정확한 위치를 찾는 것에서 끝난다. 노선line feature과 역point feature으로 대표되는, 사라진 과거의 지리사상地理事象, geographic feature을 구체적 공간 속에서 복원하는 주제는 역사지리학자의 호기심과 탐구욕을 자극하는데 충분했다.

현재까지의 논의를 간단히 정리하고, 이 장황한 얘기를 마치고자 한다. 1899년 9월 18일 오전 9시 10분, 한국 최초의 열차가 출발한 곳은 영등포역도, 노량진역도 아닌 '영등포 임시 정거장'이다. 이 임시 정거장은 현재의 영등포역과 노량진역 사이에서 영등포역보다는 노량진역에 좀 더 가까운 곳에 설치되었으며, 1899년 9월 18일부터 영등포역이 영업을 개시한 전날 1900년 9월 5일까지 존재했다. 필자가 참고한 문헌 가운데, 영등포 임시 정거장의 위치를 기술한 문헌은 『조선철도사십년약사』1940가 유일하다. 비록 괄호 안에서 주기 형태로 기술되었지만, '현재의 노량진과 영등포의 사이'44쪽에 임시 정거장이 설치되어 있음을 분명히 밝힌다. 이로부터 이 문헌의 사료적 신뢰도가 높다고 인정할 수 있다면, 이 문헌에서 적시한 인천역 기준 33.8km21리 또는 괄호 안에 주기한 33.6km 지점에 영등포 임시 정거장이 있었다. 이것이 이 주제의 결론 아닌 결론이다. 현재는 역사가 존재했다는 흔적을 전혀 찾아볼 수 없으며, 굳이 말하자면 가장 가까이 있는 대방역1호선이 영등포 임시 정거장을 계승한 역이라 할 수 있다.

5) 못다 한 역 이야기, 경성역과 남대문역

1899년 9월 18일 인천, 축현, 우각동, 부평, 소사, 오류동, 영등포 임시 정거장 등 7개의 역으로 시작한 경인철도는 1900년 6월에 한강 철교를 완공하고 7월 5일 시운전을 거쳐 7월 8일 전 구간 개통한다. 연장된 노선 4리 3분, 6.8km 구간 안에는 노량진역, 용산역, 남대문역, 경성역이 새로 들어섰다. 그리고 이날 노량진역의 대체 역으로 가설된 영등포 임시 정거장은 노량진역이 본역으로 영업을 개시하면서 폐쇄된다. 따라서 전 구간 개통식 날의 영업 역은 10개이다. 다만 영등포 임시 정거장 구내構內의 시설은 열차 운전에 필요하여 유지했는데, 영업을 재개해 달라는 민원이 많아지면서 1900년 9월 1일5일로 기술한 문헌도 있다 영등포역이라는 이름을 달고 영업을 개시한다『조선철도사』, 1937, 430~431쪽. 영등포역은 1938년 5월 1일 남경성역南京城驛으로 이름을 바꾸고, 1942년 6월 1일에 다시 원래의 이름인 영등포역으로 돌아온다. 남경성역은 경성의 남쪽에 있다 하여 붙은 이름이다. 청량리역 또한 동경성역東京城驛으로 이름을 바꾸었다가 다시 청량리역으로 회귀하는데, 두 날짜가 영등포역과 같다.

영등포-노량진-용산-남대문-경성역에 이르기까지 5개 역은 1905년 1월 1일 경부선 개통과 더불어 경인선에서 소속을 바꾸어 경부선 역이 된다. 이때부터 인천역-영등포역까지의 구간을 공식적으로 경인선이라 부르기 시작한다. 그 전의 공식 명칭은 경인철도였고, 영문으로 SOEUL-CHEMULPO LINE이었다. 그러나 이는 철도 회사에서 분류한 노선 체계일뿐 일상에서 경인선은 인천에서 경성까지였다. 어쨌든 1905년부터 공식적인 경인선에서는 11개에서 5개가 빠진, 인천역, 축현역, 우각동역, 부평역, 소사역, 오류동역 등 6개 역이 영업 중이었다. 이후 1906년에 우각동역이 폐역되면서 5개로 줄고, 1910년 10월 21일 주안역이 새로 추가되면서 다시 6개가 된다. 이 6개 역과 영등포역, 노량진역, 용산역, 서울역은 1910년 이래 오늘날까지 영업하는, 현 인천역-서울역 구간 29역 가운데 최고참 역이라 할 수 있다.

경성역은 1900년 7월 8일 전 구간 개통과 함께 시·종착역이 된다.* 경성역이라는 이름은 1905년 3월 24일 서대문역西大門驛으로 바뀌기 때문에 5년 남짓 짧은 생애를 살았을뿐더러 1919년 3월 31일에는 폐지되기 때문에 존재 자체를 모르는 사람이 많다. 이뿐 아니라 경성역을 나중에 경성역으로 개명하는1923.1.1. 남대문역과 동일한 역으로 오해하는 사람도 많다. 사라진 지 이미 오래된, 사용 기간도 5년 남짓에 불과하여 별 문제가 없을 것으로 생각했는지 모르겠지만, '1사상 1지명' 원칙이 과거 상황에서도 유효함을 보여주는 대목이다.

---

*   1900년 11월 12일 경성역 앞에서 경인철도 개통식을 한 번 더 거행한다. 이 경성역은 서울역이 아니라 서대문역이다. 당시 신문 등에는 경성역을 새문밖(/외)역, 서문밖(/외)역 등으로 표기하기도 하는데, 새문[新門]은 돈의문의 중창에서 연유한 이름으로 서대문을 일컫는다. 서대문과 경성역은 약 500m 떨어져 있다.

그림 5-26. 경성역 터(2025)
중앙에서 계속 이어지는 길이 서소문로9길이다. 가로등 뒤에 보이는 식당은 이름이 서대문식당이다.

그림 5-27. 서대문정거장 터 표지석(2025)
이화외고 교문 바로 앞에 있다. 표지석 제목은 원형을 중시하여 '경성역 터'가 더 좋을 듯하다.

경성역은 이화여자외국어고등학교_{중구 순화동 1-1} 부근에 있었다. 교문 앞에 이를 알리는 표지석이 놓여 있다_{그림 5-26, 5-27}. 1915년 지도를 보면 현 서소문로9길을 통해 들어오는 선로가 여러 갈래로 퍼지

철도망: 인천, 조선의 철도시대를 개창하다

는데, 이곳이 현재 이화외고 운동장이다 그림 5-28. 1921년 지도를 보면, 역이 폐지된 상태이므로 철로는 걷히고, 그 자리에 철도 관사가 증설된 것을 볼 수 있다. 철로의 끝에 있는 서대문소학교가 현재의 창덕여중이므로 위치 비정은 거의 확실하다. 가장 아래쪽 철도관사 부근이 현재의 류관순기념관과 대체로 일치하고, 그렇다면 역사는 교문 바로 앞이거나 옆에 있는 서대문식당 정도일 듯하다.

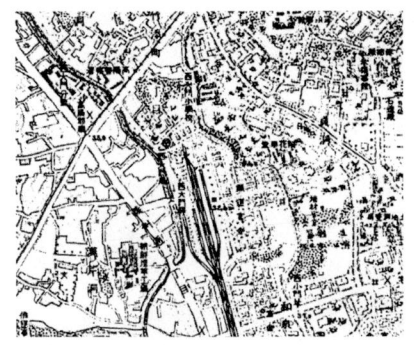

그림 5-28. 경성역(1915)
자료: 1:10,000 지형도(1915, 경성도엽)

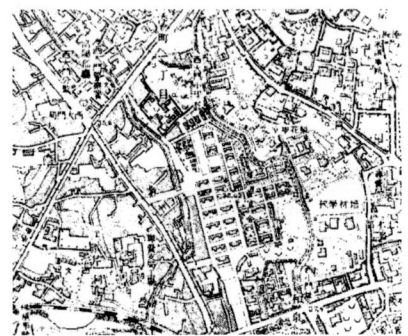

그림 5-29. 경성역 터(1921)
자료: 1:10,000 지형도(1921, 경성도엽)

1900년 전통 당시 경성역 전 역은 남대문 정거장이다. 1920년대 초까지 경성의 제1역은 용산역이 담당하고 있었다. 그런데 경성부가 빠르게 성장하면서 여객·화물 수송량이 점차 늘어나자 용산역만으로는 부족하여 1915년에 남대문정거장을 남대문역으로 확장한다. 1923년에는 조선 철도역의 대표성을 남대문역에게 부여하여 이름을 경성역으로 바꾸고, 1922년에 시작한 신 역사 공사를 1925년에 완공, 명실상부 조선의 최고차의 역으로 등극한다 표 5-5, 그림 5-30. 이때 경성역은 일본 동경역에 이어 동양에서 두 번째로 컸다. 경성역이란 이

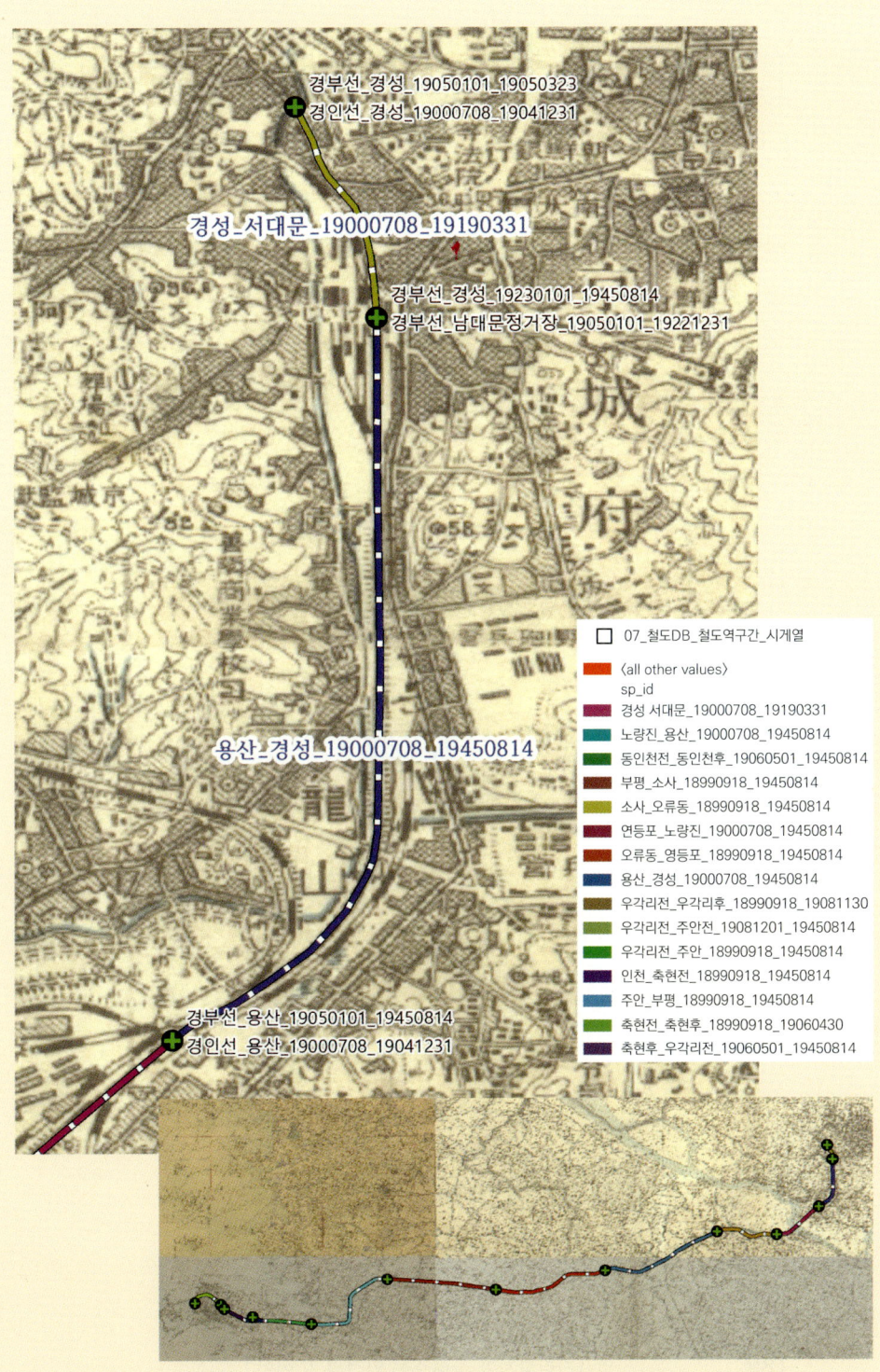

그림 5-30. 경성역과 남대문정거장의 위치와 경인(경부)선 노선의 변동

름은 해방 후에도 사용하다가 뒤늦은 1947년에 서울역으로 바꾼다. KTX가 개통한 2004년부터는 전 업무를 서울역KTX로 이관하고 기존 역사는 폐쇄한다. 구 역사는 7년 후 문화역서울284라는 이름으로 재탄생, 지금도 문화복합공간으로 기능하고 있다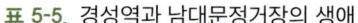그림 5-31. 1905~1923년 사이에 한국에 경성역이라는 이름을 가진 역은 없었다.

표 5-5. 경성역과 남대문정거장의 생애

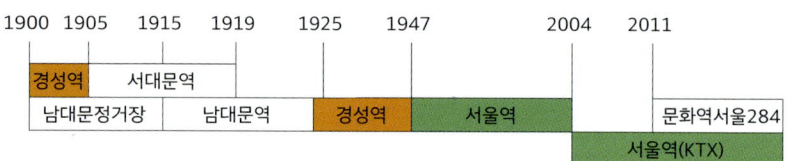

· 경성역: 1900.7.8.~1905.3.26. → 서대문역: 1905.3.27.~1919.3.31.
· 남대문정거장: 1900.7.8.~1915.→남대문역(신역사): 1915~1922.12.31.→경성역: 1923.1.1.~1925.10.14.→경성역 이전: 1925.10.15.~1947.10.31.→서울역: 1947.11.1.~2003.12.31. (→문화역서울284:2011.8.9.~현재)→서울역KTX: 2004.1.1~현재)

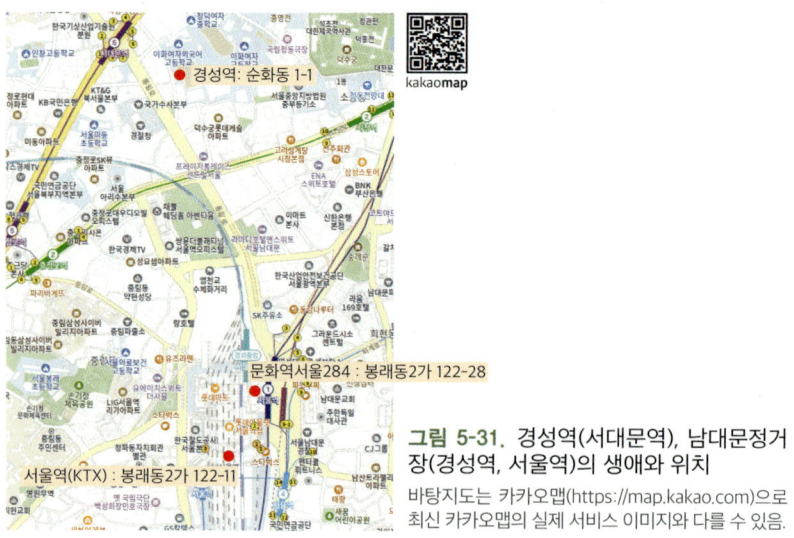

그림 5-31. 경성역(서대문역), 남대문정거장(경성역, 서울역)의 생애와 위치

바탕지도는 카카오맵(https://map.kakao.com)으로 최신 카카오맵의 실제 서비스 이미지와 다를 수 있음.

1919년 서대문역이 폐역된 것은 경의선 노선의 변경과 관련이 깊다. 경의선은 애초 의주로현 통일로, 구 1번 국도 방향으로 부설할 계획이었으나 서대문역 못미처 현 경찰청앞교차로의주로 1가 앞에서 서쪽으로 방향을 트는 것으로 변경된다. 서대문역이 처음 이곳에 자리를 잡은 것은 서대문 바로 밖이라 도심으로의 접근성이 좋을뿐더러 경의선 출발역으로 최적 입지라는 평가를 받았기 때문인데, 경의선 노선이 변경됨으로써 서대문역은 존재 이유가 크게 약해졌다. 1910년대에 경부·경의·경원·호남선이 차례로 개통하자 남대문역과 용산역은 역할이 더욱 중시되는 반면 서대문역은 오히려 이용객이 점차 줄어들었고, 결국 1919년에 폐역을 면치 못하였다.

6) 경인철도의 문화사

(1) 열차 운행 시각표와 시간의 근대

1899년 9월 처음 운행을 시작한 경인철도는 열차 편수와 출발 시각 등을 변경해 가며 탄력적으로 운영한다. 최초 하루 2편 운행하던 열차 편수를 12월 1일부터 3회로 증편하고, 10월과 12월에는 열차 운행 시각을 개정하며, 1903년부터는 급행 열차를 운행하기도 한다. 『황성신문』의 광고로부터 유추하면, 당시 인천역에서 오후 9시에 출발하는 열차는 축현역, 소사역, 영등포역, 남대문역, 경성역에만 정차하고, 우각동역, 부평역, 오류동역, 노량진역, 용산역은 무정차 통과하였다. 관련된 신문 기사를 보자.

<운행 열차 편수 및 열차 시각 조정>

○ 경인철도회사에서 기차 운행을 매일 2회씩 하더니 다음 달 1일부터 3회로 증편 운행한다 함. 『황성신문』(잡보) 1899년 11월 20일

○ 경인철도합자회사에서 12월 2일부터 개정되는 열차운행 시각 공고. 『황성신문』(광고) 1899년 12월 1일

○ 요사이 날이 점점 추워지는 고로 경인철도에 내왕하는 화륜거의 운행 시각을 내일부터 개정하여 인천에서 노량진으로 향하는 화륜거는 매일 오전 8시와 오후 2시에 출발하고, 노량진에서 인천으로 향하는 화륜거는 오전 10시와 오후 4시 30분에 출발하기로 함. 『독립신문』(잡보) 1899년 10월 25일

<급행 열차의 운영>

○ 7월 1일부터 경인철도 기차 시간을 개정함. 『황성신문』(광고) 1903년 6월 25일

○ 경인철도 기차 시간 개정 광고 가운데, 오후 9시발 열차는 牛角洞, 富平, 梧柳洞, 鷺梁津, 龍山에서 정차하지 않는 것을 정차한다고 잘못 기재하였기에 개정함. 『황성신문』(광고) 1903년 7월 2일

○ 오는 11월 10일부터 京仁線 기차 시간을 개정함. 오후 8시 30분발 열차는 牛角洞, 富平, 梧柳洞, 鷺梁津, 龍山에 정차하지 아니함. 『황성신문』(광고) 1903년 11월 12일

표 5-6. 경인철도 최초 시각표(1899.9.18.)

동행			서행		
발역	오전	오후	발역	오전	오후
인천	07:00	13:00	노량진	09:00	15:00
유현	07:06	13:06	오류동	09:33	15:33
우각동	07:11	13:11	8소사	09:51	15:51
부평	07:36	13:36	부평	10:05	16:05
소사	07:50	13:50	우각동	10:30	16:30
오류동	08:15	14:15	유현	10:35	16:35
노량진	08:40	14:40	인천	10:40	16:40

* 위 책의 저자 또한 원 자료를 보고 이 표를 작성하였을 것이나, 유현은 축현, 우각동은 우각리가, 노량진은 영등포 임시 정거장이 사실에 부합한다.
출처: 손길신, 『한국철도사』, 2021, 56쪽에서 그대로 옮겨옴.

1899년 인천발 경인철도 열차는 오전 7시와 오후 1시, 노량진발 열차는 오전 9시와 오후 3시에 출발하였고, 운행 시간은 1시간 40분이었다.* 인천역 - 축현 - 우각동 구간은 동·서행이 5~6분밖에 안 걸리는데 반해, 서행편 노량진 - 오류동 구간은 33분이 걸린다. 같은 구간 동행편 25분보다 8분이나 더 걸리는 것이 의아한데, 오류동역에서의 정차 시간 때문인지 잘 모르겠다. 이 8분의 시차는 오

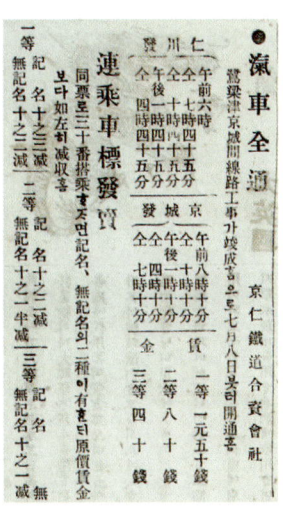

그림 5-32. 황성신문 경인철도 전통 기사(1900.7.10.).

* 『독립신문』(서재필) 1899년 10월 25일 기사에 '윤거(輪車) 시간 개정: 요사이는 날이 차차 짧아지고 또한 일기가 점점 추운 고로 경 철도에 내왕하는 화륜거의 운전하는 시각을 내일부터 고쳐 인천서는 매일 오전 8시와 오후 2시에 떠나서 노량진으로 향하고, 노량진서는 매일 오전 10시 30분과 오후 4시 30분에 떠나서 인천으로 향하여 가기로 작정 하였다더라' 하여 개통 한 달이 조금 지나 운행 시간을 조정하였다. 상행선은 1시간, 하행선은 1시간 30분 늦추었다.

류동-소사 구간에서 서행이 동행보다 7분 단축하는 것으로 만회한다. 처음에는 운행 방향을 상·하행이 아니라 동·서행으로 구분한 점도 특이하다. 당시 신문 자료들을 찾아보면, 운행 편수는 1899년 12월 1일부터 3왕복으로 늘더니, 1900년에 4~5왕복, 1901년부터 5~6왕복, 1903년부터 6~7왕복을 반복한다. 하절기에 차편을 하나 증설하고, 동절기에 이를 감축했기 때문이다.『조선철도사』, 1937, 430~431쪽.

『황성신문』 1900년 7월 10일자 기사에 따르면, '노량진-경성 간 선로 공사가 준공되었으므로 7월 8일부터' 전 구간 운행하는데, 운행 편수는 하루 5왕복이다. 인천발 첫차는 오전 6시, 경성발 첫차는 8시 10분에 출발하고, 이후 인천발은 7시 45분, 10시 45분, 오후 1시 45분, 4시 45분에, 경성발은 10시 10분, 오후 1시 10분, 4시 10분, 7시 10분 출발하여 2~3시간 간격으로 배차하였다.

표 5-7. 경인철도 열차시각표(1936, 상행)

인천-경성 (상행)		열차번호(경성행, 전 열차 2, 3등 편성)													
km	역명	402	404	406	408	410	412	414	416	418	420	422	424	426	428	430
0.0	인천	6:00	7:10	820	9:30	10:15	11:35	12:55	14:00	15:05	16:25	17:50	19:00	20:20	21:30	23:05
1.9	상인천	6:06	7:16	826	9:35	10:21	11:40	13:03	14:05	15:10	16:31	17:55	19:04	20:26	21:34	23:11
6.6	주안	6:12	7:22	833	9:42	10:27	11:48	13:09	14:11	15:16	16:37	18:02	19:11	20:32	21:42	23:17
12.2	부평	6:19	7:32	840	9:50	10:34	11:55	13:16	14:20	15:24	16:45	18:09	19:18	20:40	21:49	23:25
17.5	소사	6:25	7:38	846	9:56	10:40	12:01	13:22	14:26	15:31	16:63	18:15	19:24	20:46	21:55	23:31
23.3	오류동	6:32	7:45	853	10:03	10:47	12:08	13:29	14:33	15:38	17:00	18:23	19:31	20:53	22:02	23:38
29.7	영등포	6:39	7:51	859	10:09	10:53	12:14	13:35	14:39	15:44	17:06	18:29	19:37	20:59	22:08	23:44
		6:39	7:54	900	10:10	10:55	12:16	13:38	14:44	15:45	17:08	18:30	19:39	21:01	22:10	23:45
33.0	노량진	6:44	7:59	905	10:15	11:00	12:21	13:43	14:49	15:50	17:13	18:35	19:44	21:06	22:15	23:50
35.7	용산	6:48	8:03	909	10:19	11:04	1225	1347	14:53	15:54	17:17	18:39	19:48	21:10	22:19	23:54
		6:49	8:08	910	10:20	11:05	1229	1349	14:55	15:55	17:18	18:40	19:50	21:12	22:20	23:55
38.9	경성	6:55	8:12	915	10:25	11:10	1234	1354	15:00	16:00	17:23	18:45	19:55	21:17	22:25	0:00

출처: 『조선열차시각표』, 1936.

시간이 지날수록 기관차는 성능이 향상되면서 운행 시간은 단축되었고, 철도망의 확산과 함께 이용객의 수요도 증가하였다. 1936년 시각표에 따르면, 경인철도는 하루 15회 왕복 운행한다. 1900년 전통 시 편수가 5왕복이었으니 3배가 증가하였다. 아침 6시에 인천역을 출발한 첫차는 부평역에 6시 19분, 경성역에는 6시 55분에 도착하였다. 개통 당시 인천역에서 부평역까지 36분이 소요되었으므로 19분이 단축되었다. 전체 소요 시간은 1899년 7개 역 100분에서 11개 역 55~60분으로 단축되었다. 전근대 인천-한성 간 80리 길, 새벽부터 하루종일 꼬박 걸어야 도달했던 길이 1시간 거리로 줄어든 것이다. 조선시대에 인천에서 한성으로 일을 보러 가자면 왕복 이틀을 잡아야 했던 여정이 반나절이면 해결되는 시대가 되었다. 아침 일찍 인천을 출발하여 일을 보고, 저녁에 종로에서 친구를 만나 밤늦도록 술잔을 기울여도 당일 집에 들어와 자는 것이 가능해졌다.

1936년에 경성발 인천행 하행 열차는 첫차가 6:50에, 이어서 7:43, 8:55, 9:55, 11:02, 12:10, 13:43, 14:55, 16:21, 17:18, 18:25, 19:35, 20:55, 22:20, 그리고 막차가 23:25에 출발한다. 소요 시간은 출발편마다 조금씩 다른데, 상행선보다 조금 길어 1시간 내외였다. 경성역에서 23시 25분 막차를 타면 인천역에는 다음날 0시 25분에 도착한다. 1930년대에 첫차와 막차를 이용하면 아침 6시 55분부터 밤 11시 25분까지 16시간 30분간 체류할 수 있었으니, 지금 상황과 다르지 않다. 이미 이때부터 인천-경성 간 출퇴근하는 사람이 있었을 듯하다. 오늘날 인천역에서 서울역까지 1호선 전철은 29개 역, 28개 구간에서 70분이 걸린다. 열차 속도는 당연히 빨라졌지만 역 수가 3

배 가량 늘었기 때문이다. 오늘날 인천역-서울역 간 경인전철 인천발 첫차는 5시, 막차는 23시 14분이고, 서울역발 첫차는 6시 5분, 막차는 23시 32분으로 1936년과 크게 다르지 않다. 물론 열차 편수는 오늘날 급행을 포함하여 평일 100여 편에 달하니 1930년대와는 비교가 안 된다. 1936년 경인철도의 평균 배차 간격은 약 50분이고, 현재는 약 10분이다.

철도가 가져온 새로운 인식의 하나는 근대적 시간 관념이다. 자기 손목은 물론 주변에서 시계 보기가 쉽지 않았던 이들에게 차 시간에 맞춰 역에 도달하는 것은 만만한 일이 아니었다. 겨우 1~2분 늦었을 뿐인데 기다려주지 않고 정해진 시각에 재깍 출발해버리는 열차가 야속했을 것이다. 아마 처음엔 자책보다는 매정함이 먼저 찾아왔을 것이다. 기차를 놓쳐본 사람에게 기차 시각표는 시時와 분分의 시간 개념을 인지하는데 그 어떤 것보다 효과적이었다. 19세기 말, 여전히 '해가 중천에 뜨면, 해질녘에, 두어 참 지나'로 시간 약속을 잡는 조선인에게 어느 날 갑자기 들이닥친 몇 시 몇 분, 또는 10분, 20분, 1시간, 2시간 따위의 시간량이 도통 무엇이란 말인가. 좀처럼 알 수 없는 무형의 그 어떤 것이었으리라. 그러나 이들도 정해진 시각에 주기적으로 다니는 기차를 보고, 경험치가 쌓이면서 서서히 근대적 시간 개념을 잡아나갔다.

(2) 탈것의 사회사

조선 정부농상공부는 경인철도가 개통하던 날 부령部令

으로 '경인간철도규칙'1899.9.18.을 발령한다. 표값, 제반 위반 시 벌금/배상, 승차 거절, 책임/보험, 위험물/화물운송 관련 조항들이 비교적 상세하다. 특히 제1조를 보면, '차표를 사서 차를 타고, 차에서 내린 후 차표를 차주에게 내'도록 되어 있다.

> 제1조 철도에 운전하는 화륜거를 타는 자는 어떤 사람이든지 먼저 표값을 내고 차표를 사서 차를 타고 차에서 내린 후에는 차표를 차주에게 내어라.
>
> 제2조 어떤 사람이든지 표값을 내지 않고 차를 타거나 자기가 가진 등급보다 고등급 차에 타고 가는 자는 그 차표에 정한 외에 찻값을 리수 원근과 등급의 어떠한 것을 물론하고 한 사람에 5전씩 받는다.
>
> 제3조 돌림병을 앓은 사람은 승차를 거절한다.
>
> 제4조 미치거나 난잡한 자는 승차를 거절한다.
>
> 제5조 어떤 사람이든지 정거장과 철도소 안에 있는 각종 표지와 기계, 짐, 목침목, 담을 파손하는 자는 회사에 적당한 배상을 해야 한다.
>
> 제6조 차 타는 사람의 손에 든 물건은 따로 운임을 받지 아니하며 차안에서 물건이 상하거나 차표를 잃어버리더라도 회사에서는 책임을 지지 않는다.
>
> 제7조 귀중품이나 금, 은, 그릇, 각종 표문건, 어음, 지전, 구슬, 금덩이, 모피, 상등의복, 단필, 서화 등 귀한 물건은 운송하는 비용이나 보험료를 내지 않으면 회사에서는 그 손해에 대하여 책임이 없다.
>
> 제8조 소와 말과 산짐승을 수송하는데 보험료를 내지 않으면

그 손해에 대해서 회사는 책임이 없고 만일 보험료를 낸 자라도 배상하는 돈은 말은 한 마리에 10원 안이요, 소는 한 마리에 20원 안이요. 다른 동물은 한 마리에 3원 안으로 정한다.

제9조 위험한 물건이라는 것은 화약, 폭발물, 동물과 생석회이며 석유, 초, 성냥 등 불이 나면 다른 물건을 해치는 물건은 위험물로 취급한다.

제10조 잃어버리거나 상한 물건에 대한 손해배상은 회사가 재물을 거둔 후에 혹 관리하는 동안에 회사에서 게을리하였을 때는 배상하나 재물주인이 소홀히 하였을 때는 회사에서 책임이 없다.

제11조 물건을 철도에 부칠 때 운임을 내며 특별히 후에 내기로 약조한 정거장에 당도하여 운임을 받고 물건과 교환한다.

제12조 철도소 안에 두는 물건과 차에 실은 물건의 잃은 것과 상한 것은 물건주인의 책임이요, 철도는 화물을 차에 실은 후 내리기까지만 보호한다.

제13조 차안에 틈이 없고 차가 부족한 때에는 차객과 화물을 거절한다.

제14조 회사에서 정하는 근은 영국근이니 곧 방이라 하고 자는 영국 척이니 12촌이요, 리는 영리이니 백윤百輪을 일쇄 一鎖라 하고 80쇄를 리라하며 톤은 영국근수로 2천2백40근이요, 용적은 1백립 영척으로 한다.

제15조 차객과 화물의 임자는 이상의 조목을 굳게 지키되 만일 이 규칙을 준행치 않는 자는 차타며 화물운송허가를

얻지 못한다. 『독립신문』, 1899년 9월 16일

  운임은 1등칸이 1원 50전, 2등칸이 80전, 3등칸 40전이다. 화물은 1개個 또는 1짐곤梱을 단위로 하여 각 품목마다 정해진 임금을 받았다『조선철도사』, 1915, 58~59쪽. 1898년 시중 물가가 쌀 1가마80kg 4원, 닭 1마리 20전, 쇠고기 1근 12전, 달걀 10개 8전이었으니,* 3등칸이라도 쇠고기 3근 이상, 달걀 50개에 달하는 적지 않은 금액이었다. 한편 정액 할인권도 있었다. 여기에는 '기명'과 '무기명' 두 종류가 있는데, 기명의 경우 30회 탑승에 1등칸은 30%, 2등칸은 20%, 3등칸은 적용하지 않으며, 무기명은 1등칸 20%, 2등칸 15%, 3등칸 10%를 할인해 주었다. 기명은 한 사람만 이용할 수 있고, 무기명은 여러 사람이 동시에 이용할 수 있기 때문에 할인율에 차이가 있다.

  철도 개통 전에는 2등칸 이상은 주로 일본인이 중국인이나 조선인은 3등칸을 많이 탈 것이라 예상하였으나, 개통 이후의 상황을 보면, 일본인이 3등칸을 가장 많이 타고, 2등칸 이상은 조선인과 중국인이 더 많이 탔다. 전체 이용객의 측면에서도 조선인은 차치하고, 일본인보다 중국인이 많았다고 한다『독립신문』(서재필), 1899년 10월 9일. 관련 문헌을 보면, '1899년 12월 말 105일 동안 일일 평균 여객 수는 366명으로 한인이 6할 이상을 점하고, 중국인이 2할, 일본인이 그 나머지 2할 약弱의 분포를 보인다. 또한 화물 발송 톤수는 일일 평균 11.8톤으로 그 중 6할 이상이 중국인 화물이고, 1일 1마일 평균 수입은 7

---

* 통계청 「구한말 경제사회상」 공개, 『동아일보』, 1994.7.29.; 손길신, 『한국철도사』, 북코리아, 2021, 59쪽에서 재인용.

월 39전'이었다『조선철도사』, 1915, 58~59쪽.

　　교통비를 지불하는 것은 매우 자연스러운 것임에도, 위 규칙에는 기차를 타려면 돈을 내야한다는 조항을 맨 앞에 둔다. 이는 무언가를 타는데 돈을 낸다는 행위가 익숙치 않다는 것을 시사한다. 역시 당시 사회 저변에는 여전히 '탈것'은 아무나 타는 것이 아니라는 인식이 작동하고 있었다. 조선은 말馬은 물론 가마나 남여藍輿와 같은 탈것을 누구나 탈 수 있는 나라가 아니다. 이를 신분으로 엄격히 제한하고 있었기 때문에 일반 평민은 꼴 먹이러 데리고 나갈 때에나 잠시 타는 소등이 전부였다. 사실 나귀나 소등조차도 길마를 얹기 때문에 앉을 기회가 많은 것도 아니다. 그런데 이제 신분 고하를 막론하고, 돈을 내고 차표만 끊으면 나도 여느 양반과 같이 보란 듯이 탈것을 탈 수 있는 세상이 된 것이다. 철도는 단순한 교통수단이 아니라 근대적 평등 의식을 전파한 문화요소이기도 했다.

(3) 상행선과 하행선의 논리

　　1901년 3월 13일자『황성신문』광고에 열차 시각을 개정하는 광고가 하나 게시되었다.

> (경인철도). 본월 16일음력 정월 26일부터 기차 운행 시간을 왼쪽과 같이 개정함. 인천발(상행) 오전 7시 30분, 10시, 오후 12시 30분, 3시 5시 30분, 경성발(하행) 오전 7시 30분, 10시, 오후 12시 30분, 3시, 5시 30분.『황성신문』, 1901년 3월 13일

> (京仁鐵道) 本月十六日 陰正月二十六日 붓터 汽車運行時間을 如
> 左히 改正 仁川發(上行) 午前七時三十分 仝 十時 午后十二時
> 三十分 仝 三時 仝 五時三十分 京城發(下行) 午前七時三十分
> 仝 十時 午后十二時三十分 仝 三時 仝 五時三十分

앞에서도 언급했지만, 계절별로 운행 편수를 조정하는 광고이다. 그런데 여기서 얘기하려는 것은 시간표가 아니라 상행과 하행이라는 표현이다. 지금도 상행과 하행이라는 규정을 사용하고 있다. 이는 전철에서도 마찬가지이다. 전철이 진입할 때면 열차 도착을 알리는 아나운서의 멘트 전에 짧은 멜로디가 흘러 나온다. 이를 진입음, 접근 멜로디, 철도 멜로디 등으로 부르는데, 독자들도 벨, 실로폰, 트럼펫, 가야금, 관현악, 서양 클래식 사계, 군대행진곡 등의 소리를 기억할 수 있을 것이다. 그런데 양 방향의 진입음이 서로 다르다. 각 노선마다 상행과 하행의 기준을 갖고 이를 구분하여 별도의 멜로디를 틀어주는 것이다.* 인천 1호선과 2호선은 진입음으로 뱃고동 소리와 갈매기 울음소리를 내보낸다. 열차에 상·하행 기준을 사용하는 것은 열차 시각과 열차 방향을 명확히 일치시키기 위해서이다.

철도 교통에서 언제부터 상·하행을 구분했는지 정확히 알 수 없다. 다만, 위 인용문에서 이미 상·하행 표현을 쓰고 있으니 최소한 1901년부터는 사용했음을 알 수 있다. 일반적으로 상행은 절대방위와 무관하게 서울을 향해 가는 방향이고, 하행은 서울에서 멀어지는

---

* 기본적으로 북쪽 또는 서쪽 방향으로 이동하는 열차편이 상행이다. 한편 서울 지하철 2호선과 같은 순환선은 반시계방향이 상행이다.

방향을 일컫는다. 따라서 경부선의 경우 부산에서 서울을 향해 북쪽으로 이동하는(올라가는) 차편이 상행선이고, 그 반대 방향이 하행선이 된다. 경의선이나 경원선은 방향이 바뀌는데, 파주나 연천에서 서울을 향해 남쪽으로 이동하는(내려가는) 차편이 상행선이 된다. 서울로 직접 연결되지 않는 교량선(지선), 또는 동서 방향으로 뻗은 노선 역시 비슷한 원칙을 적용하는데, 최고 기준점이 되는 서울과 연결되는 간선 철도(ex) 경부선) 쪽으로 향해 가는 차편이 상행선이 된다. 경전선의 경우, 송정(광주)에서 동쪽으로 부산(부전)을 향해 가는 차편이 상행선이고, 충북선은 제천에서 서쪽으로 조치원(대전)을 향해 가는 차편이 상행선인 것은 이 방향이 간선 철도, 즉 경부선에 가까워지는 방향이기 때문이다.

그런데 일제시기에 철도의 상·하행은 지금과 다르다. <그림 5-33>의 열차 시각표를 보면 경성에서 출발하여 천안 쪽으로 내려가는 차편이 상행이고, 부산에서 출발하여 대구 쪽으로 올라가는 차편이 하행이다. 우리의 상식과 달리 서울에 멀어지는 방향이 상행선이고, 그 반대가 하행선인 것이다. 왜인가? 결론은 아주 쉽다. 여기서도 제1의 중심 도시를 기준한다는 논리는 유효하다. 다만 그 기준 도시가 달라졌을 뿐이다. 즉, 일제의 시각에서는 상·하행의 기준점이 경성이 아니라 부산이다. 부산이 조선에서 일본의 수도와 가장 가까운 도시이기 때문이다. 조선에서 일본으로 가려면, 부산까지 와서 배를 타고 가야하니 이 방향이 상행이어야 한다는 논리이다. 일제가 합병 후 조선의 수도 한성(경성)을 일개 부(府)로 전락시키고 경기도 소속으로 한 것은 식민지에 수도가 있을 수 없다는 논리에 기반하는데, 상·하행의 논리와 다르지 않다.

경부본선		행선지	
경성 – 부산 (상행)		열차편성	食寢 1, 2, 3
KM	역명	열차번호	4
0.0	신경		
304.8	봉천		10:50
580.6	안동		17:30
819.2	평양		21:55
0.0	경성		2:35
3.2	용산		2:40
			2:41
5.9	노량진		V
9.2	남경성		V
			V
17.4	시흥		급행
24.0	안양		흥아
29.9	군포		V
41.7	수원		V
			V
49.0	병점		V
57.2	오산		V
67.2	서정리		V
75.6	평택		V
85.0	성환		V
90.4	직산		V
97.3	천안		V
			V

경부본선		행선지	경성행
부산 – 경성 (하행)		열차편성	食 1, 2, 3
KM	역명	열차번호	17
240.0	시모노세키 출발		22:30
	부산 도착		6:00
부산기점	부산	잔교출발	6:50
		본옥출발	V
1.7	초량		V
2.9	부산진		V
12.7	사상		V
17.3	구포		V
31.2	물금		V
40.0	원동		V
49.2	삼랑진		V
			V
62.0	밀양		V
74.2	유천		급행
85.1	청도		아카츠키
93.9	남성현		V
101.6	삼성		
108.8	경산		V
115.7	고모		V
124.8	대구		8:43
			8:48

그림 5-33. 1941년 경부선 열차 시각표(일부)

자료: 조선열차시각표(1941).
출처: '조선열차시각표(1941) 엑셀 버전', 통일호매니아, Rail+철도동호회, https://cafe.daum.net/kicha/2sD0/70 (검색일: 2024.10.15.).

    이러한 논리 구조는 호남선 부설에서도 볼 수 있다. 호남선은 1911년부터 부분 개통을 시작하여 1914년에 대전에서 목포까지 전 구간을 개통한다. 호남선 역시 목포발 대전행 차편이 상행선이다. 앞의 논리와 마찬가지로 이 차편이 부산으로 가는 간선 철도, 즉 경부선을 향해 가는 방향이기 때문이다. 그런데 한 가지 재밌는 것은 호남선과 경부선이 만나는 대전역에서의 철로의 접합 형태이다. 이미 만들어진 경부선에 호남선이 접속해야 하는 상황에서 호남선은 철로의 방향이 위로 볼록하게 올라갔다가 내려오는 방향으로 경부선에 접속한다. 이는 호남선이 간선 철로인 경부선에 접속함에 1차적으로 중시한 방향이 경성이 아니라 부산이라는 것을 의미한다. 목포에서 출발한 열차는 부산 방향으로는 진행 방향 그대로 운행할 수 있지만, 경성 방향으로는 열차의 선미를 바꾸는 회차 절차가 필요하다는 것이다.

목포에서 인천까지 기차로 이동하기 위해서는, 호남선 상행목포-대전, 경부선 하행대전-영등포/경성, 경인선 하행영등포/경성-인천 등 세 노선을 이용해야 한다. 1936년 『조선열차시각표』에는 목포발 경성행 차편이 하나 있다. 2등칸과 3등칸, 그리고 밤에 출발하기 때문에 침대칸으로 편성된 302호 열차이다. 이를 타고 인천까지 와보자.

열차 시각표 호남본선 상행선 편에 302호 열차는 목포에서 19:55에 출발하여 대전에 1:45에 도착한다. 그런데 경부본선 하행선 편에서는, 목포에서 출발한 302호 열차의 대전 도착 시각이 1:54이다. 1:45과 1:54 사이에 9분의 시차가 나는데, 이것이 부산 쪽을 향해 경부선으로 진입한 호남선 열차의 선두기관차 방향을 경성 쪽으로 돌리는데 필요한 시간이다. 1:54에 경부선 선로 대전역 플랫폼에 도착한 302호 열차는 2:20에 출발하여 영등포에 6:50, 경성에는 7:12분에 도착한다. 영등포역에서 환승한다면 7:09에 경성발 인천

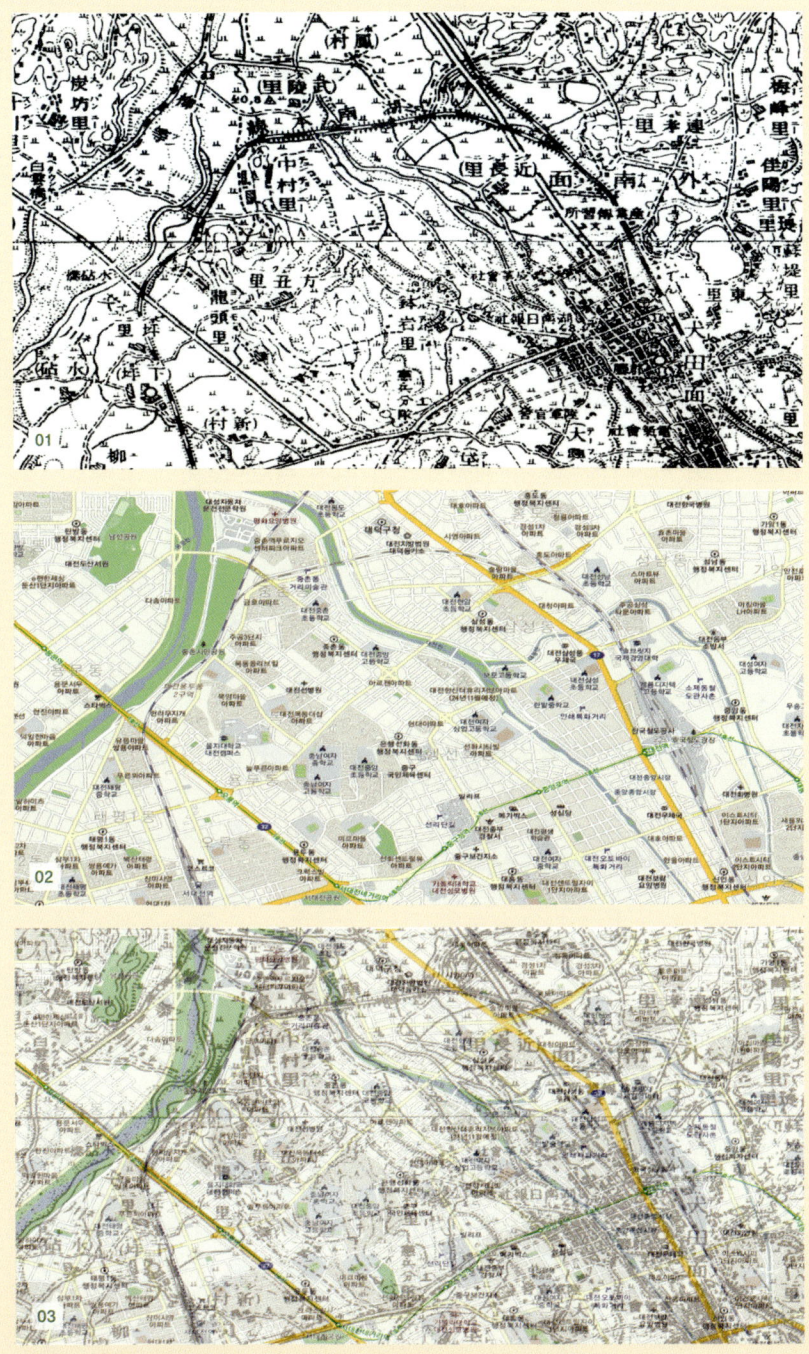

그림 5-34. 호남선의 경부선 접속
01: 1910년대 1:50,000 지형도 / 03: 1910년대 지형도와 현대 지도를 오버랩한 지도
바탕지도는 카카오맵 (https://map.kakao.com)으로 카카오맵의 실제 서비스 이미지와 다를 수 있음.

행 401호 열차를 타고 인천역에 7:50에 도착한다. 대전역에서의 회차 시간과 영등포역에서의 환승 시간을 포함하여 목포에서 인천까지 오는데 11시간 55분이 걸렸다. 이러한 상황은 전라선도 마찬가지였다.

현재는 호남선과 전라선에서 서울 방향으로 진입하는 선로가 별도로 만들어져 위와 같은 불편은 없어졌다. 다만 고속철도의 경우 호남선과 전라선은 서대전역에서만 정차하고, 대전역은 경유하지 않는다. 선로 자체가 다르기 때문에 연결되지 않는다. 이에 고속철도로 목포나 여수에서 부산을 가려면 오송역까지 올라갔다가 경부선 하행선으로 환승해야 한다. 일반철도를 이용할 경우 무궁화 열차를 타고 신탄진에서 목포발 07:11~10:35, 16:10~19:46 경부선으로 환승하여 부산까지 신탄진발 11:51~15:35, 19:58~23:32 갈 수 있다. 다만 7~8시간이 소요되기 때문에 대부분은 4~5시간이 걸리는 고속버스를 이용한다.

(4) 관광도시 인천의 개막

일반인의 국내 여행, 특히 장거리 여행의 시작과 확산은 철도교통이 갖고 온 달라진 풍경의 하나이다. 기본적으로 여행은 근대의 산물이고, 이를 가능하게 한 것이 근대의 상징적·혁신적 문명인 철도라고 해도 과언이 아니다. 대표적인 사례는 일제시기에 시작된 중·고등학생의 수학여행이다. 배재학당 학생들은 1921년 9월 28일 단풍철을 맞이하여 오전 10시 20분에 경원선 열차를 탔고 『동아일보』, 1921.9.28. 기사, 같은 해 10월 9일에는 보성고보 학생 중 4학년은 금강산으로, 3학년은 경주로, 2학년은 평양으로, 1학년은 개성으로 수학여행을 떠났다.『동아일보』, 1921.10.9. 기사. 경원선을 비롯하여 경의선·경부선이 그야말로 '원족遠足=수학여행'을 가능케 하였다. 1923년 중앙고등보통학교 수학여행단은 5학년이 금강산, 4학년이 경주, 3학년이 함흥, 2학년이 부여, 1학년이 개성으로 다녀왔다『동아일보』, 1923.10.14.. 1930년대 초반에 '일본 만주 등지의 대도회로 수학여행 가는 것이 경쟁적으로 대단히 유행이 되었다. 이전에는 금강산이나 경주 등지로 많이 가더니 근자에는 일본행이 단연 수위를 점하고 있'『동아일보』, 김찬식, 독자평단, 1931.5.15.으니 해외 수학여행에는 경의선과 경부선이 한몫하였다김종혁, 2017, 153~155쪽.

일제는 러일전쟁이 이후 일본인의 식민지 관광을 적극적으로 장려하였으며, 이는 일본인의 조선과 만주를 대상으로 하는 해외 관광 붐으로 연결되었다. 일제는 관광의 공급자로서 식민지 관광정책을 수립하고 관광지의 조성에도 적극적으로 나섰다. 한편 인천은 개항 이후 서울의 입구 역할을 하는 항구도시로서 도시화가 진행되었으나, 1920년대 이후 관광도시로서의 이미지도 구축되었다. 인천의 관광지들은 대부분 일제강점기 이후에 조성된 곳이었으며, 일제 통치의 정당성과 일본제국의 우월성을 보여줄 수 있는 장소들이 대부분이었다정치영, 2023, 89쪽.

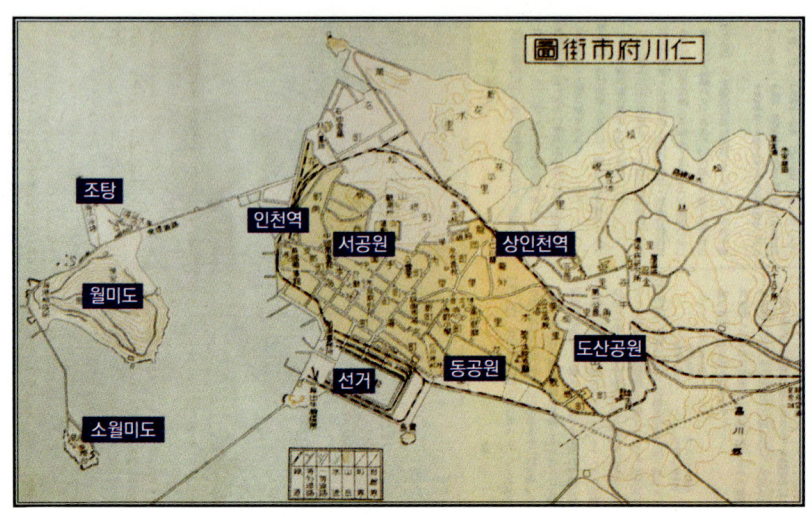

그림 5-35. 인천의 주요 관광지
출처: 정치영, 2023, 97쪽의 <그림 2>를 전재함.

　　조선총독부 철도국은 『조선철도선로안내』1911, 『조선철도여행편람』1924, 『조선여행안내기』1934, 『경성: 개성·인천·수원』1938 등의 관광안내서를 발간하는데, 이들 책자는 인천의 관광지로 도산공원현 광성고등학교 구릉지, 일본공원, 월미도, 소월미도, 강화도, 인천공원, 인천선거, 조탕, 송도유원지, 문학산 등을 수록한다. 이 가운데 일본인이 가장 많이 찾은 곳은 인천선거인천항이고, 이어서 일본공원각국공원=서공원=야마테(山手)공원=현 자유공원, 월미도조탕, 인천공원일본공원=미야마치(宮町)공원=동(東)공원=인천신사 터(정치영, 2023, 96쪽) 등이 인기가 높았다.

　　인천을 방문한 일본인 개인 및 단체는 교원·실업가·정치가·언론인·종교인 등으로 다양한데 가장 높은 비중을 차지한 직업은 교원이었다. 이들은 대부분 경성을 구경하고, 경인철도를 이용하여 반나절 또는 한나절 당일치기로 인천을 다녀갔고, 길어도 1박 2일 일정이었다. 그만큼 인천은 경성이나 평양, 개성, 경주불국사 등의 역사도시, 그리고 자연경관이 빼어난 금강산에 비해 일본인이 선호하는 관광지는 아니었다. 그럼에도 인천이 일본인 관광객을 유치하는 몇 안되는 도시이며, 이것이 경인철도로부터 가능했다는 것은 중요한 사실이다 정치영, 2023, 103~105쪽.

7) 수인선의 부설

경인선 운행이 시작되고 38년이 지난 시점에 인천은 새로운 철도 노선 하나를 더 갖는다. 조선경동철도주식회사가 부설한 사설私設 철도 수인선水仁線이다. 선로의 너비, 즉 궤간軌間이 762mm짜리인 협궤 열차라는 점이 특이하다. 개통일은 1937년 8월 5일이다. 운행 구간은 인천항역에서 수원역까지 52.0km이고, 최초의 역은 인천항-송도-문학-남동-논현-소래-군자-신길-원곡-성두-일리-빈정-야목-어천-오목-수원역 등 모두 17개이다. 1940년 시각표에 따르면, 인천항발 첫차는 7:02에 출발하여 15개 경유역에 모두 정차하면서 수원역에 8:41에, 수원발 첫차는 6:59 출발, 8:37에 인천항역 도착하였다. 하루에 6회 왕복하였고, 소요 시간은 약 1시간 40분, 배차 간격은 대체로 2시간 30분 정도였다.

수인선은 무엇보다 수려선과 관련하여 얘기하지 않을 수 없다. 마치 하나의 노선인 것처럼도 자주 언급된다. 수려선은 수원과 여주를 잇는 노선으로 수원-이천 구간을 먼저 개통하고1930.12.1., 이듬해에 이천-여주 구간을 개통1931.12.1., 전 구간 영업을 개시한다. 이로써

1937년부터는 인천에서 수원까지는 물론 용인, 양지, 이천, 여주 등지로 철도 여행과 화물 수송이 용이해졌다. 실제 두 노선은 1942년에 조선철도주식회사 일명 朝鐵가 인수하면서 하나의 노선으로 병합, 경동선이라 불렀다. 두 노선의 통합이 가능했던 것은 둘 다 협궤로 건설되었기 때문이다.

수려선은 시·종점역을 포함하여 모두 20개 역 73.4km 구간에서 하루 5~6회 왕복 운행하였고, 소요 시간은 약 2시간 30분이었다. 수인선 개통 이후 인천에서 여주까지 이동하는데 약 5시간이 소요되었으니 1940년대가 되면 인천의 1일 생활권이 서울과 그 주변 지역 및 경기 남부 지역까지 확장되었다고 할 수 있다. 철도가 놓이기 전 인천에서 서울이나 수원까지는 도보로 편도 1일 일정이었다. 수려선은 1972년 3월 31일까지 운행하고 폐선된다. 이후 철로가 뜯겨 나가고, 역사 또한 철거되었다. 지금은 옛 교각 정도가 일부 남아 있을 뿐이다.

수인선과 수려선은 수탈 철도의 대표격으로도 잘 언급된다. 이천, 여주 일대의 쌀을 일본으로 이출移出하기 위한 수송 라인으로 수려선을 건설했고, 효율성을 높이기 위해 인천항까지 수인선으로 연결했다는 것이다. 일본은 1920년대부터 산미증산계획을 실시하므로 두 노선은 일제의 농업 정책에 중요한 기반 시설로 기능한 사실에 대해서는 별 이견이 없다. 이와 함께 수인선 부설은, 인천을 중심으로 한 경기만 일대와 황해안 전역에서 생산하여 해로 등으로 인천항까지 운반한 천일염을 수도권 및 조선의 내륙, 더 멀리는 일본이나 만주로 수송하기 위한 목적도 있었다.

오늘날 세계 각지에서 운행 중인 철도의 궤간은 매우 다양하다. 모든 열차는 하나의 궤간에 맞춰 제작되기 때문에 궤간이 다른 선로에서는 운행이 불가하다. 수인선과 수려선은 수원역을 경유하는 인천-여주 간 직통 열차를 운행할 수 있지만, 수인선과 경부선처럼 궤간이 다른 노선에서는 불가하다. 예컨대 인천에서 천안을 간다면 수인선을 타고 수원역에서 내린 다음 여기서 경부선 철도로 갈아타야 한다. 궤간이 다른 두 노선의 접합역은 환승역이 되지 않을 수 없다.

이러한 불편함을 감수하고라도 여객 열차편은 그나마 운영할 수 있지만, 화물을 환승하는 것은 거의 불가능하다. 이에 원활한 노선 연결을 위해, 증기 기관차를 발명하고 1825년에 최초의 철도 스톡턴-달링턴 간 철도를 개통시킨 조지 스티븐슨 George Stephenson, 1781~1848 이 1830년에 궤간 1,435mm를 표준궤로 제안한다. 보통은 이를 기준으로 이보다 넓으면 광궤廣軌 좁으면 협궤狹軌라 하는데, 국가별로 표준궤의 기준이 또 다르기 때문에 광궤와 협궤는 일률적이지 않다.

광궤와 협궤의 너비 또한 다양하다. 현재 운행 중인 광궤로는 1,676mm인도 궤간, 1,668mm이베리아 궤간, 1,600mm아일랜드 궤간, 1,520mm러시아 궤간 등이 있고, 지금은 사라졌지만 2,140mm도 있었다. 협궤로는 1,372mm스코틀랜드 궤간, 1,067mm케이프 궤간, 1,000mm미터 궤간, 891mm, 762mm보스니아 궤간, 610mm 등이 있다. 이 가운데 수인·수려선을 포함하여 한국에 있던 일반 철도의 협궤는 너비가 모두 762mm이다.

협궤는 표준궤보다 건설이 용이하고 비용이 적게 들며, 공사 기간도 짧다. 이에 인구수가 적거나 지형 조건이 불리한 산악·탄광지대

등지에서 철도는 주로 협궤로 건설되며, 특히 아시아나 아프리카 등의 식민지에서 범용적으로 건설되었다. 도시 내 도로 위에 놓인 레일을 따라 움직이는 궤도노면 전차, tram 또한 주로 협궤로 건설했는데 한국은 1,067mm를 채택한다. 국내 최초의 궤도는 1898년에 착공하여 이듬해 5월 17일에 개통한 경성궤도서울전차, 1899~1968이다. 이밖에 부산전차1909~1968, 경성전차1930~1961, 동대문-뚝섬, 함평궤도1927~1960, 학교역(현 함평역, 함평군 학교면 사거리)-함평역(함평군 함평읍 함평리, 군청소재지), 평양전차1923~1951? 등의 궤간이 모두 같다.*

　마지막까지 운행하던 서울전차와 부산전차가 도로망과 시내버스 운행의 확충으로 1968년에 폐선되면서 지금 한국에서는 노면 전차를 볼 수 없다. 일반 철도에서 협궤는 사철私鐵에 많았지만, 해방 전에 대부분 표준궤로 개궤했다.** 해방 후 남한에서 볼 수 있는 협궤는 수인선과 수려선뿐이었고, 그나마 1972년 이후로는 수인선이 유일했다. 협궤를 운행하는 열차는 차폭도 당연히 좁고, 차량 길이도 짧아 '꼬마열차'로 불리기도 했다. 연결 차량 수도 적고 속도도 느리다.

　수인선의 기억이 남다른 것은, 모든 열차가 표준궤를 달릴 때, 1990년대까지 20세기 초의 모습을 유지하다가 속절없이 사라진 귀

---

*　부산경편궤도주식회사가 '부산궤도(부산진-동래온천, 1909~1915)'에 처음 그리고 아마 유일하게 610mm 협궤를 적용한다. 그러나 3년이 지난 1912년에 한국와사전기주식회사가 이 궤도를 인수하면서 762mm로 개궤하고, 1915년에 '부산전차'로 확대할 때 1,067mm로 다시 한번 궤도를 수정한다. 1909년부터 1915년까지 세 가지 협궤를 모두 경험한 유일한 전차이다.

**　수인·수려선 외에 경동선(동해남부선, 대구선), 도문선(함북선), 백무선, 송흥선(신흥선), 옹진선, 장진선, 전라선 일부, 토해선, 함경선 일부, 무산선(함북선), 해주선(황해청년선), 홍남선(서호선) 등이 협궤이다. 남한보다는 지형 조건이 철도 부설에 더 열악한 북한에서 더 많았지만, 이들 역시 표준궤로 개궤된 노선이 많다. 도문선은 나중에 함북선이 되는데, 홍의역에서 라진역 구간이 1,524mm 광궤이다.

여운 꼬마열차에 대한 그리움과 이에 얽힌 갖가지 추억 때문일 것이다. 그러나 이러한 추억을 간직한 사람은 점차 줄어들고 있다. 필자도 1989년에 송도역에서 협궤 열차를 탔던 기억이 유일하다. 이른바 MZ 세대는 어렸을 때 부모님 승용차를 탔고, 학창 시절에는 주로 버스나 전철지하철을 이용하기 때문에 협궤 열차는 고사하고 기차 여행에 대한 경험 자체가 별로 없다. 필자의 20대 아들 역시 어릴 때 광명역에서 부산까지 KTX를 타고 간 적이 있지만, 기억하지 못해 본인은 아직 기차를 타보지 못했다고 한다.

한국의 철도 노선 가운데 수인선만큼 곡절 많고 마음고생 심한 노선이 또 있을까 싶다. 인천에서 수인선이 사라진 지 30년이 넘었음에도 시민 중에는 수인선을 잊지 못하고 기억하는 사람도 많다. 그 이유는 수인선이 협궤 열차라는 사실에서 비롯한 듯하다. 단순히 협궤 열차라서가 아니라 가장 늦게까지 남아 운행한 협궤라는 점에 방점이 찍힌다. 1972년에 수려선이 운행을 중단한 이후 국내의 협궤 열차는 수인선이 유일했다. 그러나 수인선의 운명도 그리 오래 가지 못하고 1973년부터 단계적으로 구간 폐선이 진행되다가 1995년 12월 31일 완전히 막을 내린다. 표면적으로 드러난 요인은 대체 교통수단의 발달과 시가지 개발에 따른 교통 불편 해소였지만, 근본적인 요인은 역시 영업 적자이다.

표 5-8. 수인선의 생애

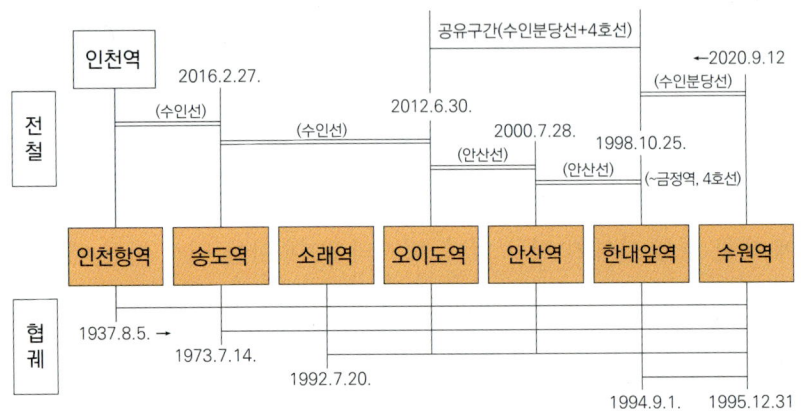

　　인천항만을 중심으로 외곽으로 공업지대와 주택지구 등 시가지 개발을 위해 일찍이 1973년 7월 14일에 남인천인천항-송도 구간이 가장 먼저 폐선된다. 이에 송도역은 수인선의 시·종점역이 되면서, 이미 수려선이 폐지된 이후였기 때문에 유일한 협궤 철도의 상징적인 역사로 인식되기 시작한다. 1988년에는 안산으로 수도권 전철 4호선이 들어온다. 수인선 이용객이 점차 줄어드는 상황에서 1990년대부터는 자가용 보급률이 급증하면서 이른바 마이카My Car 시대가 열린다. 설상가상으로 1990년대 초에 연수택지지구 개발까지 확정되면서 선로는 제거되어 공원이나 도로로 전환된다. 결국 1992년 7월 20일 송도-소래 구간 영업 중단과 함께 인천에서는 더 이상 꼬마열차가 달리는 모습을 볼 수 없게 된다.*

---

* 1995년 폐선 이후 소래포구역에서 노량진역까지 특별 열차가 운행한 적이 있다. 당연히 협궤 열차는 아니다. 이 열차는 소래포구-오이도 구간은 수인선, 오이도-금정 구간은 안산선, 금정-노량진 구간은 경부선 선로를 이용하였고, 소래포구, 안양, 구로, 신도림, 영등포, 노량진역에만 정차하였다. 2013.4.27.~5.26. 토·일요일 하루 2

1990년을 전후하여 빠르게 재편된 전철망은 수인선을 더욱 궁지로 몰아넣는다. 1988년 10월 25일 안산-금정 간 안산선이, 1994년 4월 1일 금정-사당 간 과천선이 개통함으로써 안산선-과천선-서울 지하철 4호선이 직결된다. 이제 안산·시흥 등지에서 환승 없이 서울까지 갈 수 있게 되었다. 협궤 열차는 빠르고 정확하게, 한 번에 많은 사람을 실어 나르는 전철에 상대가 되지 않았다. 이후 수인선은 더 이상 버티지 못하고 더욱 빠르게 몰락한다. 1994년 9월 1일 소래-한대앞일리 구간 영업을 중단하더니 얼마 안 가 1995년 12월 31일에 마지막 협궤 열차가 한대앞-수원 간 운행을 마치고 수인선 전체가 역사 속으로 사라진다.

    안산선4호선이 개통된 1988년부터 1995년까지 원곡역안산역에서 일리역한대앞역 구간에서는 수인선 협궤 열차와 안산선 전철이 같이 다녔다. 노선은 다르지만 두 선로는 크게 벗어나 있지 않다. 안산역까지 들어온 안산선은 2000년에 오이도역까지 연장되는데, 이 역시 옛 수인선 철도 부지를 활용한 것이다. 소래에서 철교 건너 월곶을 지나면 바로 오이도역이다. 그러자 인천을 비롯하여 안산, 시흥, 안양 등 4호선으로 연결되는 지역의 시민들 사이에서 수인선 재개통에 대한 여론이 급물살을 타고 형성, 곧바로 타당성 검토를 거쳐 2004년 12월 28일부터 복선 전철화 표준궤 개궤를 위한 공사를 시작한다. 이후

회 왕복 운행하였는데, 노량진역에서 9:00와 15:00에, 소래포구역에서는 13:00와 18:30에 출발하였고, 운행 시간은 72~74분이 걸렸다(https://blog.naver.com/digmon2001/50170747939, 검색일: 2025.3.15.). 2012년 9월 8~9일 이틀간 시흥 갯골축제를 위해 1일 2회 왕복, 11월 10일~12월 2일 토·일요일에는 김장철을 맞이하여 소래포구 젓갈열차가 1일 2회 왕복 운행하였다.

2012년에 송도역까지, 그리고 2016년에 인천역1호선까지, 그리고 남은 구간 한대앞역에서 수원역까지를 2020년 9월 12일에 개통했다. 출발역이 인천항역에서 인천역으로 바뀌고 일부 노선이 살짝 변경되었으며, 최초 증기기관 협궤에서 표준궤 전철로 개선되었고, 역 수가 17개에서 27개로 늘어났지만, 1995년에 전선 폐지된 수인선은 25년 만에 제대로 부활하였다. 인천역-수원역 간 수인선 노선은 분당선과 통합되어 수인분당선인천역 - 청량리역으로 불린다. 이 가운데 안산역에서 한대앞역까지의 구간은 기존의 수도권 전철 4호선 선로를 공유한다.

표 5-9. 수인선의 역과 시각표(1940)

| 인천항-수원(상행) | | 열차번호/출발시각 | | | | | 현재역 |
거리(km)	역명	22	24	26	62	28	30	(수인분당선)
0.0	인천항	7:02	9:27	12:00	13:47	17:07	19:00	숭의역
5.1	송도	7:11	9:36	12:09	14:04	17:16	19:09	송도
6.2	문학	7:14	9:39	12:12	14:08	17:19	19:12	-
9.6	남동	7:20	9:46	12:18	14:20	17:25	19:18	남동인더스파크역
10.5	논현	7:23	9:49	12:21	14:24	17:28	19:21	호구포역
13.4	소래	7:30	9:56	12:28	14:34	17:36	19:28	소래포구역
19.7	군자	7:41	10:08	12:39	14:53	17:47	19:39	정왕역
22.8	신길	7:46	10:13	12:44	15:02	17:52	19:44	신길온천역
24.2	원곡	7:51	10:18	12:48	15:18	17:56	19:48	안산역
30.4	성두	8:01	10:28	12:58	15:36	18:06	19:53	-
32.0	일리	8:15	10:33	13:02	15:42	18:10	20:03	한대앞역
36.9	빈정	8:13	10:41	13:10	15:56	18:18	20:11	-
38.3	야목	8:16	10:44	13:13	16:00	18:21	20:14	同
41.3	어천	8:21	10:49	13:19	16:09	18:27	20:18	同
46.2	오목	8:29	10:57	13:27	16:25	18:35	20:27	오목천
48.1	고색	8:34	11:02	13:31	16:38	18:39	20:32	同
52.0	수원	8:41	11:09	13:38	16:44	18:46	20:39	同

개통하던 날 수인선의 소속 역은 17개이다. 인천항-소래역까지가 당시 인천부 및 부천군, 군자-일리역까지가 시흥군, 그리고 빈정-수원역까지가 수원군에 속한다. 일부 위치가 좀 달라지고, 역명이 바뀌긴 했지만 문학역, 성두역, 빈정역을 제외한 14개 역은 수인분당선으로 부활하여 영업 중이다. 수인선 역 가운데 인천항역, 송도역, 문학역, 남동역, 논현역, 소래역이 오늘날 인천에 속한다. 수인선 역에 대해 좀 더 얘기해 보자.

표 5-10. 수인선 역의 주요 연혁

영업 기간	역명	현재역	주요 내용
1937.8.5.~1973.7.14.	인천항	숭의역	→ 수인역 1948.6.1. → 남인천역 1955.7.1.
1937.8.5.~1992.7.20.	송도	송도	1973년 수인선 시·종점역. 1992년 영업정지. 1994년 폐역, 2012년 전철역개시(송도-오이도)
	문학	소멸	폐역. 연도 미상, 청학사거리 부근. 연수역 지근역2012년 6월 30일 개통
	남동	남동인더스파크역	1985년 10월 15일 남동역사철거. 1992년 영업정지. 1994년 폐역, 2012년 전철역개시(송도-오이도), 현 남동인더스파크역, 한자명은 남동산업단지역, 약칭 남동산단역
	논현	호구포역	폐역, 연도미상. 1967년 영업재개 1974년 폐지. 2012년 6월 30일 호구포역 재개
1937.8.5.~1994.9.11.	소래	소래포구역	1992년 시·종착역. 1994년 폐역. 2012년 소래포구역
	군자	정왕역	서울의 군자역과 중복 → 정왕역
	신길	신길온천역	일자불명 폐역, 단원구 신길동
	원곡	안산역	안산역 1988년 10월 25일(안산선 영업개시), 1993년 과천선(금정-인덕원 1993년, 인덕원-사당 1994년) 직결 → 서울 4호선 연결(1994), 오이도-안산 개통 2000년 7월 28일, 2020년 9월 12일 수인분당선 개통
	성두	소멸	예술인아파트 인근에 위치. 중앙역과 1km

영업 기간	역명	현재역	주요 내용
1937.8.5. ~1995.12.31.	일리	한대앞역	1988년 10월 25일 개명. 1993년 1월 15일 과천선과 직결, 종착역이 됨 1994년 9월 1일
	빈정	소명	일자불명폐역. 매송면 야목리 소재. 10년안에 폐지. 역터도 모름. 빈정포(구)
	야목	야목	1996년 역사철거, 1949년 영업재개. 2019년 야목역으로 결정
	어천	어천	2013년 역사철거. 2019년 어천역으로 결정
	오목	오목천	2019년 오목천으로 결정
	고색	고색	2019년 고색역으로 결정
	수원	수원	1930년 12월 1일 수려선 개통, 1937년 8월 5일 수인선 개통. 1974년 8월 15일 수도권전철 1호선 운행개시(서울-수원). 2004년 4월 1일 통일호 운행중단. 2010년 11월 1일 KTX 운행개시. 2020년 9월 12일 수인선 수원-오이도 구간 개통. 수인분당선 통합, 개명.

■ 인천항역(수인역(1948), 남인천역(1955), 1937~1973 → 소멸)

출발역 인천항역仁川港驛은 인천항만 최초의 선거船渠, 즉 오늘날 제1부두와 제2부두의 사이에 있다가, 1973년 인천항-송도 구간이 폐선되면서 폐지되었다. 1948년에 수인역, 1955년에 남인천역으로 이름을 바꾸는데, 인천남부역과는 다른 역이다. 이 남부역은 주인선의 종착역이었다. 주인선은 1959년 주안역에서 인천역을 잇는 노선으로 제물포역 조금 못 미쳐 남쪽으로 선로가 있었다. 인천역 전용선의 하나로 화물선으로만 기능하다가 1985년에 중단된다. 이후 1996년에 주인선 노선을 공원화하기로 결정하고 1997년에 착공하여 2005년에 완공하였다. 숭의동 독정이로54번길과 독배로434번길 옆에서 길게 조성된 녹지가 옛 노선으로 철로가 일부 구간 남아 있기도 하다. 오늘날 주인근린공원이다.

그림 5-36. 주안선(주인근린공원)과 남부역 및 인천항역 터
바탕지도는 카카오맵(https://map.kakao.com)으로 최신 카카오맵의 실제 서비스 이미지와 다를 수 있음.

그림 5-37.
01: 주안선 선로 터
02: 주인 근린공원
03: 남부역 터
04: 인천항역 터 부근의 수인선 구 선로(중구 신생동 43)

남부역은 오늘날 신흥동3가 숭의역라온프라이빗아파트2027년 완공 예정 부지에 있었고그림 5-36, 여기서 서쪽으로 약 500m 떨어진 서해대로417번길 끄트머리 지점 부근에 인천항역이 있었다. 지금은 창고 부지로 사용되고 있으며 옛 협궤 선로 일부가 아직 남아 있다그림 5-37. 남부역도 2012년에 폐지되었다. 신흥동3가에는 수인곡물시장을 비롯하여, 인근에 수인사거리, 수인참기름, 수인역항아리, 수인상가, 수인상회 등 '수인'이라는 명칭이 들어간 지명과 상호가 많다. 해방 후 인천항역이 수인역으로 이름을 바꾸면서 나타난 현상이다.

■ 송도역(1937~1992, → 송도역)

인천항역 다음 역은 송도역松島驛이다. 두 역간 거리는 5.1km이고 9분 소요된다. 1937년부터 1992년까지 55년간 영업하였다. 최근까지 철제 급수 탱크와 역사驛舍가 남아 있었으나 연수구 역세권 개발 사업 부지에 포함되면서 2024년에 철거되었다. 2018년 애초 계획은 역사를 존치하는 것이었으나* 연수구는 안전등급을 이유로 계획을 번복, 인근 공원 부지에 똑같은 모습으로 복원한다는 입장을 밝혔다. 송도역사는 수인선에 남아 있는 유일한 역사이고, 한국 철도사와 근대 건축사의 측면에서 문화적·역사적 보존 가치가 높음에도 아쉬운 결과를 낳았다.

인천시와 연수구, 그리고 철도청코레일은 국가유산으로 등록되지 않았다는 이유로 송도역에 별 관심을 보이지 않았다. 그러나 이는 등

---

* 파이낸셜 뉴스, '옛 수인선 인천 송도역사 철거 위기 벗어나', 2018.6.5., https://www.fnnews.com/news /201806051125250981 (검색일: 2025.3.20.).

그림 5-38. 신·구 송도역과 인천항역 - 송도역 구간의 철로(2016)
하단 사진 좌측이 인천항 방면, 오른쪽이 송도역 방면. 촬영 지점은 학익동 401-63번지 노적산로 위.

록할 생각조차 하지 않았다는 이야기로도 들린다. 1992년 열차가 다니지 않게 된 이후 역사는 민간인에게 임대되면서 내부가 크게 훼손되었고, 미처 처리하지 못하고 창고에 방치되어 있던 귀중한 철도 자료들이 망실되었다. 원 송도역은 옥련동 302번지에 있었다. 수인분당선 송도역의 동쪽 약 300m 떨어진 지점이다. 위치는 달라졌지만, 본래의 이름은 유지하였다.

■ 문학역(1937~1941?, 소멸)

1940년 열차시각표에 수인선에는 17개의 역이 영업 중인 것으로 나타나는데, 1941년 판에는 영업 역이 10개로 줄어 있다. 폐역된 7개 역은 문학역, 논현역, 신길역, 성두역, 빈정역, 야목역, 오목역이다. 이 가운데 문학·성두·빈정 세 역을 제외한 네 역은 역명이 조금 달라지고 위치도 약간 이동하지만 현 수인분당선의 전철역으로 부활하여 영업 중이다. 문학역文學驛은 송도역과 떨어진 거리가 1.1km에 불과하고, 주변의 청학·청릉 마을 등도 작은 부락에 불과하여 경제성이 높지 않았다. 문학역이 일찍 문을 닫은 이유로 생각된다. 문학역이 자리한 곳은 청학사거리로 비정되는데, 송도역에서 1.1km 떨어진 지점과 일치한다.* 현재 옛 문학역에서 가장 가까운 역은 여기서 다시 동쪽으로 1.1km 가량 떨어져 있는 연수역이다.

---

* GTX-B선 인천 구간에 청학역 신설 가능성이 타진되고 있다. 청학역의 후보지는 GTX-B 와 수인분당선의 교차 지점인데, 그렇다면 옛 문학역 자리와 거의 일치할 것이다.

■ 남동역(1937~1992, → 남동인더스파크역)

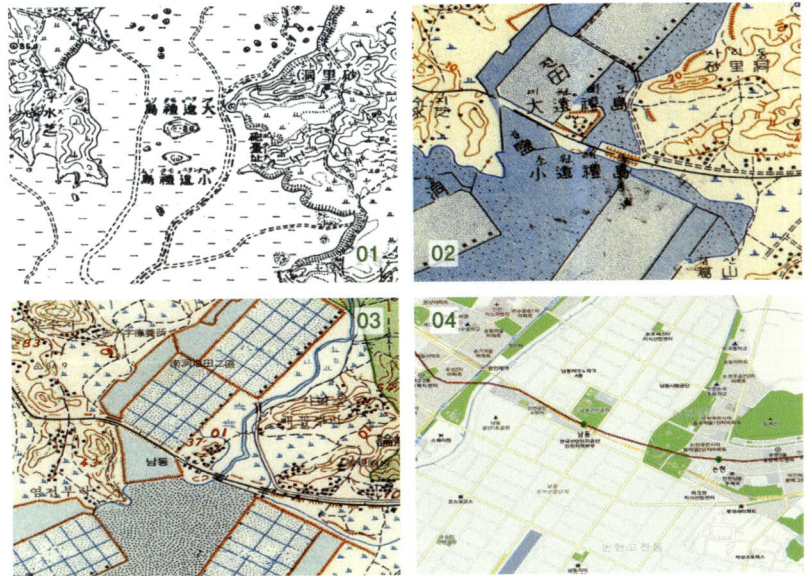

그림 5-39. 남동역의 위치
01: 1910년대, 02: 1950년대, 03: 1970년대, 04: 2020년대
바탕지도는 카카오맵(https://map.kakao.com)으로 최신 카카오맵의 실제 서비스 이미지와 다를 수 있음.

남동역南洞驛은 문학역에서 동쪽으로 3.4km 떨어져 위치했는데, 2012년 송도-오이도 간 수인선 개통 당시 남동인더스파크역으로 부활한다. 남동구 남촌동과 고잔동을 중심으로 형성된 남동국가산업단지남동공단는 승기천 등이 흘러 나오는 갯골과 그 주변의 갯벌간석지을 간척하여 만든 땅 위에 조성한 것이다. 간척 전 갯골 사이에는 대원례도와 소원례도가 있었는데, 그 사이에 역이 있었던 것 같다. 1930년대에 연수동 및 논현동 일대의 간석지가 이미 염전으로 개발되었고, 철로도 부설할 수 있었는데, 두 섬을 교각처럼 활용할 수 있었기

철도망: 인천, 조선의 철도시대를 개창하다

때문이다. 1910년대 지도는 간척 이전의 경관을, 1950년대와 1970년대의 지도는 간척 이후의 변화된 경관 및 수인선 노선과 남동역의 위치를 잘 보여준다. 남동인더스파크역의 한자명은 南洞産業團地驛_{남동산업단지역}이고, 약칭하여 남동산단역으로 쓰기도 한다.

■ 논현역(1937~1941?, 1967~1992, → 호구포역)

논현역_{論峴驛}은 남동역과 0.9km밖에 떨어져 있지 않아, 앞의 문학역과 처지가 비슷하다. 더구나 남동·소래·군자염전의 천일염과 소래포구의 물동량을 남동역과 소래역이 각기 처리하면서 논현역은 별 기능을 발휘하지 못한다. 이에 정확한 시점은 알 수 없지만, 언젠가 폐역이 되고 1967년에 영업을 재개한다. 하지만 이도 오래 가지 못하고 1974년에 다시 폐지되고, 40여 년이 지난 2012년에 수인분당선 호구포역으로 부활한다. 현재 수인분당선 호구포역과 소래역 사이에 인천논현역이 있는데, 서울에 이미 논현역이 있기 때문에 중복을 피하기 위해 논현역 앞에 '인천'을 붙여 구분하였다. 역의 역사성을 고려하면, 호구포역을 인천논현역으로 명명하고, 현 인천논현역에 다른 이름을 붙여 주는 것도 나쁘지 않았을 듯하다.

■ 소래역(1937~1994, → 소래포구역)

소래역_{蘇萊驛}은 송도역과 더불어 수인선의 가장 유명한 두 역이다. 1992년에 송도역-소래역 구간 운행이 중단된 이후에는 1994년까지 수인선의 시·종착역이 된다. 소래역은 무엇보다 소래포구 및 소래염전과 연계하여 수산물과 소금 수송을 담당한, 수인선의 가장 중

그림 5-40. 소래역, 소래역 협궤, 소래철교, 소래염전, 소래포구 ⓒ 권혁재
01: 1989년   02: 1989년   03: 1989년   04: 2006년   05: 1989년   06: 1989년

요한 역 가운데 하나였다. 소래염전은 수인선 개통과 맞물려 1937년에 준공되고, 1996년에 폐쇄된다. 소래역은 1994년 9월 11일 소래역-일리역한대앞역 구간 영업이 중단되면서 폐역이 되었다가 2012년 수인선 전철 소래포구역으로 부활한다.

원 소래역은 2007년에 아쉽게도 철거된다. 수인선 전철화 사업의 여파로 인근 지역이 택지개발사업지로 포함되면서 철퇴를 맞은 것이다. 필자의 기억에 2000년대 초반 즈음에도 송도역사는 거의 쓰러져 가는 판자집처럼 볼품이 없었다. 그러나 소래역은 수인선 인천 구간 인천의 마지막 역으로 60여 년 존속한, 인천 수인선의 상징적인 역이었다. 아침에는 통학하는 학생들로, 낮에는 젓갈 상인들로 붐비던 소래역은 1970년대 이후 도로 교통에 점차 밀리면서 홀대를 받기 시작한다. 이러한 상황은 소래역만의 문제가 아니었고, 이렇게 수인선을 이용하는 사람들은 조금씩 줄어만 갔다.

소래포구종합어시장 옆에 건설한 소래역사관 안에 역사 모형을 만들고, 밖에는 증기기관차를 갖다 놓았지만, 원 역사를 보존·복원한 것만 못하다. 지금도 역사 터가 주차장으로 쓰이고 있으니 굳이 철거해야 했는지 아쉬움이 남는다. 원 역사는 이안논현오션파크아파트 101동 앞 논현광장 기후대응 도시숲 주차장 북단 부근에 있었고, 여기서 약 300m 떨어진 곳에 2012년에 소래포구역이 들어섰다. 소래와 월곶을 사이에 갯골을 건너는 옛 수인선의 철교 역시 철거의 논란에 휩싸인 적이 있으나 지금 육교로 남아 관광객이 인천과 시흥을 오가며 그나마 옛 협궤의 정취를 느낀다. 다만 2018년경 남아 있던 철로를 완전히 덮어버려 철도교라는 느낌을 주지 못하는 점 또한 아쉽다.

■ 개통 당시 시흥 구간의 역들

1937년 개통 당시 수인선 17개 역 가운데 군자·신길·원곡·성두 등 4개 역은 시흥군에 속한다. 현 행정구역으로는 군자역이 시흥시, 나머지 세 역이 안산시 소속이다. 소래철교를 넘은 수인선은 군자역까지 6.3km 구간을 해안에 바짝 붙어 달린다. 수인선 전체 역간 거리 중 가장 길다. 군자역君子驛, 1937~1994, → 정왕역 또한 해안에 바짝 붙어 설치되는데, 군자염전에서 생산된 천일염 수송에 편의를 도모한 것이다. 1925년에 완공된 군자염전은 주안염전1907 및 남동염전1921과 함께 당대 전국 천일염 생산량의 1/2을 담당하였다. 역사는 현재의 정왕역 자리와 거의 일치한다. 서울에 군자역이 있어 원 이름을 못 쓰고 정왕역이 되었다.

신길역新吉驛, 1937~1941?, → 신길온천역은 1941년 시각표에서 사라진 7개 가운데 하나이다. 『한국지명총람』안산시 신길동은 신길역을 '새뿔 앞에 있는 수인선의 기차 정거장'으로, 새뿔은 '신길리의 으뜸이 되는 마을'로 설명한다. 1970년대 1:50,000 지형도를 보면, 새뿔 마을은 오늘날 휴먼빌1·2차아파트, 두산위브아파트, 삼익아파트 등으로 변모하여 흔적조차 찾을 수 없다. 신길역은 현 새뿔육교 아래 부근에 있었던 것으로 보인다. 2000년 안산선 연장 개통 시 신길역은 서쪽으로 약 300m 떨어져 신길온천역으로 부활한다.

수인선 원곡역元谷驛, 1937~1994, → 안산역은 1988년 10월 25일 수도권 전철 안산선안산역-금정역이 개통될 때 이름을 안산역으로 바꾼다. 그리고 1994년에 폐역된다. 1988년부터 1994년 폐역이 될 때까지 안산역원곡역에는 수인선 열차와 안산선 전철이 같이 운행되었던 것이다. 이러한 상황은 원곡역안산역에서 일리역한대앞역 구간에서 공통된다. 즉 이 구간은 두 노선이 함께 이용한 공용구간이었다. 안산선은 1994년에 과천선금정역-사당역과 직결되고, 2000년에 오이도역까지 연장된다. 이로써 시흥과 안산에서 전철을 타고 환승 없이 서울까지 갈 수 있게 되었고, 수인선은 1995년 마지막 날에 한대앞역에서 수원역까지 마지막 운행을 마친다.

성두역城頭驛, 1937~1941?, → 소멸은 원곡역과 일리역 사이에 있었는데, 언제인지 모르게 폐역이 되었다. 가장 가까운 역은 약 1km 떨어져 있는 중앙역이다. 1980년대 반월국가산업단지 조성 시 이 부근에서는 선로에도 작지 않은 변화가 있었다. 원 수인선 선로는, 현재의 수인분당선과 달리 고잔역을 지나 한양빌딩사거리에서 북쪽을 향해 반원을 그리며 힐스테이트중앙아파트-중앙중학교-주공4단지아파트-안산버스터미널을 지난 후 현 노선으로 이어졌다. 성두역은 주공4단지아파트 상록구노인복지회관 부근에 있었던 것으로 비정된다.

■ 개통 당시 수원 구간의 역들

개통 당시 일리역부터 수원역까지 7개 역이 당시 수원군 소속이다. 일리역—里驛, 1937~1995, → 한대앞역 역시 1988년 개통 시 이름을 한대앞역으로 바꾼다. 성두역까지의 운행이 1994년에 중단되면서 수원역과 함께 수인선의 시·종착역이 되고, 1996년 1월 1일부로 수인선 영업이 중지될 때 수인선의 역으로는 폐역된다. 일리역은 현 한대앞역에서 동남쪽으로 약 300~350m 떨어진 안산튼튼병원 앞 충장로

변에 있었던 것으로 추정된다.

빈정역濱汀驛, 1937~1941?, → 소멸은 수원군 매송면 야목리에 있던 역인데, 앞의 문학·성두역과 함께 해방 전에 폐역된 후 소멸한 것으로 알려져 있다. 역사는 야목4리 빈정 마을 앞에 있었다.* 야목역野牧驛, 1937~1941?, → 야목역은 야목2리 마을회관 앞에 있었다. 1941년경 폐역 후 1949년에 영업 재개, 1996년에 수인선 폐지와 함께 역사도 철거되고, 2020년에 수인분당선으로 부활한다.

어천역漁川驛, 1937~1995, → 어천역은 매송면 어천리 어천마을 초입에 있었는데 현재의 역 위치와 크게 다르지 않다. 1996년 1월 1일부로 운행이 중단된 후 역사가 가장 최근에는 일반 가정집으로 사용되고 있었으나, 2013년 수인분당선 건설 당시 이마저도 철거된 후, 2020년에 수인분당선 어천역으로 부활한다. 어천역에서 수원 방향으로 약 4km 지점봉담읍 수영리부터 수인선은 지하 선로로 수원역까지 이어진다. 어천역과 오목역 사이에는 '수인선 수영숲길'이 있다. 지하화되면서 옛 수인선 노선을 공원화한 것이다. 오목천역으로 가는 방향에서 만나는 터널은 옛 수인선 화산터널을 정비한 것이다. 터널 안의 철로가 제거되고 벽면 또한 마감재로 뒤덮여 옛 터널의 모습은 볼 수 없다. 부분적이나마 가장 최근의 형태인 콘크리트 벽면이라도 노출되었더라면 하는 아쉬움이 있다.

오목역梧木驛, 1937~1941?, 오목천역은 1941년경 폐역이 되었다가 2020

---

* 1950년대 1:50,000 지형도 남양 도엽(桃葉)에 야목4리 빈정 마을 앞에 빈정 역사가 그려져 있다. 해방 후 영업을 재개했다가 다시 폐역이 된 것인지, 아니면 역사가 아직 철거되지 않았으므로 그려 넣은 것인지 알 수 없다.

년에 오목천역으로 부활한다. 여기서 서쪽으로 약 300m 떨어진 오목천성당 부근에 원 오목역이 있었다. 역명을 정하는 첫 번째 원칙은 후부요소시·구·동·면·리 등를 제외한 행정지명을 따르는 것인데, 오목역은 개업 당시 오목천리에 소재했음에도 역명에 '천'이 빠졌다. 대부분 역명과 마찬가지로 글자 수를 두 글자로 맞추려 했기 때문일 것이다.* 화산터널이 현 화성시와 수원시의 경계에 있다. 역 단위로는 오목역부터 수원역까지가 수원시이다.

고색역古索驛, 1937~1995, → 고색역은 1996년에 폐지된 후 2020년에 같은 이름으로 부활한다. 수원역-고색역 구간 시공 업체가 법정관리에 들어가면서 공사가 중단되기도 하였고, 오목역-고색역-수원역의 지하화에 따른 지자체 간 비용 부담 다툼 등으로 수인선 부설에 공사가 가장 늦게 끝난 구간이다. 고색역은 2020년 수인선 전철 개통식이 열린 곳이자, 이를 애초의 계획보다 몇 년을 늦추게 한 역이기도 하다.

수원역水原驛, 1937~1995, → 수원역은 개통 당시 경부선의 경유역이자 수려선의 시·종착역이다. 수인선이 개통되면서 수인선의 시·종착역을 겸하였고, 수인·수려선이 통합된 경동선 시절에는 중요한 환승역이었다. 1974년 수도권 전철 1호선이 개통되면서 다시 전철역으로서의 시·종착역이 되었고, 이듬해에는 전철 역사가 따로 건립되었다. 전철 1호선은 2003년에 병점까지 연장되었고, 2013년에는 분당선이, 2020년에는 수인분당선이 연결됨으로써 지금은 철도 경부선,

---

* 이러한 관행은 전철역에서도 마찬가지인데, 이유를 알 수 없지만, 신설동역, 제기동역, 개포동역, 오류동역 등의 예외가 있다.

KTX, 전철 1호선, 수인분당선 간의 환승역으로 경기도의 최대역으로 기능하고 있다.

그림 5-41. 수원역 역사(驛舍, 1937)
조선총독부는 기존의 목조 단층의 수원 역사를 허물고, 1928년에 한옥 형태의 역사를 신축하였다. 한옥 형태의 역사는 수원역이 처음이라고 한다.
출처: 사진으로 보는 新한국철도사, 2019, 74쪽.

6

인구와 취락

인구와 취락
교통로와 인구 및 취락의 발달

1) 조선후기 인천의 인구 특성

조선은 3년에 한 번씩 호구조사를 한다. 『호구총수』 1789, 정조 13는 이에 대한 전국적 상황을 보여주는 가장 오래된 자료이다. 호戶와 구口에 대한 조사는 기본적으로 국가의 인적 자원 관리 방안으로 실시된 것이며, 가장 중요한 목적은 군현별로 공정하게 세금을 부과하기 위함이다. 따라서 이 책자는 호구 정보뿐 아니라 당시의 행정구역 체계를 알려주기도 한다. 더구나 면 단위로 소속 리와 리의 호구 또한 기록하고 있어 구체적인 리 단위 취락의 분포 현황과 인구 규모도 알 수 있다. 우선 『호구총수』에 기록된 인천도호보와 부평도호부의 호구 현황은 다음 그림과 표와 같다.

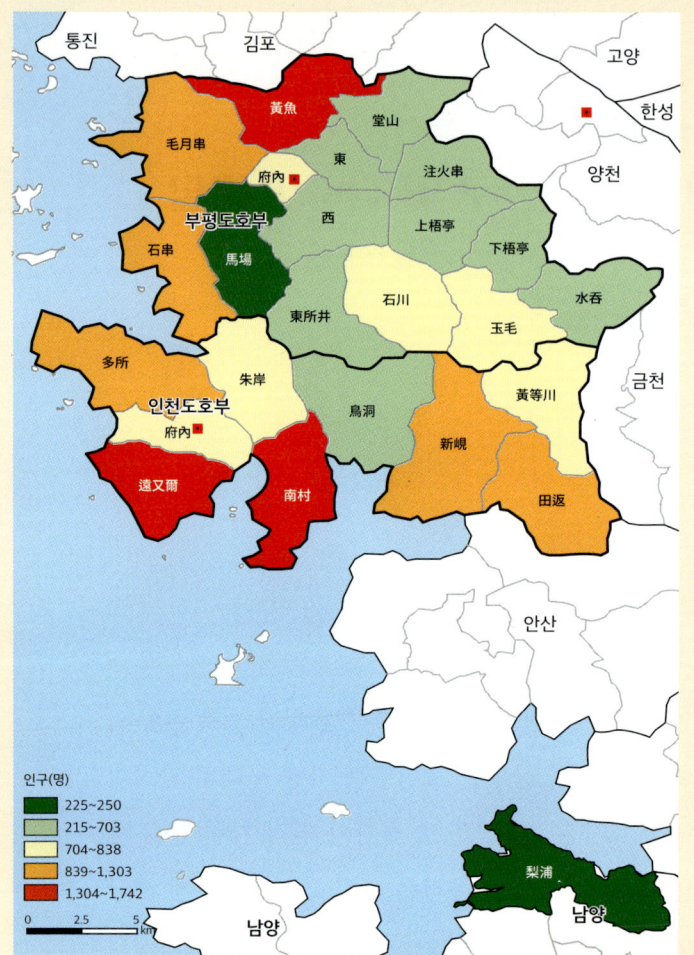

그림 6-1. 인천과 부평의 인구 수(1789)

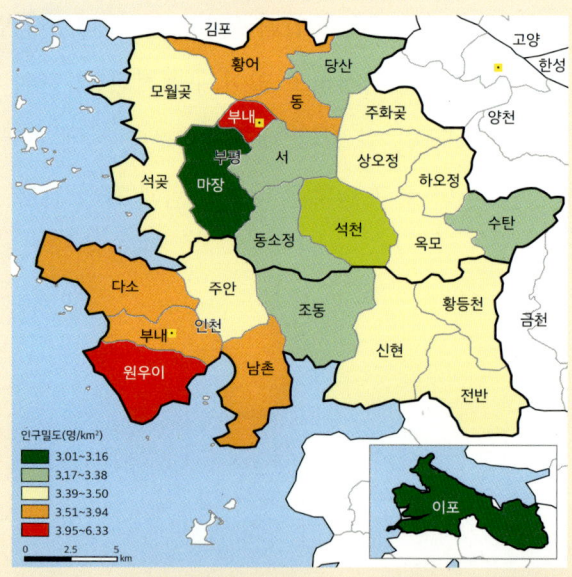

그림 6-2. 인구밀도(1789)

18세기 후반 인천·부평 지역에서 인구가 많은 곳은 인천부의 원우이(원우며)면과 남촌면, 그리고 부평부의 황어면 일대이다. 원우이면은 오늘날 연수구 옥련·청학·연수·동춘동, 남촌면은 남동구 수산·남촌·도림·논현동, 황어면은 계양구 둑실·갈현·다남·이화동 일대이다. 그러나 인구의 많음이 단순히 행정구역의 넓음에 기인한 것일 수 있으므로 인구밀도(명/km²)를 더불어 살펴볼 필요가 있다.

표 6-1. 『호구총수』(1789)에 기록된 인천과 부평의 인구

군	면(한글)	면(한자)	호(戶)	인구(명)	남(명)	여(명)	호당인구(명/호)	호당남자(남/호)	호당여자(여/호)	성비
인천 도호부	남촌	南村	359	1,418	630	788	3.95	1.75	2.19	79.9
	다소	多所	340	1,072	624	448	3.15	1.84	1.32	139.3
	부내	府內	252	813	414	399	3.23	1.64	1.58	103.8
	신고개	新古介	381	1,303	647	656	3.42	1.70	1.72	98.6
	원우며	遠又旀	252	1,595	792	803	6.33	3.14	3.19	98.6
	이포	梨浦	44	225	117	108	5.11	2.66	2.45	108.3
	전반	田返	282	977	498	479	3.46	1.77	1.70	104.0
	조동	鳥洞	233	703	315	388	3.02	1.35	1.67	81.2
	주안	朱岸	233	806	404	402	3.46	1.73	1.73	100.5
	황등천	黃等川	251	838	426	412	3.34	1.70	1.64	103.4
	영종영하	永宗營下	178	562	308	254	3.16	1.73	1.43	121.3
	전소	前所	227	679	348	331	2.99	1.53	1.46	105.1
	원소	後所	350	1,051	591	460	3.00	1.69	1.31	128.5
	삼목	三木	72	228	116	112	3.17	1.61	1.56	103.6
	용유	龍流	201	635	350	285	3.16	1.74	1.42	122.8
	무의	無依	53	177	87	90	3.34	1.64	1.70	96.7
	덕적진	德積鎭	107	448	250	198	4.19	2.34	1.85	126.3
	익포리	益浦里	73	293	167	126	4.01	2.29	1.73	132.5
	능동리	陵洞里	47	185	101	84	3.94	2.15	1.79	120.2
	소야도	蘇爺島	92	332	198	134	3.61	2.15	1.46	147.8
	문갑도	文甲島	37	116	67	49	3.14	1.81	1.32	136.7

인구와 취락: 교통로와 인구 및 취락의 발달

군	면 (한글)	면 (한자)	호 (戶)	인구 (명)	남 (명)	여 (명)	호당인구 (명/호)	호당남자 (남/호)	호당여자 (여/호)	성비
	백아도	白牙島	32	110	55	55	3.44	1.72	1.72	100.0
합			4,096	14,566	7,505	7,061	3.56	1.83	1.72	106.3
부평 도호부	당산	堂山	150	549	276	273	3.66	1.84	1.82	101.1
	동	東	174	632	321	311	3.63	1.84	1.79	103.2
	동소정	東所井	191	702	379	323	3.68	1.98	1.69	117.3
	마장	馬場	83	250	133	117	3.01	1.60	1.41	113.7
	모월곶	毛月串	354	1,196	640	556	3.38	1.81	1.57	115.1
	읍내	邑內	242	765	409	356	3.16	1.69	1.47	114.9
	상오정	上梧亭	186	652	341	311	3.51	1.83	1.67	109.6
	서	西	181	607	336	271	3.35	1.86	1.50	124.0
	석곶	石串	305	1,015	554	461	3.33	1.82	1.51	120.2
	석천	石川	233	795	452	343	3.41	1.94	1.47	131.8
	수탄	水呑	192	630	346	284	3.28	1.80	1.48	121.8
	옥산	玉山	200	774	411	363	3.87	2.06	1.82	113.2
	주화곶	注火串	165	579	319	260	3.51	1.93	1.58	122.7
	하오정	下梧亭	201	701	377	324	3.49	1.88	1.61	116.4
	황어	黃魚	312	1,742	815	927	5.58	2.61	2.97	87.9
합			3,169	11,589	6,109	5,480	3.66	1.93	1.73	111.5

인구밀도는 단순 인구 수의 분포 패턴과 비슷하면서도 다르다. 도서島嶼 12면을 제외한 인천부 10개 면과 부평부 15개 면 중에 인구밀도 1~5위를 차지한 면은 부내부평 > 원우이 > 부내인천 > 황어 > 남촌면이다. 이 가운데 황어4위·원우이2위·남촌면5위은 인구 수에서도 1, 2, 3위를 차지하여 상위권을 유지하지만, 두 부내면은 3→10위, 1→14위로 급락한다. 결국 두 부내면은 인구 수가 중위권에 속했지만 관할 면적이 상대적으로 좁아 인구밀도가 높고, 나머지 3개 면은 관할 면적이 다른 면과 큰 차이가 나지 않으므로표 6-2 참조 인구 수 자체가 많았음을 알 수 있다.

표 6-2. 『호구총수』(1789)에 기록된 인천과 부평의 인구 특성 순위

순위	호(戶)		구(명)		인구밀도(명/km²)		성비(性比)		호당인구수(명/호)	
1	인천_신현	381	부평_황어	1,742	부평_부내	231.0	인천_다소	139.3	인천_원우이	6.33
2	인천_남촌	359	인천_원우이	1,595	인천_원우이	171.3	부평_석천	131.8	부평_황어	5.58
3	부평_모월곶	354	인천_남촌	1,418	인천_부내	129.6	부평_서	124.0	인천_이포	5.11
4	인천_다소	340	인천_신현	1,303	부평_황어	123.6	부평_주화곶	122.7	인천_남촌	3.95
5	부평_황어	312	부평_모월곶	1,196	인천_남촌	98.1	부평_수탄	121.8	부평_옥모	3.87
6	부평_석곶	305	인천_다소	1,072	부평_동	95.9	부평_석곶	120.2	부평_동소정	3.68
7	인천_전반	282	부평_석곶	1,015	인천_다소	95.0	부평_동소정	117.3	부평_당산	3.66
8	인천_원우이	252	인천_전반	977	부평_하오정	79.7	부평_하오정	116.4	부평_동	3.63
9	인천_부내	252	인천_황등천	838	부평_석곶	73.2	부평_모월곶	115.1	부평_주화곶	3.51
10	인천_황등천	251	인천_부내	813	부평_주화곶	62.6	부평_부내	114.9	부평_상오정	3.51
11	부평_부내	242	인천_주안	806	부평_모월곶	61.9	부평_마장	113.7	부평_하오정	3.49
12	인천_주안	233	부평_석천	795	인천_황등천	61.8	부평_옥모	113.2	인천_전반	3.46
13	인천_조동	233	부평_옥모	774	부평_옥모	61.1	부평_상오정	109.6	인천_주안	3.46
14	부평_석천	233	부평_부내	765	인천_전반	60.8	인천_이포	108.3	인천_신현	3.42
15	부평_하오정	201	인천_조동	703	인천_신현	60.6	인천_전반	104.0	부평_석천	3.41
16	부평_옥모	200	부평_동소정	702	부평_상오정	59.4	인천_부내	103.8	부평_모월곶	3.38
17	부평_수탄	192	부평_하오정	701	인천_주안	57.9	인천_황등천	103.4	부평_서	3.35
18	부평_동소정	191	부평_상오정	652	부평_석천	54.6	부평_동	103.2	인천_황등천	3.34
19	부평_상오정	186	부평_동	632	부평_수탄	52.4	부평_당산	101.1	부평_석곶	3.33
20	부평_서	181	부평_수탄	630	부평_서	51.6	인천_주안	100.5	부평_수탄	3.28
21	부평_동	174	부평_서	607	부평_동소정	51.1	인천_원우이	98.6	인천_부내	3.23
22	부평_주화곶	165	부평_주화곶	579	부평_당산	48.0	인천_신현	98.6	부평_부내	3.16
23	부평_당산	150	부평_당산	549	인천_조동	36.7	부평_황어	87.9	인천_다소	3.15
24	부평_마장	83	부평_마장	250	부평_마장	17.4	인천_조동	81.2	인천_조동	3.02
25	인천_이포	44	인천_이포	225	인천_이포	16.8	인천_남촌	79.9	부평_마장	3.01

* 인천의 도서면(島嶼面): 영종영하·전소·후소·삼목·용유·무의·덕적진·익포리·능리리·소야도·문갑도·백아도면.

　반대로 인구가 적은 하위 5개 면 가운데 이포·마장·당산면25~23위은 인구밀도 역시 25위, 24위, 22위를 차지하여 최하위권에 머물렀고, 다른 두 주화곶·서면22·21위은 인구밀도가 10위와 20위를 차지하

였다. 한편 인구밀도가 가장 낮은 5개 면 가운데 앞의 세 면을 제외한 조동·동소정면23·21위의 인구 수 순위는 각기 15, 16위로 중위권에 속한다. 18세기 후반 인천·부평 지역의 인구 분포 특징을 간단히 정리하면, 부평의 황어면과 인천의 원우면 및 남촌면은 인구가 많으면서 인구밀도도 높은, 조선후기 이 일대 최고의 인구 밀집지역으로 인정할 수 있으며, 인천과 부평의 각 두 부내면은 군현의 중심지답게 인구 수에 비해 인구밀도가 높다. 인구밀도가 높은 지역은 치소의 주변지역이라는 특징도 보인다. 18세기 후반 인천은 읍치와 그 남쪽 지역이, 부평은 김포 읍치 사이의 북쪽 지역이 인구 중심지역을 형성하고 있었다. 반면 이포·마장·당산면은 인구 수는 물론 인구밀도도 최하위권에 속해 인구 희박 지역임을 알 수 있다.

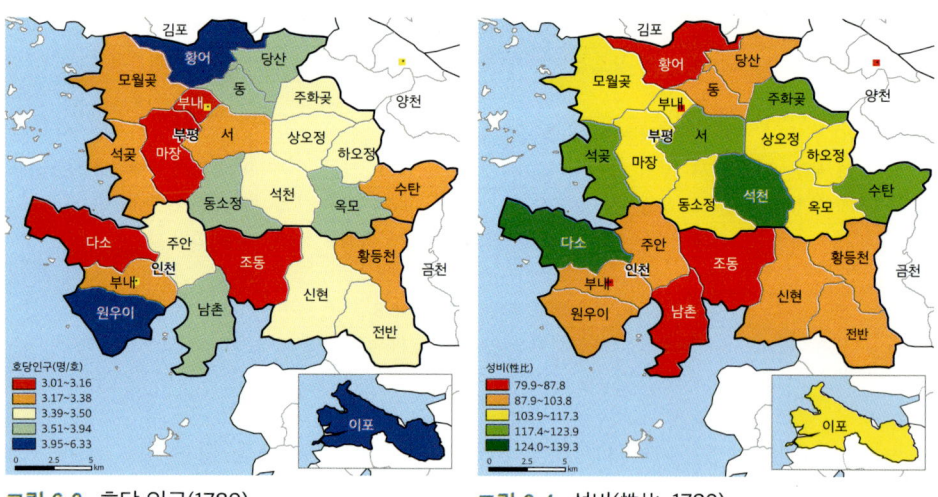

그림 6-3. 호당 인구(1789)   그림 6-4. 성비(性比, 1789)

18세기 후반 인천·부평 지역 25개 면의 호당 인구수는 평균 3.7명이다. 이 가운데 인구밀도가 높은 원우이·황어·남촌면이 호당 인구수가 많고, 인구밀도가 낮은 이포·동소정·당산면 역시 호당 인구수가 많다. 이를 성비性比와 같이 보면, 앞의 원우이·황어·남촌면은 성비가 모두 100 이하이다. 성비란 여자 100명 당 남자의 수를 지수화한 것이므로 100 이하는 여초 지역, 즉 남자보다 여자가 많다는 것을 의미한다. 당시 인구 조사는 남자丁人를 중심으로 집계되는 경향이 있는데, 25면 가운데 20면이 남초 지역임을 통해 짐작할 수 있다. 일반적으로 출생 시 성비는 104~106으로 남초 현상을 보이지만, 여성의 수명이 길기 때문에 노년으로 갈수록 여초 현상이 나타나면서 전체적으로는 100~102 수준을 유지한다.

두 지역의 성비를 비교하면, 남초 현상이 대세를 이루는 가운데 부평부가 인천부보다 남초 현상이 강하다. 부평은 황어면을 제외한 14개 면이 모두 남초 지역이다. 상위 5개 면은 성비가 120~132에 달한다. 최고의 남초 지역인 인천 다소면은 성비가 139이다. 다소면은 오늘날 중구내륙와 동구 전체, 그리고 미추홀구의 도화·숭의·용현·주안동일부 일대이다. 25개 면의 성비 차는 최대 60까지 벌어져 상식적으로 이해하기 어렵지만, 전근대 인구 조사는 전수 조사가 아니므로 여기서 합당한 이유를 찾기는 어렵다. 다만 동일 시점에 동일한 조사 방법에 의한 결과임을 인정한다면, 지역별 상대적 의미는 부여할 수 있으므로 위와 같은 제한적인 인구 현상이라도 지역을 이해하는 데에는 도움을 준다.

2) 1909년 인천의 인구 특성

일제는 1905년 통감부를 설치하고, 본격적으로 식민통치 준비에 들어간다. 대부분의 제국주의가 그렇듯이 일제 또한 조선의 토지와 호구를 파악하는 것을 최우선 업무로 설정한다. 토지조사사업이 정확한 토지 현황을 파악하기 위한 것이라면, 1909년에 수립한 민적법은 정확한 호구 현황을 조사하기 위한 제도였다. 그리고 그 결과를 1910년에 『민적통계표』로 발표한다. 이 자료는 이때까지의 호구 통계 가운데 가장 정확한 기록이라 할 수 있다. 이에 따르면 1909년 조사 당시 전국의 인구는 1,292만 명 남자 686만 명, 여자 606만 명, 성비 113.2, 호수는 274만 호, 호당 인구수는 4.7명이다. 이 가운데 경기도는 인구가 133.7만 명으로 전국의 약 10.4%를, 호 역시 29.2만 호로 전국의 약 10.7%를 차지한다.

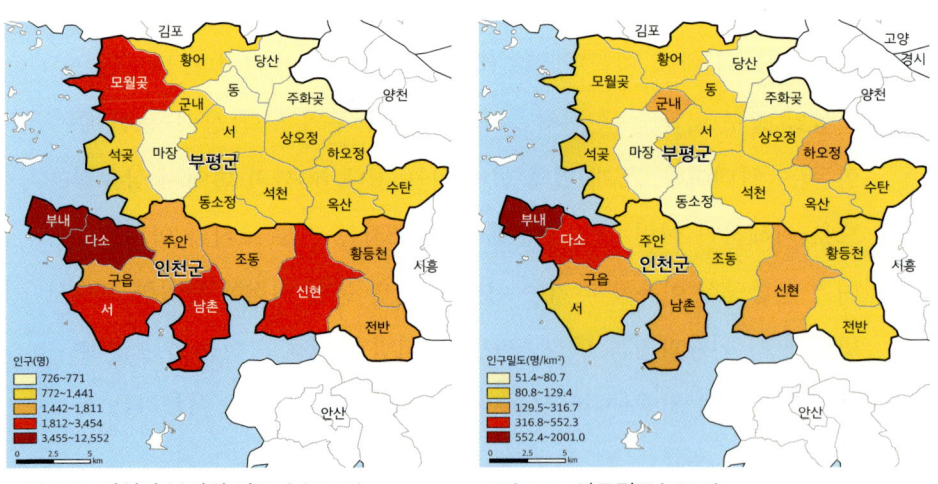

그림 6-5. 인천과 부평의 인구 수(1909)   그림 6-6. 인구밀도(1909)

1909년 조사 결과에 따르면 인천·부평 지역에서 인구가 많은 지역은 인천군 부내면, 영종면 그리고 다소면이다. 특히 부내면의 인구는 두 번째로 많은 영종면의 2배에 달하고, 인구밀도는 이보다 더 압도적으로 높아 두 번째로 높은 다소면의 3.6배에 달한다. 당시 부내면은 해안 간척이 아직 이뤄지지 않은 상황에서의 중구와 동구를 합친 것과 거의 일치한다. 부평의 인구는 인천의 약 40% 수준이다. 『호구총수』1789 단계에 약 80% 수준이었음을 감안하면, 물론 인구조사의 신빙성 문제가 여전히 대두되지만, 약 120년 사이에 인천의 인구가 크게 늘었다. 19세기 말 개항과 경인선의 개통으로 개항장 부내면을 중심으로 인구가 크게 성장했을 것으로 이해할 수 있다. 1909년 인구밀도 또한 인구 수와 비슷한 패턴을 보이는데, 약간의 차이는 있지만 『호구총수』때와 크게 다르지 않다. 그러나 인구 밀집 지역에는 적잖은 변화가 보인다.

표 6-3. 『민적통계표』(1909)에 기록된 인천과 부평의 인구

군	면	面	호	구	남	여	호당인구	호당남자	호당여자	성비	인구밀도 (명/km²)	면적 (km²)
인천	부내	府內	3,081	12,552	6,660	5,892	4.07	2.16	1.91	113.0	2001.0	6.27
	다소	多所	1,471	6,231	3,331	2,900	4.24	2.26	1.97	114.9	552.3	11.28
	구읍	舊邑	360	1,695	902	793	4.71	2.51	2.20	113.8	182.1	9.31
	신현	新峴	487	2,316	1,278	1,038	4.76	2.62	2.13	123.1	173.2	13.37
	덕적	德積	687	3,454	1,763	1,691	5.03	2.57	2.46	104.3	159.0	21.73
	남촌	南村	461	2,270	1,212	1,058	4.92	2.63	2.30	114.6	157.1	14.45
	영종	永宗	1,343	6,483	3,419	3,064	4.83	2.55	2.28	111.6	129.4	50.11
	황등천	黃等川	315	1,594	893	701	5.06	2.83	2.23	127.4	117.6	13.55
	전반	田反	339	1,725	902	823	5.09	2.66	2.43	109.6	107.3	16.08
	주안	朱安	337	1,489	782	707	4.42	2.32	2.10	110.6	106.9	13.93
	서	西	419	2,142	1,096	1,046	5.11	2.62	2.50	104.8	99.6	21.51

군	면	面	호	구	남	여	호당 인구	호당 남자	호당 여자	성비	인구밀도 (명/km²)	면적 (km²)
	조동	鳥洞	356	1,811	881	930	5.09	2.47	2.61	94.7	94.4	19.17
합			9,656	43,762	23,119	20,643	4.53	2.39	2.14	1.1	207.6	210.77
부평	군내	郡內	248	1,049	528	521	4.23	2.13	2.10	101.3	316.7	3.31
	하오정	下吾丁	271	1,364	737	627	5.03	2.72	2.31	117.5	155.0	8.80
	동	東	177	771	387	384	4.36	2.19	2.17	100.8	117.0	6.59
	모월곶	毛月串	479	2,227	1,182	1,045	4.65	2.47	2.18	113.1	115.3	19.32
	옥산	玉山	285	1,385	740	645	4.86	2.60	2.26	114.7	109.2	12.68
	수탄	水呑	266	1,302	672	630	4.89	2.53	2.37	106.7	108.2	12.03
	황어	黃魚	314	1,441	750	691	4.59	2.39	2.20	108.5	102.3	14.09
	석곶	石串	290	1,405	736	669	4.84	2.54	2.31	110.0	101.3	13.87
	서	西	225	1,153	519	634	5.12	2.31	2.82	81.9	98.0	11.77
	상오정	上吾丁	206	1,044	531	513	5.07	2.58	2.49	103.5	95.2	10.97
	석천	石川	273	1,325	696	629	4.85	2.55	2.30	110.7	91.1	14.55
	주화곶	注火串	152	746	381	365	4.91	2.51	2.40	104.4	80.7	9.25
	동소정	同所井	215	1,099	560	539	5.11	2.60	2.51	103.9	80.0	13.73
	당산	堂山	164	726	403	323	4.43	2.46	1.97	124.8	63.4	11.45
	마장	馬場	161	740	397	343	4.60	2.47	2.13	115.7	51.4	14.39
합			3,726	17,777	9,219	8,558	4.77	2.47	2.30	1.1	100.6	176.8

* 면적은 GIS로 필자가 복원한 행정구역도에서 산출함.

　　1789년 『호구총수』 자료에 인구가 많은 5개 면은 부평 황어면, 인천 원우이·남촌·신현면, 그리고 부평 모월곶면이고, 인구밀도가 높은 곳은 부평 부내면, 인천 원우이·부내면, 부평 황어면, 인천 남촌면이다. 황어·원우이·남촌 3면은 인구도 많고 인구밀도도 높은 18세기 인천·부평의 대표적인 인구 밀집 지역이다. 그런데 1909년에 도서 면을 제외하고 인구가 많은 인천 부내·다소·신현 세 면은 인구밀도도 1~5위 안에 들면서 18세기 당시의 인구밀집 지역에 변화가 보인다. 한편 부평 군내면과 인천 구읍면 역시 인구밀도가 높다. 특히 인천 부내면은 인구 수와 밀도 두 측면에서 압도적이다. 당대 인천

지역의 최고차 중심지로 확실하게 자리를 잡은 것으로 인정할 수 있다. 20세기 초에 이른바 원인천으로 불리는 개항장 일대를 중심으로 부내면은 근대 도시로서의 첫걸음을 떼고 있었으며, 여기에는 무엇보다 부내면이 경인선과 경인로의 출발지였다는 사실이 결정적으로 작용하였을 것이다. 부내-다소-구읍-남촌으로 이어지는, 오늘날 중구-동구-미추홀구는 20세기 이래 인천의 중심지 역할을 하고 있다.

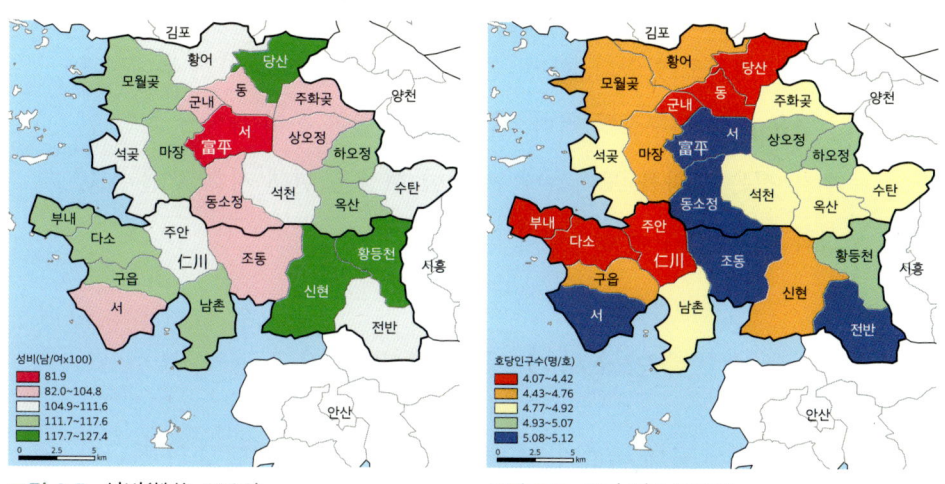

그림 6-7. 성비(性比, 1909)   그림 6-8. 호당 인구(1909)

1909년 성비는 82~127 사이로, 27개 면 가운데 2개 면을 제외하면 역시 모두 남초 지역이다. 그러나 『호구총수』 단계에 비해 극단적인 남초와 여초 지역은 둔화되었다. 조사의 신뢰도가 높아졌기 때문이다. 남초 지역은 인천 황등천·신현면과 부평 당산·하오정·마장면으로 성비 역시 『호구총수』 당시와 지역별 차이를 보인다. 성비 82로 최대 여초 지역인 부평 서면은 『호구총수』 단계에 성비가 124.0으로 세 번째로 남자가 많은 지역이었다. 대체로 부평군은 인천군에 비해 남초 현상이 덜해『호구총수』단계와 차이를 보인다.

호당 인구수 역시『호구총수』와 편차가 있다.『호구총수』와『민적통계표』의 평균 호당 인구수는 3.66명에서 4.77명으로 커지는 반면, 최소~최대의 범위는 3.01~6.33명에서 4.07~5.12명으로 격차가 줄어든다. 이 역시 1909년의 조사 결과가 안정적임을 알려준다. 다만, 호당 인구수가 인천부보다 부평부에서 더 많은 경향은 계속 유지된다. 어쨌든 20세기 초 인천·부평 지역에서는 4명 내지 5명이 한 가구를 구성하고 있었다. 한편, 인구밀도가 가장 높은 인천 부내면과 다소면은 호당 인구수가 적다. 인구밀도가 높은 곳이 대체로 호당 인구수가 적은 경향을 보이는데, 이러한 현상은 현대 사회로 올수록, 도시화가 진전될수록 심해진다.

3) 일제시기 인천·부평의 인구

근대 국가가 빼놓지 않고 실시하는 제도 중의 하나가 국세조사國勢調査, national census이다. 한국은 일제의 주도 하에 1925년에 시작하여, 명칭을 조금씩 바꿔가며 오늘날까지 5년 단위로 국세조사현재는 인구주택총조사를 실시한다.* 1920년 일본이 처음 국세조사를 실시할 때, 당연히 조선도 조사 대상 지역에 포함하지만 3·1운동으로 실행하지 못한다. 이후 일제는 조선에 대해 1925·1930·1935·1940년에 정기적인 국세조사를, 1944년에는 전시 동원을 위한 임시 인구조

---

* 국세조사는 일본식 용어이지만, 당시의 공식적인 명칭이므로 이 책에서는 이를 따른다.

사를 실시한다.

1935년에 인천부는 옛 인천도호부의 다소면 일부 지역이고, 부천군은 나머지 인천도호부와 부평도호부의 통합체이다. 1935년 인천·부천의 인구 분포를 보면, 인천부의 인구가 8.3만 명이고, 부천군의 인구가 10만 명인데, 인구밀도는 인천부 12,989.6명/km^{2}가 부천군 223.5km^{2}보다 58배 이상 높다. 인천부는 1930년대 중반 이미 전국적인 규모의 대도회가 되었고, 이러한 인구압으로 인해 1936과 1940년 두 차례에 걸쳐 영역을 확장한다.

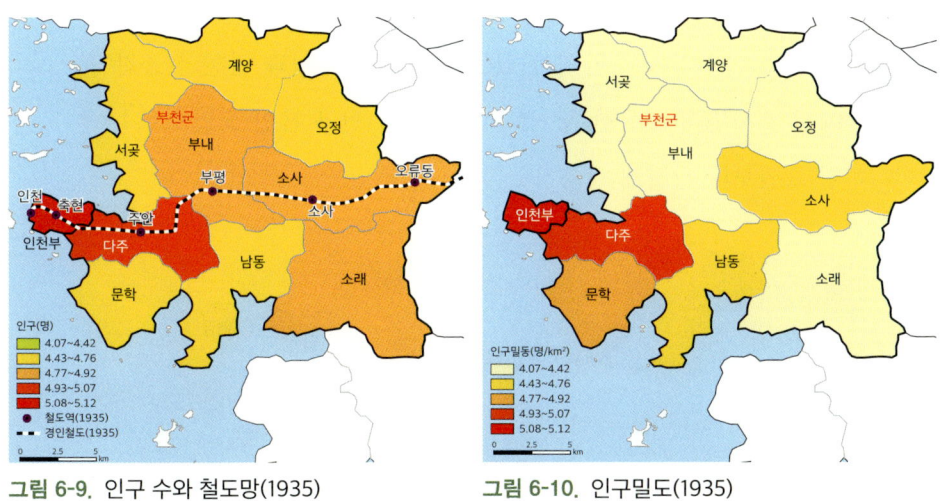

그림 6-9. 인구 수와 철도망(1935)   그림 6-10. 인구밀도(1935)

1935년에 인천·부천 지역의 면별 인구 수와 인구밀도는 별 차이 없이 비슷한 패턴을 보인다. 즉, 인구가 많은 면은 인구밀도도 높은 경향을 띤다. 1914년 행정구역 개편 당시 인구와 관할 면적을 기준으로 면 통합이 진행되어 면 크기의 편차가 줄어들었기 때문이다. 일제의 식민지 통치가 점차 극렬해지는 1930년대 중반 인천 지역의 인구는 인천부를 중심으로 밀집되어 있고, 외곽으로 나갈수록 밀도가 떨어지는 것으로 이해할 수 있다. 이에 인구밀도는 인천부가 타지역에 비해 극단적으로 높고, 이어서 다주면과 문학면, 그리고 그 외곽에 부내면과 소사면도 인구 밀집지역으로 분류할 수 있다.

인천부와 멀리 떨어져 있는 소사면의 인구밀도가 높은 것은, 다른 한편으로 경성과는 가깝기 때문이고, 여기에 경인철도와 인천신작로가 면 전역을 동서로 관통하는 지역이기 때문이다. 1935년에 부내면은 부평역을, 소사면은 소사역현 부천역과 오류동역을 보유하고 있었다. 이밖에 인천 지역 경인철도 6개 역 가운데, 인천부에 인천역과 축현역이, 다주면에 주안역이 있을 뿐이므로 경성과 인천의 중간 지점에서 소사면이 보유한 두 역은 소사면의 인구 흡인 요인으로 다른 어떤 요인보다 강하게 작동하였다.

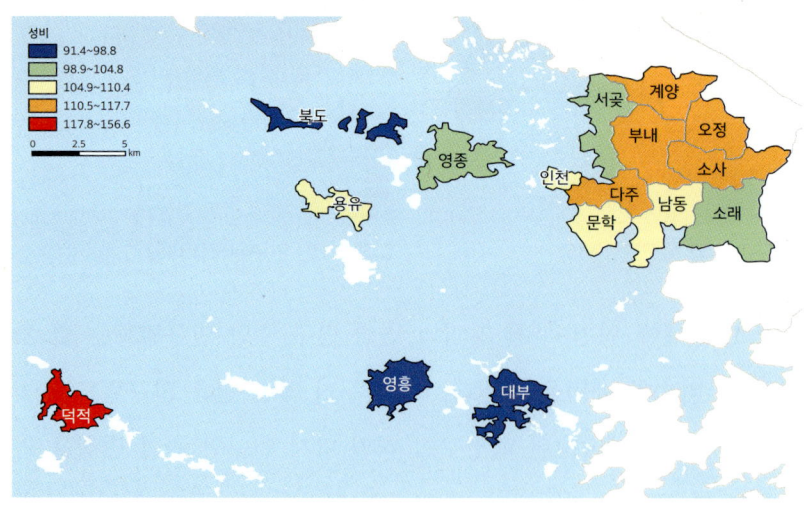

그림 6-11. 성비(1935)

1935년에 인천 지역의 성비는 인천부를 포함하여 도서면인 북도·영흥·대부면을 제외한 나머지 12개 면이 모두 남초 현상을 보인다. 섬은 여초 현상을 보이는 것이 보통인데, 덕적면은 최대 남초 지역156.6이다. 북도신도·시도·모도·영흥·대부면 등 여초 지역이 모두 도서 지역에서 나타나는 것을 보면, 덕적면은 매우 이례적이다. 덕적면의 남초 현상은 조기 및 민어잡이와 관련되는 것 같다. 덕적군도에서는 1916년에 민어 안강망 어장이 개척되었고, 1920년대부터 조기와 민어 파시波市가 열릴 정도로 어업이 성했던 곳이다.*

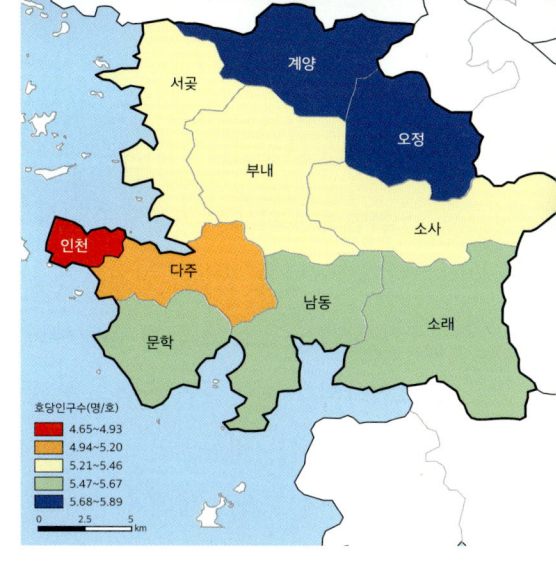

그림 6-12. 호당 인구(1935)

인천부의 성비는 110.4로 부천군의 110.6과 거의 같다. 옛 인천 지역이 그나마 남초 현상이 약해 다주면을 제외한 문학·남동·소래면이 모두 부천군 평균보다 낮다. 옛 부평 지역과 다주면은 남초 현상이 심하다. 부평의 남초 현상은 조병창의 영향이 끼친 듯하다. 일제가 식민지에 설치한 것으로는 1930년 중반부터 토지를 매입하고 기초 공사를 벌이는 등의 준비 작업을 거쳐 1939년에 건설한 부평 조병창이 유일하다. 조병창이 아니더라도 경성과 인천의 중간 지점인 경인철도

---

* 정연학,『인천 섬 지역의 어업문화』, 인천학연구원, 2008, 39~49쪽 참조; 김용구,「덕적도, 굴업도 민어파시」,『인천in』, 2014.8.22., https://www.incheonin.com/news/articleView.html?idxno=26354 (검색일: 2024.12.10.).

부평역을 중심으로 일대는 이미 공업화가 진행되고 있었으니 공장에 취업하기 위해 타지에서 유입한 남자가 적지 않았을 것이다.

호당 인구수는 인천부가 4.7명으로 모든 부천군의 면보다 적다. 호당 인구수는 전근대 농업사회에서 높게 나타나고, 공업화 이후 산업사회로 접어들면 줄어드는 것이 일반적이다. 1930년대가 되면 인천부에서는 비농업인구가 많아지면서 2·3차 종사자 비율이 높아지고, 이에 소가족 형태가 증가한 것으로 이해할 수 있다. 호당 인구수가 가장 많은 곳은 김포평야에 포함되는 계양면과 오정면 지역이다. 다주면과 부내·소사면의 호당 인구수가 적은 것 역시 경인철도와 관련될 것으로 생각되는데, 다주면에서는 인천부로, 부내면과 소사면에서는 경성부로 통근하는 인구가 타 지역에 비해 많았을 것이다. 결국 농업종사자가 적다는 얘기인데, 『민적통계표』1909년 조사, 1910년 발행에 따르면 인천·부평 지역에서 호주戶主의 직업 중 상업이 가장 많은 면이 인천군 부내면과 다소면이다. 부내면은 1935년 당시 인천부이고, 다소면은 다주면에 속한다. 이 밖에도 부내면과 다소면은 공업 및 일가日稼에 종사하는 사람이 타 지역에 비해 압도적으로 많다. 일용직 노동자를 일컫는 일가는 도시 지역에서 비율이 높을 수밖에 없다. 이 밖에 1935년 부천군 부내면과 소사면의 호당 인구수는 1909년 당시 호주 직업과 특별한 상관관계를 보이지 않는 것으로 보아, 개항기보다는 1920년대 이후 조금씩 산업구조 및 인구구조에 변화가 시작된 것으로 추정할 수 있다.

표 6-4. 인천·부천군 호주의 직업(1909)

군_면	관공리	양반	유생	상업	농업	어업	공업	어업	일가	기타	무직	직업계
인천군(합)	91	12	-	1,580	4,491	986	163	-	2,365	102	168	9,958
인천_부내	49	9	-	1,224	49	56	119	-	1,482	43	63	3,094
인천_다소	14	-	-	236	393	42	16	-	760	20	21	1,502
부평군(합)	26	6	6	131	3,440	12	3	-	8	140	11	3,783
인천_덕적	1	-	-	55	331	250	2	-	27	5	16	687
부평_군내	4	1	-	30	190	-	-	-	4	15	8	252
부평_황어	2	1	1	19	293	-	-	-	1	-	1	318
부평_모월곶	3	-	1	19	349	7	1	-	-	100	-	480
인천_신현	4	-	-	18	369	54	6	-	21	10	5	487
부평_동	2	-	-	13	156	-	1	-	-	10	-	182
부평_석곶	1	-	1	11	258	5	-	-	3	15	1	295
부평_석천	3	-	-	11	270	-	-	-	-	-	-	284
인천_주안	2	-	-	8	306	-	2	-	4	3	12	337
인천_영종	1	1	-	7	963	515	5	-	12	9	30	1,543
인천_구읍	4	-	-	7	325	19	3	-	14	1	6	379
부평_주화곶	1	-	-	6	147	-	1	-	-	-	1	156
인천_서	2	1	-	6	401	29	3	-	4	2	-	448
인천_전반	3	1	-	6	314	-	-	-	8	3	5	340
인천_남촌	4	-	-	5	420	21	4	-	12	2	3	471
부평_당산	1	-	1	5	159	-	-	-	-	-	-	166
인천_조동	5	-	-	4	328	-	1	-	12	3	3	356
부평_수탄	1	1	-	4	264	-	-	-	-	-	-	270
부평_옥산	1	2	-	4	284	-	-	-	-	-	-	291
인천_황등천	2	-	-	4	292	-	2	-	9	1	4	314
부평_서	1	-	1	2	223	-	-	-	-	-	-	227
부평_상오정	1	-	-	2	204	-	-	-	-	-	-	207
부평_동소정	1	-	-	2	214	-	-	-	-	-	-	217
부평_마장	2	-	1	2	159	-	-	-	-	-	-	164
부평_하오정	2	1	-	1	270	-	-	-	-	-	-	274

표 6-5. 일제시기 인천부와 부천군의 인구 특성

도군	부면	인구 1925	인구 1930	인구 1935 남자	인구 1935 여자	인구 1935 계	인구밀도(명/km²) 1925	인구밀도(명/km²) 1930	인구밀도(명/km²) 1935	호(1935)	호당인구(1935)	성비(1935)	면적(km²)	인구 증가율(%) 1925→30	인구 증가율(%) 1930→35	인구 증가율(%) 1925→35
경기도	경기도	2,019,108	2,157,413	1,263,852	1,187,839	2,451,691	156.5	167.2	190.1	458,723	5.34	106.4	12,899.9	6.8	13.6	21.4
인천부	인천부	56,295	68,137	43,554	39,443	82,997	8,809.9	10,663.1	12,988.6	17,814	4.66	110.4	6.4	21.0	21.8	47.4
부천군	부천군	76,172	81,927	52,877	47,816	100,693	169.1	181.9	223.5	18,736	5.37	110.6	450.5	7.6	22.9	32.2
	문학면	5,065	5,191	3,147	2,929	6,076	219.5	224.9	263.3	1,098	5.53	107.4	23.1	2.5	17.0	20.0
	남동면	5,774	5,705	3,654	3,405	7,059	168.7	166.7	206.2	1,276	5.53	107.3	34.2	-1.2	23.7	22.3
	소래면	7,664	7,885	4,553	4,346	8,899	147.2	151.5	170.9	1,620	5.49	104.8	52.1	2.9	12.9	16.1
	소사면	6,209	7,396	5,072	4,481	9,553	155.3	184.9	238.9	1,765	5.41	113.2	40.0	19.1	29.2	53.9
	오정면	4,416	4,973	3,030	2,697	5,727	149.3	168.1	193.6	974	5.88	112.3	29.6	12.6	15.2	29.7
	계양면	4,459	4,623	2,743	2,433	5,176	136.1	141.1	158.0	879	5.89	112.7	32.8	3.7	12.0	16.1
	부내면	6,276	6,606	4,171	3,725	7,896	142.6	150.1	179.4	1,472	5.36	112.0	44.0	5.3	19.5	25.8
부천군	서곶면	4,826	4,781	2,693	2,580	5,273	142.7	141.4	155.9	966	5.46	104.4	33.8	-0.9	10.3	9.3
	다주면	7,679	9,444	7,379	6,270	13,649	299.1	367.9	531.7	2,762	4.94	117.7	25.7	23.0	44.5	77.7
	영종면	5,429	5,871	3,854	3,761	7,615	157.4	170.2	220.8	1,472	5.17	102.5	34.5	8.1	29.7	40.3
	북도면	3,446	3,491	1,839	2,012	3,851	209.7	212.5	234.4	783	4.92	91.4	16.4	1.3	10.3	11.8
	용유면	2,748	2,985	1,864	1,710	3,574	166.2	180.6	216.2	688	5.19	109.0	16.5	8.6	19.7	30.1
	덕적면	3,642	4,804	4,146	2,648	6,794	165.2	218.0	308.3	1,276	5.32	156.6	22.0	31.9	41.4	86.5
	영흥면	3,876	3,832	2,226	2,283	4,509	155.0	153.2	180.3	795	5.67	97.5	25.0	-1.1	17.7	16.3
	대부면	4,663	4,340	2,506	2,536	5,042	161.2	150.1	174.3	910	5.54	98.8	28.9	-6.9	16.2	8.1

4) 인천·부평의 인구증가율(1925~1935)

한국은 1930년대에 인구성장 제2단계에 접어든다. 2단계란 고출생·고사망 특성을 보이는 1단계가 끝나고 고출생율이 지속되는 가운데 보건·위생·의료·영양 조건이 호전되면서 사망률이 급격히 낮아져 인구가 급증하기 시작하는 단계를 일컫는다. 『총독부 통계연보』에 따르면, 일본인과 외국인을 포함하여 1910년에 약 1,423만 명이던 조선의 인구는 1943년에 3,263만 명으로 약 2.3배가 증가한다. 일제시기 전 기간에 걸쳐 도별 인구증가율이 가장 높은 곳은 함경북도이고, 경기도가 그 뒤를 잇는다.

표 6-6. 일제시기 도별 인구증가율

도	1910~15	1915~20	1920~25	1925~30	1930~35	1935~40	1940~43	1915~43
경기도	19.8	4.4	9.2	5.1	14.2	21.6	15.1	91.5
강원도	37.8	9.6	10.8	7.7	8.4	11.4	10.0	73.6
충청북도	28.8	9.8	6.7	5.6	4.3	-1.6	10.7	40.6
충청남도	19.4	7.1	9.1	8.7	8.7	4.5	11.5	60.9
전라북도	10.1	13.2	9.9	8.6	5.5	1.4	11.7	61.4
전라남도	18.9	7.1	8.3	5.8	7.6	6.2	10.7	55.1
경상북도	23.1	9.0	7.3	3.0	5.8	-2.3	10.2	37.2
경상남도	19.4	4.3	9.3	5.0	6.4	1.4	11.2	43.5
황해도	28.2	2.2	10.5	5.4	8.6	9.2	13.0	59.7
평안북도	23.0	2.1	14.8	8.2	8.1	6.3	12.3	63.6
평안남도	18.0	2.4	15.2	4.1	8.5	13.4	16.0	75.4
함경북도	15.5	2.5	16.9	16.9	10.7	34.4	14.5	138.4
함경남도	34.9	6.0	9.5	10.3	8.0	14.3	15.4	82.4
전국	22.3	6.2	10.0	6.5	8.1	8.3	12.5	63.8

한국에서 가장 인구증가율이 높았던 1920~30년대에 전국 13도 가운데 인구증가를 주도한 지역은 경기도이다. 1925~1935년에 도 내에서 인구증가율이 가장 높은 곳은 고양군으로 무려 80%에 달한다. 뒤따라 인천부47%, 시흥군42%, 부천군32% 그리고 경성부30%도 인구가 급증한다. 위 다섯 지역은 경성을 중심으로 서로 인접해 있다. 서울의 연담도시화는 1920~30년대에 시작된 것으로 보아도 무방할 것이다. 경성-부천-인천을 잇는 이른바 경인벨트의 서막도 이때 열린 것으로 이해할 수 있다.

경성에서 서북쪽 고양군과는 경의선, 남쪽의 시흥군과는 경부선, 그리고 서쪽의 부천·인천과는 경인선 등의 철도로 연결되는 공통점이 있으며, 시흥군 너머 경부선권의 수원군 및 진위군=평택군, 그리고 고양군 너머 경의선권의 개성부 또한 타 지역에 비해 인구증가율이 높다. 인구증가가 철도망과 높은 상관 관계에 있음을 여실히 보여준다. 인구증가는 취락의 확산 및 도시의 발달과 직결된다. 인천·부천 지역은 철도망에 근거하여 국내 다른 어떤 지역보다 일찍 근대도시의 길을 걷고 있었다.

표 6-7. 경기도의 인구증가(1925~1935)

읍격	부/군	인구(명)			증가율(%)		
		1925	1930	1935	1925~30	1930~35	1925~35
부	경성	342,626	394,240	444,098	15.1	12.6	29.6
	인천	56,295	68,137	82,997	21.0	21.8	47.4
	개성	46,337	49,520	55,537	6.9	12.2	19.9

읍격	부/군	인구(명)			증가율(%)		
		1925	1930	1935	1925~30	1930~35	1925~35
군	고양	159,533	199,683	286,608	25.2	43.5	79.7
	수원	153,227	159,504	173,187	4.1	8.6	13.0
	양주	107,219	104,885	111,714	-2.2	6.5	4.2
	부천	76,172	81,927	100,693	7.6	22.9	32.2
	시흥	66,656	73,617	94,511	10.4	28.4	41.8
	개풍	82,474	85,172	91,460	3.3	7.4	10.9
	안성	76,087	78,945	89,637	3.8	13.5	17.8
	광주	85,065	83,827	89,133	-1.5	6.3	4.8
	진위	69,424	74,557	83,601	7.4	12.1	20.4
	용인	75,910	79,220	82,638	4.4	4.3	8.9
	강화	73,364	74,425	80,469	1.4	8.1	9.7
	양평	75,788	73,599	78,802	-2.9	7.1	4.0
	연천	75,616	74,398	76,823	-1.6	3.3	1.6
	여주	63,034	63,779	69,890	1.2	9.6	10.9
	포천	65,805	63,173	68,802	-4.0	8.9	4.6
	장단	67,825	67,702	68,293	-0.2	0.9	0.7
	이천	58,544	61,581	68,134	5.2	10.6	16.4
	김포	51,669	55,181	59,732	6.8	8.2	15.6
	파주	55,363	54,302	58,139	-1.9	7.1	5.0
	가평	35,075	36,039	36,793	2.7	2.1	4.9
	합/평균	2,019,108	2,157,413	2,451,691	6.8	13.6	21.4

자료: 해당 연도 국세조사.

1925~1935년 사이에 경기도의 인구증가율은 21.4%인데 반해 인천부와 부천군은 각기 47.7%와 32.2%로 도 평균을 크게 상회한다. 이 기간 내 인천부의 인구증가율은 전국 17개 부 가운데 11위이고,* 전

---

* 대전부(1935)가 가장 높은 353.5%를 차지하였고, 청진·신의주·광주(1935)·평양·군산·전주(1935)·진남포·함흥(1930)·부산부가 인천부의 인구증가율을 상회하였다. 그 뒤에 목포·대구·마산·경성·원산·개성부(1930, 19.9%)가 있다. 대체로 1930년 이후에 부로 승격한 지역의 인구증가율이 높다.

국의 부·군 중에는 20위이며,* 부천군은 33위이다. 한편 인구증가율이 가장 높았던 1930~35년 사이에 부천군의 인구증가율은 22.9%로 전국에서 18위를, 인천부는 21.8%로 21위를 기록한다. 타 지역과 비교하여 인천과 부천에서 인구가 가장 큰 폭으로 오른 때는 1930년대 전반이라 할 수 있다. 이를 보면, 인천과 부천은 지속적으로 인구가 증가하는 추세 속에서 1935년 즈음에는 인구성장 3단계 초기에 접어든 것으로 이해할 수 있다.

    1925~35년 사이에 인천·부천 지역에서의 인구증가율은 비슷한 패턴을 보인다. 이 기간에 인천부·다주면·소사면은 계속 인구증가율이 높고, 서곶·계양·소래면은 내내 인구증가율이 낮다. 반면 남동면과 오정면은 부침이 심하고, 옛 부평도호부의 읍치였던 부내면은 계속 중위권을 유지하면서 안정적으로 인구가 증가한다. 간단히 정리하면, 인구증가율이 높은 곳은 대체로 인구가 많고, 인구밀도가 높은 반면 호당 인구수는 적고, 인구증가율이 낮은 곳은 이 반대 현상을 보인다. 한편 성비는 인구증가율이나 인구밀도 사이에서 별 상관관계가 없는 것으로 나타난다.

---

* 전국 20위 안에 드는 부·군 가운데 군이 9개인데, 경기도 고양군(10위, 79.7%)과 평안북도 자성군(17위, 62.3%) 및 후창군(19위, 55.5%)을 제외한 경흥(4위, 145.1%)·갑산(76.8%)·장진(74.7%)·무산(70.0%)·온성(66.5%)·회령(55.6%) 등의 6개 군은 모두 함경도에 속한다. 1930년 이후 함경도에 화학공업을 위시한 공업화가 촉발되면서 워낙 인구가 적은 지역에 인구가 급증하면서 인구증가율이 높아졌다.

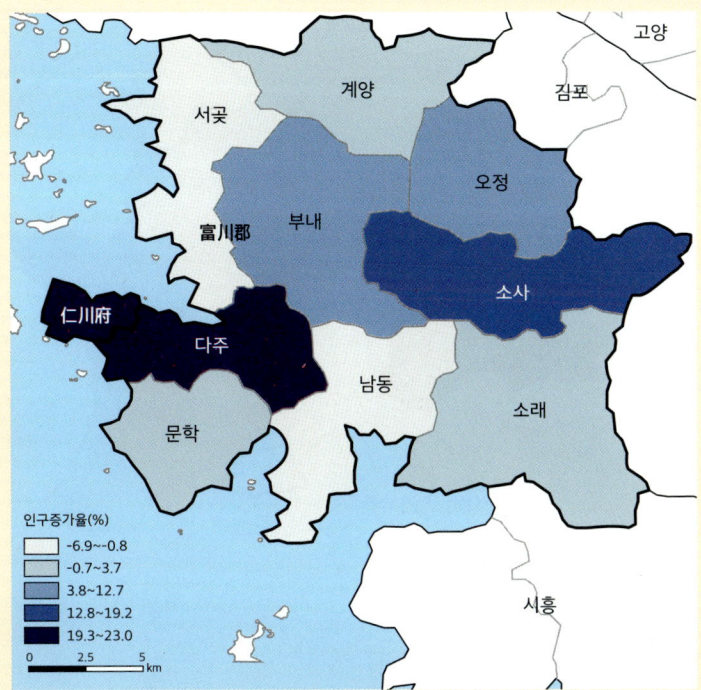

그림 6-13. 인구증가율(1925→1930)

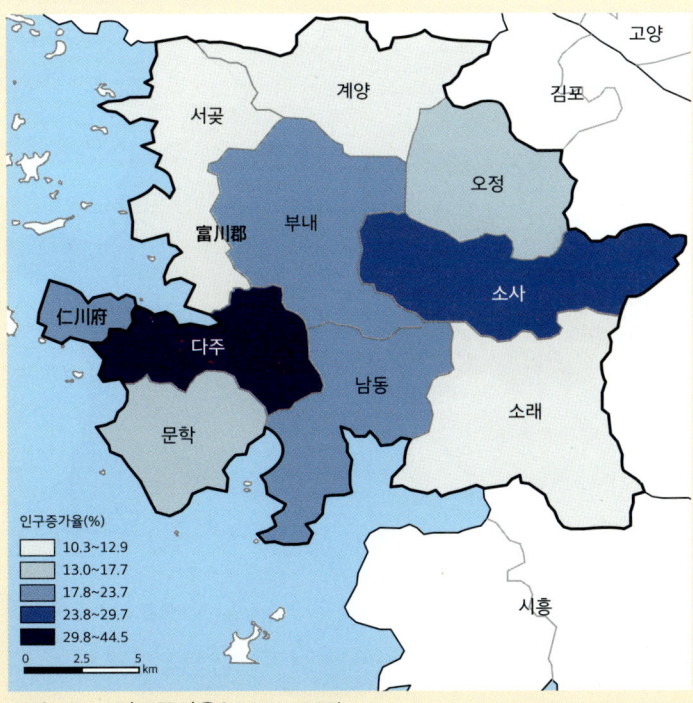

그림 6-14. 인구증가율(1930→1935)

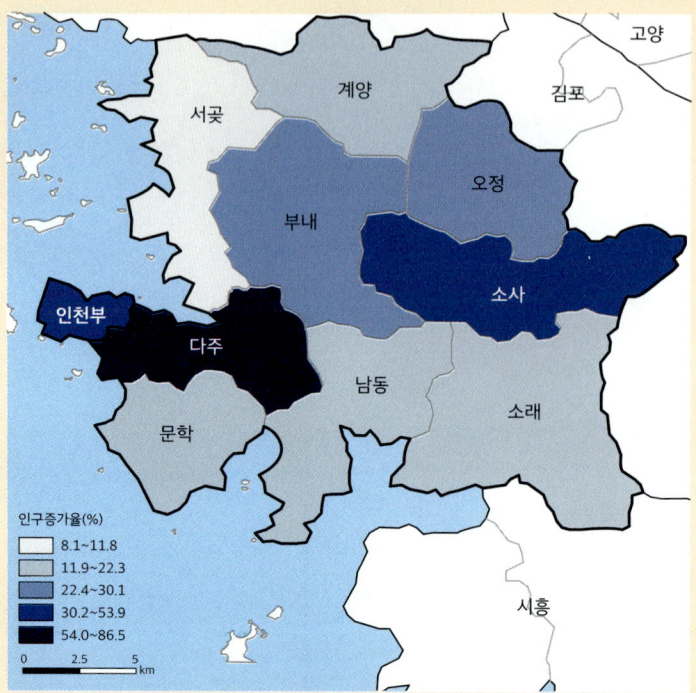

그림 6-15. 인구증가율(1925→1935)

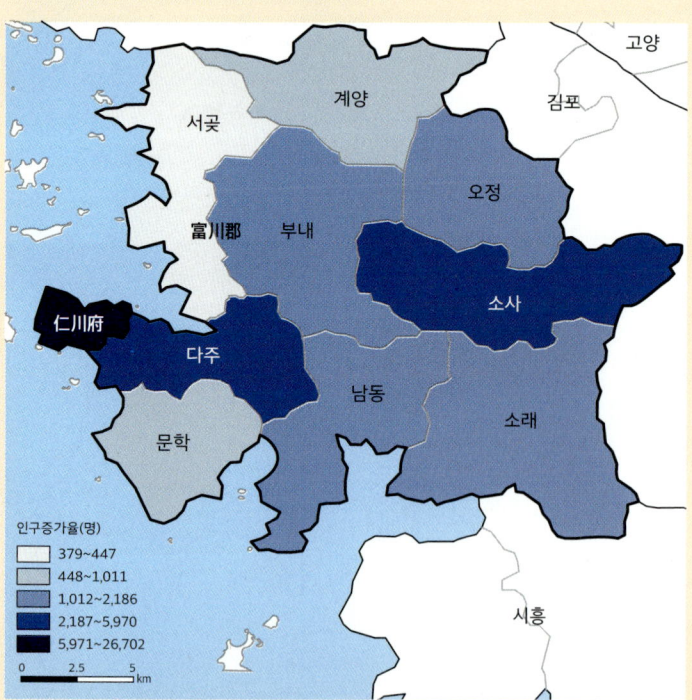

그림 6-16. 인구증가량(1925→1935)

표 6-8. 인천부와 부천군의 인구 특성 순위(1925~1935)

인구수 (명, 1935)	인구밀도 (명/km², 1935)	성비	호당 인구수 (명/호)	인구증가율(%)		
				1925~30	1930~35	1925~35
경기도	인천부	(덕적면)	계양면	(덕적면)	다주면	(덕적면)
부천군	다주면	다주면	오정면	다주면	(덕적면)	다주면
인천부	(덕적면)	소사면	(영흥면)	인천부	(영종면)	소사면
다주면	문학면	계양면	(대부면)	소사면	소사면	인천부
소사면	소사면	오정면	문학면	오정면	남동면	(영종면)
소래면	(북도면)	부내면	남동면	(용유면)	부천군	부천군
부내면	부천군	부천군	소래면	(영종면)	인천부	(용유면)
(영종면)	(영종면)	인천부	서곶면	부천군	(용유면)	오정면
남동면	(용유면)	(용유면)	소사면	경기도	부내면	부내면
(덕적면)	남동면	문학면	부천군	부내면	(영흥면)	남동면
문학면	오정면	남동면	부내면	계양면	문학면	경기도
오정면	경기도	경기도	경기도	소래면	(대부면)	문학면
서곶면	(영흥면)	소래면	(덕적면)	문학면	오정면	(영흥면)
계양면	부내면	서곶면	(용유면)	(북도면)	경기도	소래면
(대부면)	(대부면)	(영종면)	(영종면)	서곶면	소래면	계양면
(영흥면)	소래면	(대부면)	다주면	(영흥면)	계양면	(북도면)
(북도면)	계양면	(영흥면)	(북도면)	남동면	(북도면)	서곶면
(용유면)	서곶면	(북도면)	인천부	(대부면)	서곶면	(대부면)

결론적으로 20세기 전반 인천·부평 지역의 인구밀집 지역, 다시 말해 취락이 발달한 지역으로는 인천부, 다주면, 소사면을 들 수 있다. 인천부는 구 개항장을 중심으로 인구가 증가하는 가운데, 특히 오늘날 동구 지역으로 신흥 취락이 확장되어 나갔고, 다주면은 인천부와 철도로 연결되는 인접 지역이며, 소사면의 주요 취락 역시 경인철도 및 인천신작로를 매개로 그 연변에서 발달하였다.

7

Epilogue

Epilogue
길의 역사지리

　작위적으로 개척한 길이 없는 것은 아니지만, 자연 상태에서는 대체로 어떤 수요와 필요에 의해 사람들이 자주 다니는 루트가 길이 된다. 그런데 사실 작위적이라는 것도 결국은 필요에 의한 것이니 길은 인간의 필요에 의해서 형성된다고 할 수 있다. 이러한 경향은 전근대에 더욱 잘 나타나지만 현재에도 유효하다.
　어떤 대기업에서 새로 사옥을 짓고 본관 앞에 넓은 잔디광장을 조성했다. 한 가지 이상한 점은 이 광장에 사람이 다닐 수 있는 보행로가 없다. 설계 단계에서부터 계획하지 않았다고 한다. 그렇다고 잔디밭 안으로 들어가지 못하게 한 것도 아니기 때문에, 사람들은 광장 안에서 무단 횡단하듯 자기 갈 길을 가장 빠른 루트로 마구마구 다녔다. 사람들은 저 잔디밭이 잘 견뎌낼 수 있을까 걱정했다. 그런데, 얼마 지나지 않아 예상치 못한 광경이 펼쳐졌다. 광장에 길이 보이기 시작한 것이다. 직원들이 자주 다니는 동선이었다. 업무든, 커피든, 밥이든, 산책이든 어떤 필요에 의해 사람들이 자주 다니는 통로가 어느 순간 길로 전화한 것이다. 길은 미로처럼 구불구불하게 났지만, 한번 길이 나자 사람들은 길로만 다녔고, 잔디는 더 잘 보호되었다.

　길이란 이처럼 필요에 의해 형성되고 유지된다. 따라서 그 필요가 사라지지 않으면, 길도 결코 사라지지 않는다. 넓어지고, 반듯해지고, 포장되고, 신호등이 설치되고, 상가가 들어서고, 다른 길이 와서 붙는 등 외형과 기능에 변화가 있을 뿐, 길은 여전히 길로 살아간다. 그리고 그 역逆도 성립한다. 그 필요가 없어지면 길은 또 금방 사라지거나 거의 이용이 없는 한적한 오솔길이나 동네 마을길로 전락한다. 대표적인 사례가 성현星峴, 별고개이다. 아마 고대로부터 20세기 초까지 인천과 부평-서울을 잇는 가장 중요한 고갯길이 지금은 존재 자체를 아는 사람이 별로 없다. 주변에 더 좋은 길경인신작로, 더 빠른 길경인철도이 새로 생겨났기 때문에 굳이 이 길로 다닐 필요가 크게 줄어들었다. 이에 별고갯길은 퇴화하기 시작하였고, 언젠가 군부대 안으로 편입되면서 일상적인 길로서의 생명을 다하였다.

　전근대에 인천에서 가장 중요한 길, 혹은 '큰길'은 역시 인천과 서울을 잇는 '인천로'이다. 『도로고』1770의 6대로 중에 하나인 강화로의 지선으로 등재됨으로써 우리는 비로소 이 길의 존재를 알 수 있게 되었다. 이 노선은 『대동지지』1864 「정리고」에도 올라 있다. 두 책 모두 따로 도로명을 붙이지 않았지만, 종점 도회명을 도로명으로 삼는 위 두 책의 관례에 따라 이 책에서는 이 길을 '인천로'로 명명한다. 인천과 서울을 잇는 인천로는 19세기 말 개항기와 일제시기에 노선 변화를 겪는다. 이를 조선시대의 인천로와 구분하기 위해 '인천개항로'와 '인천신작로'로 부르기로 한다.

인천도호부의 읍치인 문학동에서 출발한 인천로는 인명여자고등학교, 중앙어린이교통공원, 구 구월동농수산물도매시장, 만수동을 지나 성현을 넘는다. 이후 무네미로 448번길 부평구 구산동, 부천로, 원미로, 소사로를 지나 곰달래고개 고음달내현를 넘어 신월동, 목동을 거쳐 철곶포에서 강화로 본선을 만난다. 이후 강화로는 양화도楊花渡를 건너 도성으로 들어간다.

1883년 개항은 근대 인천의 출발과도 같은 사건이었다. 이와 함께 제물포에 설치된 인천감리서는 인천의 중심지를 문학동 일대에서 제물포로 이동시킨 결정적 역할을 한다. 제물포는 이후 근대 도시로서의 경로를 밟으면서 수도 한성의 관문도시로 성장하고, 이는 인천과 서울을 잇는 인천로에도 영향을 미쳐 새로운 루트가 인천개항로로 등장한다. 한국 최초의 철도 역시 같은 맥락에서 인천-서울을 잇는 경인철도 외에 다른 노선을 상정하기 쉽지 않다.

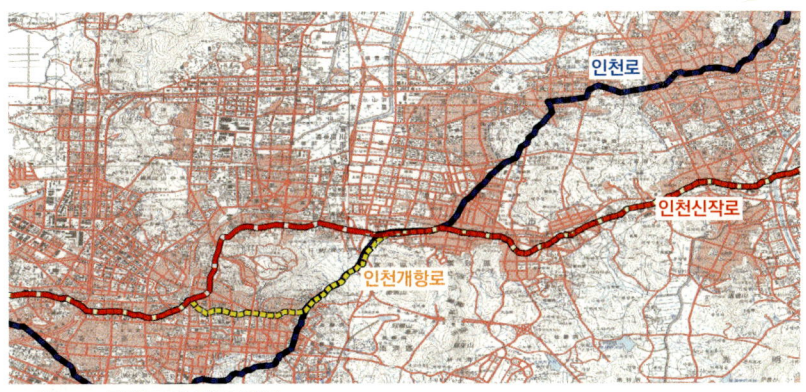

그림 7-1. 인천로의 경로 변천

* '인천로'는 『도로고』(1770), '인천개항로'는 『구한말 한반도 지형도』(1895년경), '인천신작로'는 1910년대 지형도(1:50,000)에 의거함. 인천로와 인천개항로는 성현 부근을 제외하고 전 구간 경로에 차이가 있으며, 인천개항로와 인천신작로는 성현 부근을 제외하고 전 구간 경로에 차이가 없다.

Epilogue: 길의 역사지리

인천개항로의 변화는 출발점이 문학동 구 읍치가 아니라 제물포라는 것, 그리고 서울로의 진입구가 철곶포가 아니라 영등포라는 것으로 간단히 요약할 수 있다. 시·종점이 바뀌니, 만수주공 6단지 아파트-성현-송내동 구간을 제외한 중간 경로가 모두 달라졌고, 이 경로는 일제시기에 다시 신작로로 정비되면서 오늘날 도로명 '경인로'와 '경인옛로' 등으로 계승되고 있다. 개항기 인천로의 변화는 1895년경에 측도된 『구한말 한반도 지형도』에 잘 나타난다. 이 지도는 기존 조선의 인천로를 '연로' 등급으로 표시한 반면, 새로운 루트 인천개항로는 이보다 한 단계에 높은 최고차 등급인 '도로'로 표시한다.

일제는 합병 이후 조선의 영토를 본격적으로 관리하기 시작한다. 대표적인 실행안 중의 하나가 1911년부터 1917년까지 시행한 제1기 치도사업治道事業이다. 이 과정에서 경인로 역시 '새로 만든 길' 아닌 '신작로1등도로'로 정비되는데, 이때 한남정맥을 넘는 구간에서 한 번 더 경로에 변화가 찾아온다. 인천로와 인천개항로는 모두 성현을 넘었으나, 인천신작로는 만월산과 철마산 사이에 있는 원통이고개남동구 부평2동를 넘는다. 이 고갯길 서쪽에 경인철도가 나란히 놓여 있다. 철도선과 철도역은 도로망과 연계될 때 시너지 효과가 커지기 때문에 경인신작로는 철도선을 따라 성현 대신 원통이고개를 넘는 것으로 방향을 튼 것이다.

한국 교통사에서 인천이 갖는 가장 큰 의미는 한국 철도의 시발지라는 사실일 것이다. 1899년에 시작된 한국 철도교통은 영국의 1825년보다 74년, 일본의 1872년보다 불과 27년 늦은 것이었다. 우여

곡절 끝에 경인철도는 9월 18일, 인천역-영등포 임시 정거장 구간을 운행하고, 인천역 앞에서 개통식을 거행하였다. 그러나 이는 엄밀히 말해 부분 개통이다. 계획상의 시·종착역은 인천역과 경성역이기 때문이다. 전 구간 개통이 늦어진 것은 한강철교의 건설이 예정보다 지체되었기 때문이고, 그럼에도 개통식을 거행한 것은 시공사 경인철도합자회사가 계약서에 명시된 개통 기한을 지켜야 했기 때문이다.

이 철도선은 처음에 경인철도로 불렸다. 회사 이름 경인철도합자회사에서 노선 이름을 따왔을 것이다. 1905년에 경인철도는 경부선의 지선으로 포섭되면서 영등포역-경성역 구간을 경부선에 넘겨주고, 영업 구간을 인천역-영등포역에 한정하면서 이 노선을 경인선으로 부르기 시작한다. 현재 공식적인 경인선은 수도권 전철 1호선*의 일부 노선인 인천역에서 구로역까지이다.

경인철도의 첫 운행1899.9.18.은 한국 근대사에서 중요한 한 장면임에도 이에 대한 기술이 일치하지 않는다. 특히 영업 거리에 대한 기술은 매우 다양한 수치가 제시되고 있다. 진실은 하나일 것이므로 그 외의 것은 모두 오류에 해당한다. 오류의 범주는 크게 두 가지인데, 하나는 시·종착역에 관한 것이고, 다른 하나는 당시의 운행 거리이다. 운행 거리가 일정하지 않은 이유는 시종착역에 대한 사실 여부가 명료하지 않기 때문이기도 해서 두 사안은 사실 같다고도 할 수 있다.

---

* 수도권 전철 1호선은 연천역(경기도 연천군)에서 신창역(충남 아산시)까지, 그리고 여기서 분기하는 구로-인천 구간, 금천구청-광명 구간, 그리고 병점-서동탄 구간을 포함하는 수도권 전철의 운행 계통이다.

문헌이나 관련 표지석·안내판 등의 내용 중에는 최초 경인철도의 운행 구간을 '인천-노량진'으로 기술한 것이 가장 많다. 인천역이 경인철도의 시·종착역인 것은 오늘날까지도 변함없지만, 꽤 많은 곳에서 인천역 대신 제물포역이 등장한다. 이는 인천역의 영문명이 Chemulpo였던 것에서 야기된 오류 아닌 오류이다. 사실에 부합하지 않는 것은 아니나 굳이 사용하여 혼란을 줄 필요는 없을 듯하다. 더구나 현재 경인선 전철에 제물포역이 있기 때문에 혼란을 가중시킬 소지가 다분하다.

개통식 당일 출발역에 대한 오류는 훨씬 심하다. 가장 많이 등장하는 '노량진'은 직감적으로 현재의 노량진역을 지시하는 것처럼 느껴진다. 이를 기술한 사람도 그런 것이라면 이는 명백한 오류이다. 경인철도가 1900년 7월 8일 전통全通될 때까지 서울 쪽 출발역은 '영등포 임시 정거장=영등포 가설 정거장=노량진 임시 정거장'이었다. 이 임시 정거장의 정확한 위치는 잘 알려져 있지 않지만, 현재의 영등포역과 노량진역 사이 어느 지점인 것만큼은 확실하다. 필자는 최종적으로 임시 정거장의 위치를 동작구 대방동 69-1번지 또는 64-9번지로 비정하는데, 두 곳의 지목地目은 모두 철도 용지이다. 두 지점은 수도권 전철 1호선 대방역영등포구 신길동과 불과 동쪽으로 200~300m 떨어진 가까운 곳이라, 편하게 얘기하면 대방역이 영등포 임시 정거장을 계승한 역이라 할 수 있다. 그럼에도 당일 출발지로 '노량진'이 자주 거론되는 것은 애초 노량진에서 출발하려고 했기 때문이다. 그러나 폭풍우와 행사에 필요한 물품 미비로 인해 개통식 날짜도 15일에서 18일로 미뤄졌고, 출발지도 노량진이 아니라 영등포로 변경된 것이다.

영등포 임시 정거장의 위치를 정확히 알 수 없으니, 개통식 당일의 운행 거리, 1900년 7월 8일 전통되기 직전까지 한국 최초의 철도의 운행 거리를 정확히 알기가 쉽지 않다. 한편으로는 이를 기록한 문헌만 찾으면 간단히 해결될 것 같지만 이도 여의치 않다. 여기에는 우선, 당대의 상황을 기록한 당대의 문헌을 찾을 수 없고, 1906~1908년 사이에 벌어진 축현역과 우각동역 부근에서의 선로 변경, 서대문역경성역의 폐역에 따른 노선의 단축 등과 관련하여 운행 거리에 변화가 있는데, 당대의 상황을 기록한 문헌은 모두 선로 변경 사건 이후에 발행된 문헌들이라, 이들의 기록이 이러한 변경 사실을 반영한 것인지를 검증하기 어렵기 때문이다.

현대 문헌에 기술된 한국 최초의 철도 운행 거리는 27.0~42.4km 사이에서 매우 다양하게 나타난다. 이러한 오류는 크게 세 가지 측면에서 발생한다. 첫 번째는 당시 경인철도의 운행 거리를 오늘날 경인전철로 바로 대체하여 발생한 오류이다. 27.0km, 29.6km, 29.7km 등의 사례가 이에 속하는데, 27.0km는 현재 수도권 전철 1호선 인천역-구로역 구간 거리이고, 29.6km 역시 현재의 인천역-영등포역 구간 거리이며, 29.7km는 일제시기 열차시각표에 명시된 1909년 선로 변경 이후의 인천역-영등포역 구간 거리이다.

두 번째는 1899년 운행 구간을, 경인선이라 하니 당연히 인천역에서 경성역서울역까지로 예단하여 발생한 오류이다. 38.7km, 38.9km, 42.3km 등이 이에 속하는데, 38.7km는 현재 인천역-서울역전철 1호선 구간 거리이고, 38.9km는 일제시기 자료에 나오는 경성역까지의 거리이다. 당시 종착역이 서대문역이라는 사실을 인지하고 42.3km 또는 42.4km로 기술한 문헌도 있지만, 이 모든 사례는 1899년 개통식 날의 상황이 아니므로 참 진술이 아니다. 42.3km는 애초 계획도상의 거리 26리 3분에 근거한 것이며, 42.4km는 일제시기의 문헌에 등장한 26리 26쇄를 반올림하여 환산한 수치이다.

세 번째는 출발점을 영등포 임시 정거장이 아니라 현재의 영등포역이나 노량진역으로 상정한 것에서 오는 오류로, 31.2km, 29.6km, 33.0km 등이 이에 해당한다. 앞의 두 수치는 인천역-영등포역까지 선로 변경 전과 후의 거리인데, 일제시기 문헌에 기술된 19리 4분과 18리 4분을 환산한 것이다. 33.0km도 자주 등장하는데, 일제시기 문헌에 기술된 선로 변경 후 노량진역까지의 거리에 근거한 것이므로 이들 또한 모두 사실이 아니다. 이밖에 소수점 이하를 생략하고 27·29·30·33·42km 등으로 약술한 경우나 오타로 보이는 다소 엉뚱한 숫자들도 눈에 띈다.

영등포 임시 정거장의 위치를 기술한 문헌은 『조선철도사십년약사』1940가 유일하다. 비록 괄호 안에서 주기 형태로 기술되었지만, '현재의 노량진과 영등포의 사이'44쪽에 임시 정거장이 설치되어 있음을 분명히 밝힌다. 이로부터 이 문헌의 사료적 신뢰도를 인정한다면, 이 문헌에서 적시한 인천역 기준 33.8km21리 또는 괄호 안에 주기한 33.6km 지점에 영등포 임시 정거장이 있었다. 돌고 돌아왔지만, 이것이 이 주제의 결론 아닌 결론이다. 최초의 운행 거리가 무엇인지 확실하게 말할 수는 없지만, 거짓 진술 만큼은 이제 가려낼 수 있게 되었다.

결론적으로 한국 최초 철도의 운행 거리는 일단, 선로 변경 전

영등포역 기준 31.36km와 노량진역 기준 34.6km 사이임에 틀림없다. 『조선철도사십년약사』에 '假營業を二十一哩三十三粁六分の地點迄開始した', 즉 '가영업을 21리(33.6km)의 지점까지 개시하였'으니 이로부터 21리를 환산한 33.8km와 괄호 안에 재차 환산하여 명시한 33.6km를 가장 믿을 만한 최초의 운행 거리로 추정할 수 있다. 현대 문헌에 33.8km가 자주 등장하는 것은 이 21리를 환산한 값이다. 33.6km는 잘 볼 수 없는데, 굳이 괄호를 동원하여 제시한 것을 보면, 어쩌면 이 수치가 가장 정확한 거리일 수 있다. 거꾸로 33.6km를 영리로 환산하면 20.8780리(哩)이고, 이를 반올림하면 21.0리가 된다. 이 순서가 맞을 수 있다는 것이다.

오전에 한 대, 오후에 한 대 하루 2왕복 운행하던 최초의 경인철도는 1940년대에 하루 운행 편수가 15편으로 늘었고, 영등포 임시정거장까지 1시간 40분 걸리던 운행 시간은 거리가 더 멀어진 경성역까지 1시간으로 단축되었다. 불과 몇 년 전만해도 인천에서 서울을 가려면 꼬박 하루를 걸어야 했는데, 이제는 하루에 볼일을 보고 친구를 만나 탁배기 한 잔을 걸쳐도 당일 집에 돌아올 수 있는 세상이 된 것이다. 이들에게 시간과 공간은 이제 고정된 것이 아니라 언제든 유연하게 바뀔 수 있는 신개념으로 다가왔다. 이러한 일이 철도에만 국한되지 않았으니, 인천과 인천 사람들은 그 핵심에서 가장 일찍 근대를 경험하고 근대를 만들어 나갔다.

처음에는 기차를 구경하기 위해서 사람들이 구름떼처럼 몰렸다고 한다. 저 커다란 철덩이가 도대체 움직이기나 한단 말인가, 더구나 저렇게나 빨리? 언감생심 기차를 타는 것은 비싼 차비에 엄두도 내지 못하였다. 그러나 이내 곧 나도 돈만 내면 저 양반네와 같이 탈 것을 탈 수 있다는 사실을 자각하고는 '양반이랑 나랑 이제 다를 게 없는 세상이 된 걸까?'하는 의구심을 품어보면서 바뀐 현실에 충격을 받는다. 동구밖 저 너머로 끝없이 이어져 있을 것만 같은 두 줄기 평행선을 보고 이들은 막연하나마 외부에 미지의 세계를 꿈꾼다. 이렇듯 철도는 단순한 교통수단 이상으로 한국인의 근대적 의식을 깨우친, 한국의 근대적 상징물과도 같은 존재였다.

개항 전까지 제물포는 한적한 포구 마을에 불과했고, 조선시대 인천도호부의 중심지였던 읍치 지역 또한 경기도의 타 지역과 비교하여 특별한 것이 없었다. 그러나 개항 이후 인천은 서양의 문물을 가장 빠르게 그리고 전면적으로 받아들인다. 이 방면에서는 한국에서 인천을 쫓아올 도시가 없을 것이다. 서울의 관문도시와 같은 지리적 위치 때문에 가능한 일이었다. 인천은 이러한 상황 속에서 가장 먼저 근대 도시의 길을 걷지만, 그만큼 전통의 와해 또한 가장 빠르고 전면적이라는 점도 인정할 필요가 있다.

인천이 지금 인구수 제3의 대도시로 성장했지만, 그 반대급부로 나타나는 이른바 인천의 정체성 문제가 여전히 제기되고 있다. 여기에는 여러 이유가 있겠지만, 그중의 하나는 어느 지역보다 일찍, 그리고 급속도로 진행된 전통의 와해에 있으며, 필자와 같이 너무 많은 타지 출신의 유입도 관여된다. 그럼에도 인천은 지속적으로 서울과 관계를 맺으며 지금도 살아가고 있다. 이를 지탱해 주는 것이 곧 교통로이다. 이 지점이 인천의 교통로, 혹은 인천의 교통사에서 찾을 수 있는 가장 핵심적인 의미가 아닐까 생각된다. 이 측면에서 교통로의 역할은, 지금도 크게 다르지 않지만, 특히 온라인 환경이 만들어지기 전, 대체로 1990년대까지는 거의 절대적이었다.

경인고속도로는 부평과 주안의 산업단지 조성을 매개하여 인천을 가장 먼저 공업도시로 변모시켰으며, 이후에 건설된 고속도로 또한 인천의 산업 및 시가지₍인구₎ 개발·확산과 직접적으로 연계되어 있다. 현재 인천을 경유하는 고속도로는 제2경인·인천대교·제3경인·인천국제공항·영동·수도권 제1·수도권 제2·서해안 고속도로 등이 있다. 이 고속도로들은 1990년대 이후 우후죽순처럼 건설되었으며, 건설 목적은 점차 산업용보다는 업무·출퇴근용으로 전환되었다. 출퇴근을 목적으로 건설된 대표적인 교통로는 전철이고, 이는 대규모 주택단지 또는 신도시 건설과 유기적으로 연결되어 있다. 해방 직후 인천역에서 서울역까지 10개였던 역은 현재 29개로 늘었고, 시간은 70분으로 오히려 조금 늘어났다.

인천이 국제도시의 반열로 올라가는 데에는 항만과 공항의 역할이 절대적이다. 1920년대 시작된 인천항의 확장 사업은 현재 인천항내항, 북항, 남항, 1~8부두, 인천신항 등의 건설로 이어졌으며, 이들이 다량의 해외 무역 물동량을 소화해 내면서* 인천이 국제도시로서의 위상을 갖는데 충분한 역할을 담당하고 있다. 이밖에 연안부두, 북성포구, 아라인천여객터미널, 용유도 삼목항, 강화도 후포항, 외포리 선착장 등의 여객항은 관광 포구로 성장하는 동시에 경기만 일대의

---

* 인천항은 2023·2024년 2년 연속 국내 컨테이너 물동량 최대 기록을 세웠다. 인천항은 전통이 오래된 부산항 및 최근 급부상한 평택항과 더불어 국내 3대 항만으로 기능하고 있다.

강화·옹진군 소속의 도서 간 교류와 소통을 책임지고 있다.

한편 2001년 영종도와 용유도 사이의 간석지를 간척하여 만들어 개항한 인천국제공항은 2005년부터 2016년까지 무려 12년 동안 세계 공항 순위 1위를 차지할 정도로 이용객이 많고, 관련 서비스가 우수한 공항으로 평가받으며 한국의 위상을 높인다. 2018년에는 제2여객터미널이 개장하였고, 2030년대까지 활주로, 제3터미널, 여객 및 화물 계류장 등을 확장할 계획도 갖고 있다. 항만과 공항 역시 인천의 중요한 교통로이고 교통시설일 것이나 지면 관계상 본문에서 논의하지 못하고 이렇게 간단하게 갈무리한다.

이 책은 전근대 조선후기부터 근대 이행기를 거쳐 현대에 이르기까지 인천의 길을 추적한다. 전술하듯 길에는 물길과 바닷길은 물론 하늘길까지 포함되지만, 이 책에서는 일상 생활과 밀접한 도로와 철로를 중심으로 이야기를 풀었다. 길은 언제나 사람 또는 취락과 직결되는 문명이기 때문에 오래전부터 지역학 또는 지역사 분야에서 중요한 주제로 다루어 왔다. 다만, 그동안의 성과를 보면서 한 가지 아쉬운 점은 역사지리적 관점의 부재였다. 길은 매우 색이 짙은 지리적 사상geographic feature이다. 실제 공간상에서 또렷하게 확인되는 실체이기 때문이다. 따라서 교통로는 그 노선경로이 일단 명확하게 인지될 필요가 있고, 이들이 시간이 지나면서 어떻게 변화했는지도 주의 깊게 살펴야 한다.

필자가 이 책을 집필할 때 설정한 기본적인 스탠스는 길이 현재 공간지역 속에서 어떻게 분포하며, 어떤 기능을 수행하는지에 머무르면 안 되고, 과거에 어떻게 나 있었고, 어떤 기능을 했는가에만 머물

러서도 안 된다는 것이었다. 즉 교통로를 좀 더 잘 이해하기 위해서는 같은 말로 역사지리적 관점이란, 그 길이 언제부터 그러한 노선을 갖고 그러한 기능을 수행했으며, 언제 어떤 이유로 노선이 바뀌었다거나 기능이 확대·축소됐다거나 하는 식의 변화상을 기술해야 하며, 그리고 언제 어떤 이유로 소멸하여 지금은 그 길이 없어졌다거나, 반대로 확장되어 지금은 어디서 어떤 기능을 수행하고 있다는 식의 기술을 통해 그 변화상을 현재까지 끌고 와서 끝을 맺어야 한다는 것이다. 물론, 이 책이 노력은 했지만, 이러한 관점을 충분히 녹여냈다고 자신 있게 얘기할 수 없으며, 다른 책이 이러한 관점을 반영하지 못하고 있다고 얘기하는 것은 더더욱 아니다. 마지막으로, 필자는 인천 시민은 물론 다른 일반 독자들이 인천을 이해하는데, 혹은 이들에게 인천을 알리는데 작으나마 도움이 되기를 바라는 마음으로 이 책을 썼다. 좀 더 욕심을 내면, 한국 역사교통지리라는 큰 틀 안에서, 이 책에서 기술된 인천 역사교통지리가 그 일부를 담당하기를 바라며 글을 맺는다.

참고문헌

1. 고문헌

「삼국사기지리지三國史記地理志」, https://db.history.go.kr/ancient/level.do?itemId=sg

「고려사지리지高麗史地理志」, https://db.history.go.kr/id/kr_056r

「세종실록지리지世宗實錄地理志」, https://sillok.history.go.kr/id/kda_400

「신증동국여지승람新增東國輿地勝覽」, https://db.itkc.or.kr/dir/item?itemId=BT#dir/node?dataId=ITKC_BT_B001A

「여지도서輿地圖書」, https://db.itkc.or.kr/dir/item?itemId=BT#dir/node?dataId=ITKC_KP_B003A

「대동지지大東地志」, 1864, 김정호(아세아문화사 영인본, 1976); 이상태 외, 『대동지지』 1-8, 경인문화사(번역본), 2023.

「도로고」, 『여암전서旅庵全書』; 경인문화사(영인본), 1976.

「호구총수戶口總數」; 서울대학교 고전총서, 서울대학교 출판부(영인본), 1971.

「민적통계표民籍統計表」; 이헌창, 『민적통계표의 해설과 이용방법』, 고려대학교 민족문화연구소, 1997.

2. 조선시대 지도

〈군현도〉

「해동지도」, 18세기, https://kyudb.snu.ac.kr/book/text.do?mid=%20GZD&book_cate=GZD01&book_cd=GR33469_00

「팔도군현지도」, 18세기, https://kyudb.snu.ac.kr/book/text.do?mid=%20

GZD&book_cate=GZD01&book_cd=GR33535_00
「1872년 지방지도」, https://kyudb.snu.ac.kr/book/text.do?mid=%20
GZD&book_cate=GZD01&book_cd=GM99999_00

〈전국도〉

「청구도」, 19세기, 김정호;『청구도』乾·坤, 경원문화사(영인본), 1994, https://kyudb.snu.ac.kr/book/text.do?mid=%20GZD&book_cate=GZD01&book_cd=GR33447_00
「동여도」, 19세기, 김정호, https://kyudb.snu.ac.kr/book/text.do?mid=%20GZD&book_cate=GZD01&book_cd=GK10340_00
「대동여지도」, 19세기, 김정호;『대동여지도』, 이우형 편, 광우당(영인본), 1990, https://kyudb.snu.ac.kr/book/text.do?mid=%20GZD&book_cate=GZD01&book_cd=GK10333_00

3. 근현대 지도

1:1만 지형도 :『일만분지일조선지형도집』, 경인문화사(영인본), 1990.
1:1만 지형도 : 국토지리정보원, 1990년대.
1:5만 제1차 지형도 :『구한말 한반도 지형도』, 성지문화사(영인본), 1997.
1:5만 제2차 지형도 : 국립중앙박물관 소장 조선총독부박물관 문서 웹서비스, https://www.museum.go.kr/modern-history/map_list.do?scale=50_2
1:5만 제3차 지형도 :『근세한국오만분지일지형도』, 경인문화사(영인본), 2004.
1:5만 지형도 : 국토지리정보원, 1970년대.
1:5만 지형도 : 미국 육군 지도(AMS), 텍사스 오스틴 대학교, 1950년대.
1:5천 지형도 : 국토지리정보원, 1985년대.
지적원도 : 인천부내, 국가기록원 지적아카이브, 1910년대.

4. 단행본

고동환,『한국 전근대 교통사』, 들녘, 2015.
권혁재,『남기고 싶은 우리의 지리 이야기』, 산악문화, 2004.

김재홍·송연, 『옛길을 가다』, 한얼미디어, 2005.
김정호, 『걸어서 가던 한양 옛길』, 향지사, 1999.
김종혁, 『일제시기 한국 철도망의 확산과 지역구조의 변동』, 선인, 2017.
김종혁, 『조선후기 한강유역의 교통로와 장시』, 고려대학교 지리학과 박사학위논문, 2001.
김현종, 『조선시대 경기도의 군현경계 인식과 재현 연구』, 한국학중앙연구원 인문지리·인문정보학과 박사학위논문, 2021.
류명환 편저, 『여암 신경준과 역주 도로고』, 도서출판 역사문화, 2014.
양정현, 『조선 전기 驛道制 연구』, 고려대학교 박사학위논문, 2021.
정연학, 『인천 섬 지역의 어업문화』, 인천학연구원, 2008.
정치영, 『근대 일본인의 서울·평양·부산 관광』, 사회평론아카데미, 2023.
조병로 외, 『조선총독부의 교통정책과 도로건설』, 국학자료원, 2011.
최영준, 『영남대로』, 고려대학교 민족문화연구소, 1990.
최영준, 『길과 문명』, 시안사, 2002.
최성연, 『開港과 洋館歷程』, 인천:경기문화사, 1959.
한창기(발행), 『한국의 발견』, 뿌리깊은나무, 1983.
한글학회, 『한국지명총람』 1-18., 한글학회, 1966-1986.
한국철도공사, 『철도 주요 연표』, 한국철도공사 홍보문화실, 하나기획, 2022.

5. 논문

김종혁, 「조선후기의 대로」, 『역사비평』 69, 역사비평사, 2004.
김종혁, 「『도로고』(1770)와 『대동지지』 「정리고」(1864)의 도로망 복원과 노선 비교(1)-경유지를 중심으로」, 『한국고지도연구』 16(2), 한국고지도연구학회, 2024.
김종혁, 「근대 지형도를 통해 본 경인로의 노선 변화」, 『역사문제연구』 18, 역사문제연구소, 2006.
김종혁, 「영역의 변화와 인천의 정체성」, 『한 권으로 읽는 인천(북챕터)』, 인천발전연구원, 2005.
김현종, 「조선후기 대구와 인접 군현간 교통로 복원」, 『대구경북연구』 22(2), 2023.

김현종, 「『대동지지』「정리고」에 기반한 조선후기 1리(里)」, 『대한지리학회지』 53(4), 대한지리학회, 2018.
류명환, 「신경준의 『도로고』 필사본 연구」, 『문화역사지리』 26(3), 2014.
양정현, 「공간의 연결-15~16세기 조선의 역제(曆制)를 통한 도로 체계의 실현 구조-」, 『한국사연구』 198, 2022.
박선영 외, 「근대지형도 수록 지명의 가타카나 표기 특징 분석 -인천광역시 자연지명을 사례로-」, 『대한지리학회』 58(3), 대한지리학회, 2023.
이찬우, 「인천지역 도로망 변천 연구 : 일제 강점기를 중심으로」, 『인천학연구』 29, 인천학연구원, 2018.
전종한, 「근·현대 인천의 경관 변화와 공간 구조의 변모」, 『기전문화연구』 36, 기전문화연구소, 2010.
조병로, 「일제 식민지시기의 도로교통에 대한 연구(I) -제1기 治道事業(1905~1917)을 중심으로-」, 『한국민족운동사연구』 59, 한국민족운동사학회, 2009.
정치영, "일본 여행안내서와 기행문으로 본 일제강점기 인천의 관광지 연구," 『기전문화연구』 44(1), 기전문화연구소, 2023.
최영준, 「開港 前後의 仁川의 自然 및 人文景觀」, 『대한지리학회지』 9(2), 대한지리학회, 1974.
최영준·김종혁, 「경기지역의 교통로와 교통의 발달」, 『경기지역의 향토문화(상)』, 한국정신문화연구원, 1997.
최인영, 「인천과 서울을 잇는 인천역과 동인천역」, 『인천역사통신』 42, 인천문화재단, 2024.
최진성, 「근대이행기 부평도호부 읍치의 도로망 특성과 변천」, 『기전문화연구』 40(2), 기전문화연구원, 2019.
轟博志, 「20世紀前半 韓半島 道路交通體系 變化 : "新作路" 建設過程을 中心으로」, 『지리학논총』 54, 국토문제연구소, 2004.

6. 철도 관련 일본 자료집

남만주철도주식회사 경성관리국, 『조선철도 여행 안내』, 경성관리국, 1921.
선교회, 『조선교통사』 1·2, 자료편, 삼신도서유한회사, 1986.

인천부청, 『인천부사』, 인천부, 1933.
일본여행협회, 『조선열차시각표』, 조선총독부 감수』, 1936, 1940, 1941.
(일본)철도원, 『철도정거장일람』, 철도원, 1917.
(일본)철도성, 『철도정거장일람』, 철도교육회, 1926-1927.
(일본)철도성, 『철도정거장일람』, 천구인쇄소, 1935·1937.
조선철도사 편찬위원회, 『조선철도사』, 조선총독부 철도국, 1915.
조선철도사 편찬위원회, 『조선철도사』, 조선총독부 철도국, 1937.
조선총독부, 『최근조선사정요람』, 조선총독부, 1912·1915~1922.
조선총독부, 『조선사정』, 조선총독부, 1935-1943.
조선총독부 교통국, 『조선철도시간표』, 조선총독부교통국, 1944.
조선총독부 철도국, 『年報』, 조선총독부 철도국, 1926·1928·1930~1931·1936.
조선총독부 철도국, 『朝鮮の鐵道』, 조선총독부 철도국, 1927·1928.
조선총독부 철도국, 『조선철도 선로안내』, 조선총독부 철도국, 1911.
조선총독부 철도국, 『조선철도사십년약사』, 조선총독부, 1940.
최영수 외(번역), 『조선교통사』 1-4, 자료편, 한국철도문화재단·한국철도협회, 북갤러리, 2012~2020.
통감부철도 관리국, 『한국철도 선로안내』, 통감부 철도관리국, 1908.

7. 인터넷

규장각 원문 검색 서비스(고지도), https://kyudb.snu.ac.kr/main.do?mid=GZD
국사편찬위원회, 한국사 데이터베이스, https://db.history.go.kr/
국사편찬위원회, 역사지리정보 데이터베이스, https://hgis.history.go.kr/
국사편찬위원회, 역사지리정보 데이터베이스(지도서비스), https://hgis.history.go.kr/pro_g1/gis/gisPage.do
역사지리歷地思地-디지털 역사지리 위키, https://www.hisgeo.info/wiki/index.php/%EB%8C%80%EB%AC%B8
한국 근대 전자역사지도 편찬, http://waks.aks.ac.kr/rsh/?rshID=AKS-2011-EBZ-3105
행정구역 및 수륙교통로 복원을 통한 조선시대 역사지리환경의 현재적 재현, http://waks.aks.ac.kr/rsh/?rshID=AKS-2014-KFR-1230005

HGIS에 기반한 조선시대 전국지리지의 공간적 재현과 역사지도 제작, http://waks.aks.ac.kr/rsh/?rshID=AKS-2017-KFR-1230001
인터넷 포털 지도, https://map.kakao.com/